清华大学港澳研究丛书

粤港区域环境合作与低碳发展

Regional Environmental Cooperation And Low Carbon Development Between Guangdong And Hong Kong

清华大学港澳研究中心

主编／乌兰察夫

社会科学文献出版社
SOCIAL SCIENCES ACADEMIC PRESS (CHINA)

《粤港区域环境合作与低碳发展》

主　编　乌兰察夫

副主编　杨君游

编　辑　周修琦

目录 Contents

总论

区域环境合作

区域低碳发展

生态环境保护

借鉴与启示

附　录

总　论

粤港区域环境合作进展与治理分析

乌兰察夫*

摘要： 随着经济一体化进程的加快，粤港区域环境合作已成为区域合作的重要组成部分。粤港区域环境合作上升为国家发展战略，合作机制逐步完善，合作领域不断拓宽和深入。目前，粤港区域合作进入建立长期性、战略性、整体性区域合作框架的新阶段。要进一步推进粤港区域环境合作发展，必须建立更有权威性的协调机制，统筹区域生态环境保护规划和主体功能区规划，建立粤港区域环境合作法制基础和环境质量标准，建立跨境环境应急协作制度。

关键词： 粤港区域　合作进展　治理分析

环境是一个有机的整体，作为区域之间的经济区虽在行政上是一个分散的经济联合体，但在不同的区域之间通过大气循环、水循环和经济活动的能量交换发生着密切的联系，某一地区的环境变化会导致其他地区甚至整个区域环境系统的改变。随着区域城市之间的经济联系加深，区域的环境问题越来越表现出区域环境一体化的特征，一个地方的环境问题不同程度地直接间接影响其他地方的环境状况，甚至导致环境系统的整体改变，这些环境一体化的特征决定任何地区、城市都没有办法单独解决其环境问题，必须开展与区域经济合作相适应的区域环境保护合作，整合区域社会经济与环境的良性互动与良性发展，共同研究处理区域环境问题，建立区域环境保护机制。

---

* 乌兰察夫，清华大学港澳研究中心研究员。

一 粤港区域跨界环境污染状况

粤港区域是中国最具竞争力的“全球城市区域”，在我国经济发展和改革开放大局中有着突出的带动作用和举足轻重的战略地位。改革开放30多年来，粤港区域珠三角地区以超常规的工业化和城镇化速度成为世界级的制造业基地，与此同时也付出了沉重的资源环境代价，造成了粤港区域严重的环境污染。由于粤港区域珠江三角洲与香港地区地理环境和自然资源条件密切相关，具有相同的地貌、地质、水文、气候等自然生态和自然资源，两地间生态环境的依存度高，具有明显相同的区域生态环境特点。随着改革开放以来，粤港区域城市间经济发展联系的加强，粤港区域环境问题表现出越来越强的区域一体化特征，跨界的环境问题越来越多，整个区域表现出基本相同的污染特征；同时，由于粤港区域珠三角地区城镇密集，城乡工业区连片分布，城镇的间隔相对较小，在粤港区域各城市间的相互影响已呈现出负效应，即环境污染的叠加作用。

（一）跨界大气污染

粤港区域已成为以大型城市为中心、以发达高速公路网连接中小城市和区镇的区域，导致机动车数量大幅增加和能源的加剧消耗，特别是以燃煤、燃油为主的工业企业能源消耗没有得到根本的改变；工业污染物的排放约占广东省排放总量的70%～80%。在珠江口沿海，造成珠三角大气污染，其中一半的污染物来自粤港两地火电厂的燃煤排放物，烟尘、二氧化硫等扩散在珠江口空中，形成了酸雨，已成为影响粤港两地公众健康的重要因素。据国家环保部发布的《2013年第三季度空气质量状况》数据：珠三角地区九个城市空气质量达标天数仅66%，平均超标天数比例达34%。据《2013年广东省环境状况公报》，珠三角九市一区$PM_{2.5}$年均值为38～55微克/立方米，区域平均值为47微克/立方米，所有城市都超过二级标准限制。据广东省环保厅负责人介绍，国家下达的目标是2017年珠三角$PM_{2.5}$浓度要低于36.5微克/立方米。但2013年珠三角$PM_{2.5}$浓度高达47微克/立方米，距离目标还差10.5微克/立方米。

据香港审计署2012年报告，香港空气质量自1987年订立空气质素指标，28 年来空气质量从未全部达标，而空气污染指数超标天数由 2000 年的 74 天增至 2011 年的 175 天，路边的二氧化氮和可吸入悬浮粒子的全年平均浓度水平比世界卫生组织规定的上限超出 205%。香港环保署 2013 年公布的数据显示：香港闹市区包括中环、铜锣湾游客区污染指数创五年新高。

（二）跨界水污染

东江水是粤港区域和香港地区的主要饮用水源。东江水量与水质的变化影响粤港两地近 4000 万人的生产、生活和生态用水。粤港珠三角地区河道密布，城市间供、排水交错，水资源利用开发量剧增；工业“三废”、城市污水和垃圾排放无序导致水污染严重，已成为制约粤港区域经济和社会发展的严重问题。广东省环保厅公布的 2014 年广东省重点河流水质状况显示，水质污染严重的前五位依次是茅洲河、观澜河、深圳河、独水河和石井河，其成为“珠三角污染最为严重的河流”。据《2013 年广东省海洋环境状况公报》，全省近岸海域水质状况劣四类水质达 10%，依旧主要集中在珠江口，近四成陆源入海排污口超标排放。深圳的新洲海口、东宝河海口两条排污入海水质污染连年超标。入海污水超标排放，市政排污口占八成，深圳蛇口 SCT 码头排污口以及深圳湾深圳市政污水排放直接污染深圳湾海洋水质，影响了深港海洋水域水质，影响了香港的生态环境。据香港环保署提供的香港海水水质报告，香港海水水质达标率为 75%，唯深圳湾水质最差，达标率仅为 40%。

（三）跨界垃圾污染

垃圾堆填区的跨界污染有两大问题：一是垃圾的臭气，二是垃圾渗漏导致水土污染。粤港两地垃圾污染主要集中在深港边界，香港土地资源稀缺，但目前的垃圾处理仍以堆填为主。香港的三大垃圾堆填场位于深港边界，香港新界打鼓岭垃圾堆填场距离深圳罗湖区莲塘不足两公里，香港垃圾堆填场对深圳影响已有数十年的历史：深圳处于东南风下风区，往往处于臭气弥漫的空气中；同时，垃圾渗漏造成深圳河水质污染。据香港环保署 2013 年 8 月 28 日公布的消息，深圳莲塘直线距离仅一公里的香港新界打鼓岭垃圾堆填场 7 月 27 日发生污水渗漏事件，渗漏污水经缸窑河流入深圳河，造成跨界污染。2013 年 11 月 8 日，深圳福田、罗湖、南山等空气站点的 $PM_{2.5}$出现异常峰值，最高的荔枝公园 $PM_{2.5}$一度达到 169 微克/立方米，系香港粉岭、打鼓岭垃圾堆填场火灾引起，对深圳的空气产生了严重影响。

二　粤港区域环境合作进展

粤港区域环境合作从 20 世纪 90 年代初开始，迄今已有 20 多年的历史。从最初的信息交换、技术交流到区域环境合作机制的建立，合作的领域不断拓展，合作层次不断提升，有力地推动了粤港区域环境质量的改善。目前，粤港区域环境合作进入了一个着眼于建立长期性、战略性、整体性区域合作框架的新阶段。

（一）粤港区域环境合作上升为国家发展战略

环境合作不仅是一个区域问题，也是国家发展战略问题。粤港两地经济快速增长，城际污染的叠加日益加剧，严重的治污情势要求粤港两地打破画地为牢的行政界限，实现环境保护一体化。如果没有一个统领粤港两地环境合作的战略规划和思路措施，将不利于粤港两地生态环境保护和区域的持久发展。正是在粤港两地政府的共同推动下，经国务院批准，2008 年 12 月国家发展改革委正式公布了《珠江三角洲地区改革发展纲要》。2012 年 6 月，广东、香港、澳门三地政府共同制定了《共建优质生活圈专项规划》，特别提出将大珠三角地区建设为“低碳发展示范区域”。这一规划提出，将生态环境保护作为共建优质生活圈的前提条件，开展粤港、粤澳邻接地区生态环境保护合作，优化区域大气监测网络，加强区域大气、水环境质量和污染控制合作，以及进一步探索在西江乃至整个珠江流域 6 省（区）及港、澳间建立长效的流域水资源和水环境协调管理机制的可能性。将共同促进低碳发展作为共建优质生活圈、推动转型升级的必然要求，就推进区域应对气候变化的合作，以及区域清洁生产、环保产业、新能源与可再生能源研发及应用、清洁能源供应与基建等方面提出合作内容。[①] 这一

① 《粤港澳共建优质生活圈》，《羊城晚报》网络版，2012 年 6 月 27 日。

规划明确了粤港环境合作目标、合作思路、合作事项以及合作措施，标志着粤港区域环境合作由区域战略上升为国家战略，对推动粤港区域环境合作、实现粤港区域持久发展具有重要的推动作用。

（二）粤港区域合作机制逐步完善

经过几十年的探索与实践，目前粤港两地环境合作构建了决策层、协调层和执行层“三级运作”合作模式。决策层为“粤港联席会议”，主要任务是为粤港两地环境保护提供宏观指导，签订各类环境保护协议。协调层为“粤港持续发展与环境保护合作小组”，专门落实协调“粤港联席会议”的部署。执行层为“专题小组”，分别为珠江三角洲空气质素管理及监察、粤港林业及护理、粤港海洋资源护理、珠江三角洲水质保护、东江水质保护、大鹏湾及深圳湾区域环境管理、粤港两地开展节能清洁生产、城市规划和交流合作等八个专题小组。粤港环境合作组织框架实施了有效的运营机制。到目前为止，粤港联席会议成功举办了 19 次，粤港持续发展与环保合作小组已成功举行了 13 次会议。

（三）粤港区域环境合作领域不断拓宽和深入

在综合环境保护领域，2005 年粤港双方参与并签署了《泛珠三角区域环境保护合作协议》。2009 年 8 月，粤港两地政府签订了《粤港环保合作协议》，进一步明确了加强合作的范围，包括空气污染防治、水质保护、资源循环利用、林业保育、海洋渔业资源保护、清洁生产和环保产业。

在大气污染防治领域，2002 年粤港双方政府共同发布了《改善珠江三角洲空气质量的联合声明》，明确提出，到 2010 年的区域空气污染物的消解排放目标。2012 年 11 月，粤港两地政府通过了 2015 年的减排目标，并协定了 2020 年的预计减排幅度（见表 1）。

2012 年 11 月 23 日，粤港持续发展与环保合作小组第十二次会议在广州举行，粤港双方在会上全面评估了《珠江三角洲地区空气质素管理计划（2002 ~ 2010）》实施结果，并商讨了未来 8 年两地空气污染物减排方案以及 2013 年的工作重点。根据评估结果，相比 1997 年，香港 2010 年的 SO_2（二氧化硫）、NOx（氮氧化物）、PM_{10}及 VOC（挥发性有机物）排放总量分别减少 56.7%、29.5%、59.0% 及 58.8%，全部达到了 2010 年减排目标。

而珠三角经济区 SO_2、NOx、PM_{10} 这三项主要污染物的排放总量完成了减排目标，分别减少了 45.0%，20.2%、58.7%，VOC 排放总量未能达到既定目标，但较 1997 年仍有 26.2% 的较大削减幅度。

表 1　2015 年及 2020 年减排目标/幅度

单位：%

污染物	地　区	2015 年减排目标	2020 年减排目标
SO_2（二氧化碳）	香　港	-25	-35 ~ -75
	NOx（珠三角经济区）	-16	-20 ~ -35
NOx（氮氧化物）	香　港	-10	-20 ~ -30
	珠三角经济区	-18	-20 ~ -40
PM_{10}（可吸入悬浮粒子）	香　港	-10	-15 - ~40
	珠三角经济区	-10	-15 ~ -25
VOC（挥发性有机化合物）	香　港	-5	-15
	珠三角经济区	-10	-15 ~ -25

资料来源：香港环保署《2013 香港环境公报》。

为进一步改善两地空气环境质量，粤港双方在会上拟定了新的两地减排目标。对比 2010 年的排放水平，香港 SO_2、NOx、PM_{10} 及 VOC 这 4 种主要空气污染物的 2015 年减排目标分别为 25%、10%、10%、5%，珠三角经济区减排目标分别为 16%、18%、10%、10%。双方商定将在 2015 年进行中期回顾，届时在检视减排工作进度同时，再进一步确立 2020 年的减排目标。①

在水污染防治领域，深圳湾、珠江口和东江水域水质是多年来粤港两地环境合作的重要议题。粤港持续发展和环保合作小组下设三个小组专门负责跨界水污染问题，2008 年 9 月 25 日粤港澳三地签署了《珠江口区域海上船舶溢油应急合作安排》，这标志着珠江口水域一旦发生重大船舶溢油事件，三地四方海事机构将密切配合，充分调集所有应急资源全力抵御船舶溢油污染，共同保护珠江口海洋生态环境。② 2012 年 12 月 12 日，广东海洋渔业局、香港渔农自然护理署、环境保护署、澳门港务局联合开展了粤港

① 《南方都市报》2012 年 11 月 24 日 A06 版。

② 《共筑珠江口抵御船舶溢油》，《珠江水运》2008 年第 10 期。

澳三地首次海洋环境保护联合执法行动。此次行动首次将粤港澳海洋保护执行合作机制落到实处，对于推动粤港澳环境合作执行管理具有特别意义。1999 年，深港两地政府签订了《深圳湾水污染控制联合实施方案》，力争 2015 年实现将深圳湾污染负荷降至自净能力以内水平的目标。东江是粤港重要的饮用水源，提供了全流域和香港、深圳、广州东北约 4000 万人的生活、生产用水，为了保障东江水质安全，广东在东江流域严格限制建设重污染项目。截至 2011 年年底，东江流域共建成污水处理设施 95 座，日处理能力 776.3 万吨，占广东全省污水处理能力的 40%。近年来，东江水质整体保持稳定，水质优良，供港水质符合国家饮用水源水质标准和粤港协议供水要求。①

在产业领域方面，粤港重点推进节能减排合作。2007 年 8 月，粤港两地政府签订了《关于推动粤港两地企业开展节能清洁生产及资源综合利用工作的合作协议》。2008 年 4 月，香港特别行政区政府环境署联合广东经济和信息化委员会开展为期 5 年的“清洁生产伙伴”计划，港方出资 9300 万港元帮助位于珠三角地区的港资工厂开展节能减排工作。通过采用绿色技术节约了能源，减少废气和废水排放，不少企业提升了环境效益和环保形象。2011 年，100 多家港资企业获得由粤港两地政府共同颁发的“粤港清洁生产伙伴”标志牌，据粗略估计 100 多家示范企业 3 年中共节约电能 2 亿度，减少碳排放 10 万吨。近年来，粤港两地分别出台了有关减排措施。香港近年实施的主要减排措施包括：收紧发电厂的排放总量上限；为发电厂安装脱硫及脱硝设施；收紧车用燃料标准至欧盟五期；收紧工商业用柴油的含硫量；为所有加油站安装油气回收系统；限制消费产品的 VOC 含量等。② 此外，香港 2013 年还进一步收紧了新注册车辆的排放标准至欧盟五期，继续推动更换老旧柴油商用车辆，并鼓励远洋船泊岸转用低硫燃料。珠三角近年来推行的减排措施包括：为大型火力发电厂安装脱硫设施及关停小火电机组；淘汰高污染的水泥及钢铁厂；收紧汽油车排放标准至“国四”标准等。珠三角还推动发电厂及水泥厂降氮脱硝，深化燃煤锅炉治理，并逐步供应“粤四”车用汽油。广东省政府下拨 7 亿元资金用于淘汰黄标

① 《粤港深化环保合作推动区域环境质量改善》，新华网・港澳频道，2012 年 5 月 30 日。
② 《粤港深化环保合作推动区域环境质量改善》，新华网・港澳频道，2012 年 5 月 30 日。

车50万辆及小锅炉整治。

在环保科技领域，粤港两地环保部门积极引进国内外先进的环保科技并投入大量资金用于环保科技基础建设。为了进一步推进粤港澳大气污染联防联治合作措施，粤港澳三地政府有关部门建成了覆盖粤港澳三地的珠三角三地空气监控系统，监测网络有24个监测站点，其中广东省18个，香港5个，澳门1个。监测网点每年公布珠三角大气质量监测结果并做出监测数据的统计概要和长期趋势分析。设计区域空气监测网络是粤港澳环保科技合作的一项重要成果。

三　粤港区域环境合作障碍分析

（一）缺乏统筹有力的权威性合作机构

近年来，粤港区域环境合作虽然相继成立了“粤港联席会议”“粤港持续发展与环保合作”和“专题小组”多层次的环保合作区域框架，经过多年来的实践和探索，粤港区域环境合作取得了一些成效。但是，由于这种松散协商机制缺乏强有力的组织保障和基金支持，区域环境治理规划、重大政策和任务难以落实。因此，粤港区域跨境环境治理没有取得太大的突破性进展。

（二）缺乏市场介入、公众参与的机制

目前，粤港两地政府环境合作成立了“粤港政府联席会议制度”“粤港持续发展与环保合作小组”和“粤港环境专责小组”等合作机制，但这种区域多层次的合作机制只限于政府层面，企业、非政府组织和公众尚未参与，市场机制介入仍处于探索阶段。2007年1月，粤港共同制定了《珠三角火力发电厂排污交易实验计划》，在计划中通过市场调节机制，对污染物排放配额的合理分配以及排放配额交易管理等进行了具体规范。目前该计划因为各种原因还未有交易案例。

（三）缺乏有约束力的跨境污染合作治理机制

近年来，粤港区域特别是珠三角跨境污染纠纷及污染事件逐渐增多，

深港交界地带成为重点“关注区”。香港边境垃圾场火灾污染深圳空气事件，香港扩建边境垃圾填埋区计划，引起深圳人大代表联名上书反映。同时，深圳大鹏湾水域的环境污染影响了香港的生态环境，引起了香港方面的关注。特别是跨界水域污染尤为突出，据2013年深圳人居委环境报告，涵盖深圳85%的河流的121个水质监测站的水质评级为劣五类标准，属于“极差”，这不但影响了水域流域的生态环境，而且对粤港应用水源构成了威胁。跨境污染问题的日益突出，治理相对缓慢，其中一个重要原因就是缺乏有效的跨境污染协调的合理治理机制。粤港两地分属各自的行政管辖，环境治理相互独立，各自为政，虽然粤港两地政府成立了多层次的环境合作组织，但是仅停留在信息通报的层面，而没有进入有约束力的跨境环境污染协同治理层次。如何建立跨境污染治理的协调机制和争端解决机制，寻求公平互利的区域跨境污染管制方式是粤港区域环境合作亟待解决的问题。

（四）缺乏统一的生态保护规划和主体功能区规划

目前，粤港区域生态环境保护规划和主体功能区规划没有形成以生态和资源为基础的协调统一的主体功能区规划，粤港两地在生态环境保护范围和主体功能区存在明显的差异，如在深港深圳湾水域的一边是香港海洋海岸带自然保护区，而另一边则是深圳的蛇口码头工业区；与广东省海洋渔业保护区珠江口水域交界的是香港维多利亚港水域排污区。粤港两地生态保护区和主体功能区划分不同严重影响了区域生态环境，加大了区域环境保护的难度和成本。

（五）缺乏区域共同遵守的环境保护法规和环境保护标准

广东省与香港处在两个不同的社会制度环境中，两地的环境法规和环境标准存在着较大差异。香港的环境法律是参照或照搬英国环境法律建立起来的，而广东省环境法律、环境标准是执行国家的环境法律和环境标准。因此，粤港两地环境保护管理也就存在着明显的差异和冲突。如目前广东省和香港两地实行着不同的空气质量标准、机动车燃料标准等，这种环境标准的差异和冲突阻碍了粤港两地环境治理合作。

四　创新粤港区域环境合作机制的对策建议

当前，粤港区域环境合作进入了一个全面务实推进的新阶段，必须在机制框架、制度创新、法律保障等方面要有新的突破、新的提升，从而为粤港区域环境一体化的实质性进展提供体制和机制的保障。

（一）建立更有权威性的协调机制

由于现行的粤港联席会议制度和下属的环境专职小组是较为松散、不定期的一事一议的工作机制，这种体制性和制度性的障碍，不仅限制了粤港区域环境合作机制的提升，而且容易产生行政的利益倾向，这就要求我们重新思考和创建一套行之有效的组织模式。我们可以参考借鉴欧盟各国的实践经验：欧盟环境政策是由欧共同体、各成员国政府、各级地方当局、公众、企业、非政府组织等共同制定和实施的环境决策和实施体系。欧盟各成员国通过共同制定和实施的环境政策采取协调行动，实行环境保护行动计划。为了更好地促进粤港区域环境一体化发展，参照欧盟环境合作经验，建议成立国家级的粤港区域环境合作协调机构，由国家有关部委牵头，粤港两地政府参加，吸收公众、企业、非政府组织等共同参与，成立相对稳定的区域环境组织机构，负责协调处理跨境环境合作的重大问题；统筹考虑协调解决和落实确定的区域合作事项，切实加强区域环境合作执行层面的协调和推进力度，使粤港区域环境合作取得实质性的进展。

（二）建立以市场为导向的区域环境合作机制

粤港两地政府通过法律行政手段约束、限制和调控污染企业的排污及其他污染行为，实现环境质量标准、污染物排放标准的目标，这是粤港环境管理现行的基本政策。但是对于粤港地区多数个体经营和私营的企业，用现行的环境管理政策和措施很难实现有效的监管。因此，必须转变环境管理机制，发挥市场作用，用市场机制促进区域环境资源的合理配置，把环境资源纳入市场体系，通过市场机制合理分配环境资源，充分发挥对环境的合理配置导向作用，政府在保护市场环境秩序中应发挥积极引导作用，在市场制度、法规、监管以及仲裁方面提供有力的保障。

（三）统筹区域生态环境保护规划和主体功能区规划

进一步推动粤港区域环境合作一体化，必须加强统筹粤港区域，统筹区域生态环境保护规划和主体功能区规划，建立整个珠三角地区以生态和资源保护为基础的经济发展规划。以国家《珠江三角洲地区发展改革规划纲要（2008～2020年）》和广东省、香港、澳门政府制定的《共建优质生活圈专项规划（2012）》为指导，在整个粤港区域的架构下，共同制定生态环境保护规划和主体功能区规划，在生态规划方面将“环珠江口湾区”作为珠江三角洲生态安全体系的核心滋长区加以重点保护。在跨境水流域和海洋区域划分生态管制区的等级与范围，加大跨境流域水污染和综合整治力度，加强粤港大鹏湾和深圳湾及珠江口岸海洋带生态系统的修复和整治。在主体功能区规划方面，调整珠江口岸广东和香港的产业发展机构，制定环境与经济协调发展方式。在粤港澳共建优质生活圈的框架下，调整产业结构，加强产业引导力度，大力鼓励低消耗、低排放的产业，积极推进清洁技术、低碳技术，严格控制高能耗、高排放的产业，发展高新技术产业、新能源产业、低碳产业。

（四）建立粤港区域环境合作法制基础和环境质量标准

目前，粤港区域环境合作是行政区域跨境合作，主要依赖行政机制，这与香港的法治社会管理制度是不相适应的。要实现粤港区域环境合作的常态化、制度化、规范化，必须构建粤港区域环境合作的法律基础。实现这一法律基础应该从两方面做起：一是建立粤港区域立法协调机构，建议由粤港两地立法机构共同赋予其协调机能，指导区域环境的立法，协调粤港两地环境立法的差异和冲突，从而更有效地执行区域环境法规；二是建立粤港区域环境合作法律机制，由粤港两地政府制定促进粤港环境一体化的法律法规，废除与一体化有冲突的地方性法规，使粤港区域依据法律法规推进区域环境协作制度，通过法律手段治理跨境环境污染，为粤港区域环境一体化提供法制保障，实现从依靠行政推进粤港区域环境一体化向依靠法律推进粤港区域环境一体化的转变。同时，粤港两地政府应遵循国际和国家的环境质量标准，修订粤港两地的有冲突的环境质量标准，逐步实现统一的污染物排放标准、机动车尾气排放标准、水质和空气质量标准等，为粤港区域跨境联合执法提供执法依据。

（五）建立跨境环境应急协作制度

近年来，由于粤港边境地区频繁发生环境污染突发事件，因此迫切需要粤港两地政府建立相应的联合应急协作制度，共同监管环境污染突发事件。区域跨境环境应急协作制度的建立应该遵循以下几个环节：一是凡是在区域边界环境敏感区实施重大项目，跨界政府之间应互通信息，相互沟通，共同研究严格审查建设项目的准入。二是建立跨境环境应急通报制度，环境信息是区域政府环境合作的重要条件。目前，粤港跨境环境信息通报仅停留在信息通报的层面，应建立完善的信息通报制度。通过现代信息技术，粤港两地政府应定期公布跨境区域的空气质量、城市噪声、饮用水源水质、近岸海域水质等信息。向社会通报跨境建设项目的环境影响评价信息和各类环境事件的具体情况，保证社会公众环境的知情权和监督权。三是建立跨境环境联合治理机制，粤港区域环境合作不能仅局限于“信息通报”和“一事一议”，应在粤港环境专责小组的基础上，建立健全区域跨境环境应急处理的联合组织，制定联合应急预案和跨境环境事件的预警应急监控系统，建立协调区域政府之间的协同治理，提升粤港区域环境合作的应急水平。

参考文献

广东省住房和城乡建设厅、香港特别行政区政府环境局、澳门特别行政区政府运输工务司：《共建优质生活圈专项规划》，2012 年 6 月。

广东省环保厅：《2013 年广东省环境质量公报》。

香港特别行政区政府环保署：《2013 香港环境公报》。

粤港共建低碳示范区域的探索与创新

杨君游[*]

摘要： 气候变暖正在危及人类的生存与发展，因而成为近年来人们关注的焦点问题。碳排放和空气污染是超越了地域的，通过城市及区域间的协调合作来探求低碳发展之路，是建设全球性协调机制、共同应对人类面临的生存与发展危机的重要组成部分。粤港两地政府提出加强区域合作，共建低碳示范区域的战略构想，并在实践中付诸实施，这为城市和区域间开展低碳合作、实现持久发展开拓了一条新路，积累了可资借鉴的宝贵经验。

关键词： 粤港　低碳区域　合作进展　对策建议

气候变暖正在危及人类的生存与发展，因而成为近年来人们关注的焦点问题。蓝天白云、清新的空气，这些人们过去日常享用的自然恩赐，现在却似乎变成了奢侈品。人类的经济活动，消耗了大量的化石高碳能源，所排放出的二氧化碳及其他温室气体，则成为导致全球气候异常变化的最根本原因。由于碳排放和空气污染超越了地域，在这个共同分享的空间中，没有人能够脱逃在外而独善其身。人类要共享蓝天白云，同吸清新空气，就必须携起手来，用一种全球性的合作协调机制一起面对、共同努力，以减少持续增长的能源消耗和温室气体排放。通过城市及区域间的协调合作探求低碳发展之路，是建设全球性协调机制、共同应对人类面临的生存与发展危机的重要组成部分。

粤港地区是我国的城市密集区，经济的高速增长和工业化的快速发展，消耗了大量的资源和能源，面临着高碳排放不断增长的压力，如何加强粤

---

* 杨君游，清华大学港澳研究中心副教授。

港间的统筹与合作，有效减少城市的能源消耗和高碳排放，实现区域绿色低碳的可持续发展模式，已成为一个摆在粤港面前迫切需要加以关注和解决的课题。为此，粤港两地政府提出加强区域合作，共建低碳示范区域的战略构想，并在实践中付诸实施，这为城市和区域间开展低碳合作，实现持久发展开拓了一条新路，积累了可资借鉴的宝贵经验。

一　粤港共建低碳示范区域的意义和作用

在粤港两地政府的共同推动下，经国务院批准，2008 年 12 月国家发展改革委正式公布了《珠江三角洲地区改革发展纲要》（以下简称《发展纲要》），粤港合作上升为国家战略。为落实《发展纲要》的要求，广东省、香港、澳门三地政府于 2012 年 6 月共同制定了《共建优质生活圈专项规划》（以下简称《专项规划》），正式提出将大珠三角地区建设成为“低碳发展示范区域”的战略构想和具体的实施框架。粤港共建低碳示范区域，对于增强和深化粤港区域合作，实现区域经济转型和持久发展，共同应对人类面临的挑战，具有重要的意义和作用。

（一）共建低碳示范区是粤港共同应对人类面临挑战的新举措

粤港所处的珠三角地区具有人口集中和工业密集的特征，日益增多的碳排放正在使整个区域面临着生存和发展的严峻挑战。目前，世界发展的基本趋势是日益重视人类自身的发展，强调经济、社会与环境保护之间的平衡发展，低碳化发展作为事关人类自身生存和发展的最重要的因素，已经渐渐成为全球共识，受到了世界各国的高度关注，也逐渐成为衡量一个区域竞争力的核心因素。粤港共建低碳示范区，建立区域间的统筹协调机制，为实现全球低碳化发展的统筹协调机制建设做出了重要贡献，具有引领和示范作用。同时，粤港共建低碳示范区域，也顺应了世界发展的大趋势，是粤港地区吸引全球创新人才和创新资源，从而在国际竞争格局中保持优势的一项重要的新举措。

（二）为粤港实现经济转型提供新动力

发展低碳经济，转变经济发展方式，已经成为国家发展战略的一项核心内容。低碳经济关系全社会的发展思路，关系经济发展模式与产业结构的转变，关系人们的生产方式和生活方式的改变。在这个意义上，也可以说低碳经济是一场新的产业革命、新的技术革命，是经济发展新的战略增长点。从内涵上看，低碳经济涵盖了绿色经济、循环经济、生态文明、可持续发展等理念，是一种新的发展观。从国际上看，低碳经济已成为许多发达国家和地区应对挑战、实现经济转型的一个重要抓手。许多发达国家和地区均已将刺激经济发展的重点放在新能源开发、节能技术、智能电网等领域，把低碳经济、低碳技术作为新的战略增长点。当前世界发达国家和地区都将新能源发展和能源效率提升作为应对气候变化的核心措施之一，通过扩大政府投资或鼓励私营部门加大对这些领域的投资来实现向低碳经济的转型。粤港区域面临着能源环境的严峻挑战，面临着加快经济转型的巨大压力，共建低碳示范区，实现低碳经济、低碳产业的转型发展，寻求经济与环境、社会之间的协调发展，将会为粤港区域的持久发展提供新的持久性的动力。

（三）为粤港合作提供新的视野和方向

随着粤港区域合作的加强和深化，区域发展面临的共性问题越来越多，越来越需要跨越行政边界的共同合作。人口、产业、交通，特别是空气质量问题，都只能也只有通过区域间的携手合作，才能实现预定的目标和解决存在的问题。因此，在分析和解决粤港区域发展的问题时，必须立足于区域整体的视角。在关于低碳发展的问题上，粤港区域内的每个城市和村镇，都是命运相关的共同体。低碳发展以能源的变革为核心，但涉及人类生活各个方面、各行各业，又主要与能源、工业、建筑、交通部门有着密切的关系，这些都需要区域间的合作。共建低碳示范区，发展低碳经济，将引起区域内人们的生产方式（清洁生产）、生活方式（能源互联网）、居住方式（低碳建筑）、出行方式（低碳交通）的转变，培育发展低碳城市、低碳环境，也将为增强和深化粤港合作提供新的视野和新的方向。

二　粤港共建低碳示范区域合作的目标与内容

《共建优质生活圈专项规划》将低碳发展作为共建优质生活圈、推动区域转型发展中的一个关键环节，并就推进区域应对气候变化的合作，以及区域清洁生产、环保产业、新能源与可再生能源研发及应用、清洁能源供应与基建等方面提出了粤港低碳发展合作的内容和举措。对粤港共建低碳示范区的目标、思路、合作的事项及举措，也做了明确的阐述。

（一）合作目标

在《专项规划》中，共建大珠三角低碳示范区是作为共建优质生活圈的一个组成部分，粤港共建低碳示范区的总体目标，是在实现经济区域一体化共同发展大目标的前提下，通力合作，打造国家级珠三角优质生活圈。“通过合作推进区域低碳发展，在本区域内创建低碳发展示范区……率先建立低碳型、循环型产业体系，成为国家转变经济发展方式的先行区，全球快速城市化地区应对气候变化的典范。”[①]粤港共建低碳发展示范区域的重点方向，是经济发展转型和产业体系的建设：“引领经济发展走向低碳、可持续的发展方式，能够较好地提供并满足居民的就业需求和消费需求。经济领域对资源、能源、环境的使用方式更加健康、可持续，初步建立起低碳、循环、清洁的产业体系。”[②] “加快推进经济结构转型升级，大力发展现代服务业、高新技术产业和现代都市农业，不断完善区域创新体系，不断深化服务领域投融资和管理体制改革，加快推进区域经济向知识性、服务型转变。加快改善产业领域对能源、资源的使用方式，提高能源资源的使用效率。加快对新能源和能源节约技术及产品研发和推广，提高清洁能源、可再生能源的使用率。大力促进环保产业发展，推广循环经济的模式和技术，提高清洁生产水平，促进资源循环再利用。推动节能减排取得突破性进展，争取在大珠三角区域建立低碳、循环性产业体系。”[③]

---

① 广东省住房和城市建设厅、香港特别行政区政府环境局、澳门特别行政区政府运输工务司：《共建优质生活圈专项规划》，2012 年 6 月。

② 广东省住房和城市建设厅、香港特别行政区政府环境局、澳门特别行政区政府运输工务司：《共建优质生活圈专项规划》，2012 年 6 月。

③ 广东省住房和城市建设厅、香港特别行政区政府环境局、澳门特别行政区政府运输工务司：《共建优质生活圈专项规划》，2012 年 6 月。

（二）合作内容

粤港共建低碳示范区是一项宏大的工程，这一目标的实现，需要粤港两地携手合作，制订一系列具体的行动计划和合作项目，且需要通过长期的实践探索将之落到实处。在《专项规划》中，粤港共建低碳示范区大体包括以下八个方面合作内容。

1. 加强区域大气环境的综合治理

区域性大气环境污染是粤港珠三角区域的突出问题，也是粤港共建低碳示范区域要着力解决的重点和难点问题。合作的目标是通过粤港两地的共同努力，促进粤港珠三角区域大气环境逐步好转，同时，也为我国快速城市化、工业化条件下解决复合性大气污染问题和构建大气环境长效管理机制积累经验。合作内容主要包括：积极推进大气环境质量和大气污染控制目标的联合管理，在落实《珠江三角洲地区空气管理计划（2002～2010)》的基础上，制订和优化区域大气环境的管控指标体系；开展区域大气污染物减排控制合作，从控制污染源数量和排放量两个层面积极推动减排工作不断深化；强化区域大气管理协调机制建设，建立大气污染事故预报预警系统和应急预案；优化区域大气污染监测网络，完善大气监测信息共享平台，及时向社会发布各类大气监测信息；通过对区域大气污染机理的合作研究，寻求联防联治、应对和控制区域大气污染之对策。

2. 建立区域低碳发展的合作机制

低碳发展作为粤港两地合作中的重大事项，需要纳入粤港合作的整体框架之中，列在重要的日程之内。包括通过粤港应对气候变化联络协调小组推进区域应对气候变化的协作；推动两地在科学研究、技术开发、规划计划、政策制定等方面的合作与交流；以重点城市和地区的低碳发展试点来推进低碳发展区的建设等。

3. 建立低碳经济体系

通过政策引导和资源上的扶持，促进产业结构的优化升级，加快区域的节能减排，逐步建立低碳型的经济体系。内容包括：通过产业政策引导，控制高能耗、高排放产业扩张，鼓励低消耗、低排放产业发展；扶持中小企业，支持企业升级转型发展；推进清洁生产，提高区域清洁生产水平；推进能源领域合作和区域清洁能源基础建设；推进珠三角区域碳交易市场、标准、技术流程及相关机制的建立；开展海洋生物固碳技术的研究与应用，培育和发展海洋碳汇渔业。

4. 促进低碳社区建设

倡导低碳型消费和生活方式，逐步建设低碳型社会。内容包括：研究制定应对气候变化的政策，规划实施措施，进行评估；加大宣传力度，普及科学知识，倡导低碳消费方式；推进低碳区域、低碳城市、低碳社区建设；提高建筑物能源效益，推广绿色建筑，推进低碳建筑技术的广泛应用，推进绿色建筑产业化，提高低碳建筑的生产能力；优化交通结构，发展绿色交通，推广新能源汽车，促进交通工具节能减排。

5. 深入开展区域清洁生产合作

推广“清洁生产伙伴计划”，完善区域清洁生产项目合作机制。内容包括：持续推进粤港“清洁生产伙伴计划”，在总结经验的基础上，与业界及相关参与者研究进一步推动企业实行清洁生产的方向；建立和完善清洁生产公共服务平台，建立粤港生产技术服务单位的互认机制，扩大“粤港科技合作资助计划”的领域，以鼓励粤港两地科研机构跨境联合申请资助项目。

6. 加强区域环保产业合作

完善大珠三角区域环保产业合作机制，共同开拓环保产业市场。内容包括：推进成立大珠三角环保产业合作委员会，为推进环保产业合作发展创造良好的政策环境；共同推进区域环保会展业的发展，联合推荐优秀环保技术和产品，为区内环保产业确立优越的品牌；举办区域环保项目招商洽谈会，推动区域内相关企业间的技术合作、合资合作经营、合作投标、合作开发，共同开拓环保产业市场；设立区域环保产业网站，推动建设大珠三角区域环保产业电子商务平台，增进区域环保产业交流合作；加强环保产业科研人才培育的合作，推动区域环保产业的建立和提升；促进跨界循环再利用合作，探索一些可重用物料跨界循环再利用合作的新模式。

7. 新能源和可再生能源研发及应用合作

内容包括：促进新能源产业发展合作，在对区域新能源产业发展潜力评估的基础上明确区域分工、合作和协调的重点，探索合作机制，拟定未来的合作项目和计划；合作制定有利于新能源和可再生能源发展的相关措施，促进新能源与可再生能源产业健康发展；加大对新能源与可再生能源产业的扶持力度，提高产业竞争力；以新能源汽车为重点，合作促进新能源与可再生能源产品的推广和应用，促进使用低碳车辆。

8. 清洁能源供应与基建合作

内容包括：合作开展区域清洁能源生产和供应的近期、中长期规划，推进区域能源结构改善；合作开展区域对清洁能源的总体需求与发展潜力研究，制定区域清洁能源基建与供应规划，实现区域清洁能源生产和供应可持续发展的长远目标；建设清洁能源基础设施，加大投入，完善基础设施网络，提高建设标准和服务水平；促进清洁能源基础设施的管理，以相关国际标准为基础，建立清洁能源设施和设备，以方便清洁能源基础设施的共享和共同管理。

三　粤港共建低碳示范区的合作进展

粤港区域低碳发展的合作始于21世纪初。2002年4月，粤港两地政府就珠江三角洲区域的控制污染减排问题达成共识，共同发布了《改善珠江三角洲空气质量的联合声明》，从控制污染、减排、改善空气质量起步，开启了区域低碳发展的合作之门。2010年4月，粤港两地政府签署了《粤港合作框架协议》，提出把珠三角地区打造成一个拥有更清新空气、更少污染和更低碳的优质生活城市圈，为区域低碳发展与环保合作奠定了基础。2012年6月，两地政府部门发布《优质生活圈专项规划》，正式提出共建低碳示范区域，把粤港区域的低碳合作再次提升，通过十多年的不懈努力，粤港区域低碳合作获得较大进展，合作的机制逐步建立并不断健全和完善，合作的领域不断拓展和扩大，合作的内容不断丰富和充实，合作的基础不断巩固和加强，合作的层次也在不断地提升和深化。目前，粤港低碳示范区建设已进入一个全面务实推进的新阶段。

（一）区域低碳发展合作机制基本建立并逐步完善

在粤港两地政府的高度重视下，粤港低碳发展合作已被纳入粤港合作的整体框架之中。经过多年的实践探索，目前已构建起决策层、协调层和执行层“三级运作”的合作模式。决策层为“粤港合作联席会议”，由广东省和香港特别行政区高层人员组成，自1998年起，每年一次，轮流在广东和香港举行，会议由两地行政首长共同主持，主要任务是为粤港两地的多项合作提供宏观指导、签订各类合作协议等。到目前为止，粤港合作联席会议共成功举办了19次。协调层是“粤港合作联席会议”下设的两个联络协调小组。一个是“粤港持续发展与环保合作小组”，2001年6月设立，主要负责落实“粤港合作联席会议”的相关部署，到目前为止，粤港持续发展与环保合作小组已成功举行了13次会议。另一个是设立较晚的“粤港应对气候变化联络协调小组”，在2011年8月举行的第14次“粤港合作联席会议”上，粤港双方签署了《粤港应对气候变化合作协议》，议定在联席会议下设立“粤港应对气候变化联络协调小组”，协调推进应对气候变化的相关工作。其主要职责是对粤港两地应对气候变化合作进行磋商，协调粤港两地应对气候变化的活动和措施，推进相关的科学研究和技术开发，并每年向“粤港合作联席会议”报告工作。到目前为止，该小组共举行过3次会议。执行层为在“粤港持续发展与环保合作小组”之下设立的“珠江三角洲空气质素管理及监测”专题小组和“粤港两地开展节能清洁生产”专题小组，以及在“粤港应对气候变化联络协调小组”之下设立的两个专责工作小组，分别负责推动适应及减缓气候变化的交流，并开展合作项目。

（二）区域大气环境综合治理合作取得显著进展

大气环境综合治理是粤港区域低碳合作的重点和难点。早在2002年4月，粤港两地政府已就珠江三角洲区域的控制污染减排问题达成共识，共同发布了《改善珠江三角洲空气质量的联合声明》，确定了粤港双方在大气污染管控方面的责任目标。双方承诺在2010年，将区域内二氧化硫（SO_2）、氮氧化物（NO_x）、可吸入悬浮粒子（PM_{10}）及挥发性有机化合物（VOC）的排放量，以1997年作参照，分别削减40%、20%、55%和55%，使粤港珠三角地区的空气质量得到显著改善。2003年12月通过了《珠江三角洲地区空气质素管理计划》，确定了一系列的污染防治措施，并对《计划》执行进度和成效进行了回顾检视的制度安排。从2012年11月双方合作发布的检视结果显示，香港2010年的二氧化硫（SO_2）、氮氧化物（NO_x）、可吸入悬浮粒子（PM_{10}）及挥发性有机化合物（VOC）排放总量分别减少了56.7%、29.5%、59.0%及58.8%，四种主要污染物全部达到了2010年的减排目标。珠三角经济区的SO_2、NO_x、PM_{10}这三项主要污染物的排放总量完成了减排目标，分别减少了45.0%，20.2%、58.7%，VOC排放总量未能达到既定目标，但较1997年减少26.2%。从总体上看，粤港双方大体兑现了各自的承诺，基本实现了预定的污染管控目标。为进一步降低污染排放，改进区域的空气质量，2012年11月，粤港双方又制定了新的减排目标，即以2010年做参照，到2015年，香港SO_2、NO_x、PM_{10}及VOC四种主要空气污染物的减排目标分别为25%、10%、10%、5%，珠三角经济区域的减排目标分别为16%、18%、10%、10%。为加强对区域空气质量进行监测，双方还以政府间合作的方式自2005年11月30日启动建设了珠三角区域空气监控网络，对区域的空气质量进行实时监测、预测预警、信息发布和趋势分析工作，在推进粤港珠三角区域大气污染联防联治合作中发挥了重要作用。经过双方多年来的共同努力，粤港珠三角区域大气污染物减排控制合作取得良好进展，空气质量指数值符合国家环境空气质量二级标准。①

（三）区域清洁生产合作卓有成效

"清洁生产伙伴计划"是粤港两地政府在低碳发展领域深化合作的一项重要成果。为了协调和推进香港及内地的环保技术企业向珠三角地区的港资企业提供专业技术支援，扶持和帮助珠三角地区的港资企业通过采用清洁生产技术及工艺，实现节能减排、降耗增效，从而使粤港珠三角区域的空气质量得到进一步改善，2007年8月，粤港两地政府签订了《关于推动粤港两地企业开展节能、清洁生产及资源综合利用工作的合作协议》。根据这一协议，香港特别行政区政府环境保护署联合广东省经济和信息化委员会推出为期5年的"清洁生产伙伴计划"，并获得香港立法会财务委员会拨款9306万港元的经费支持。该计划力图在5年内完成三类项目：一是资助800~1000家企业进行节能、减排及降耗的实地评估。二是资助90个清洁生产的示范项目，主要是通过资助企业聘用优质工程公司改进设备、系统或改善生产流程，以实现节能减排。三是为500~1000个优化项目核证改善

---

① 根据广东省环境保护厅和香港环境保护署于2014年4月30日发布的《2013年珠三角区域空气监测结果报告》，监控网络录得的珠三角区域空气质量指数值显示，2013年空气质量达标天数达81.98%，属于Ⅰ~Ⅱ级水平，符合国家空气质量二级标准。

的成效。“清洁生产伙伴计划”的目标是要加强政府部门与企业、技术供应商之间的联系，建立起一种更加紧密的合作伙伴关系，从而进一步提升企业对清洁生产作业方式的认识，通过示范项目和成功实例的引领，提高在粤港资企业积极参与推广和分享良好的清洁生产作业方式的信心和积极性，进而取得良好的经济效益。[①] 该计划开展5年来，先后有5批545家港资企业获得由粤港两地政府共同颁发的“粤港清洁生产伙伴”标志牌，资助超过2000个项目，举办近300个认知推广活动，参与人数超过28000人，为粤港两地特别是珠三角地区带来了明显的环境及经济效益。[②]“清洁生产伙伴计划”不仅在粤港合作推进低碳发展合作中具有典范意义，也为其他地区开展区域间的低碳发展合作起到了良好的借鉴示范作用。也正是由于“清洁生产伙伴计划”带来了低碳效应及业界的良好反映，该计划被追加了两年的延展期（延至2015年3月31日），又获香港政府5000万港元的追加投资，并将计划涵盖的地域范围扩展至全广东省。

（四）区域低碳科研领域的合作不断加强

粤港共建低碳示范区域，是建立在科技支撑基础之上的，低碳技术的合作是两地低碳发展合作的基础。粤港两地政府为推进在低碳科技领域的合作，积极引进国内外先进的低碳科技并投入大量的资金用于低碳科技基础建设。如作为推进区域大气污染联防联治的合作措施，以政府合作的方式建设覆盖珠三角区域的空气监控系统，就是三地在高科技领域合作的结果。监测网络共有24个监测网点，其中广东18个，香港5个，澳门1个，监测网点每年公布珠三角大气质量监测结果并做出监测数据的概要和长期趋势分析，设计区域空气监测网络是粤港低碳科技合作的一个重要成果。

2014年9月，粤港澳三地政府共同签署《粤港澳区域大气污染联防联治合作协议书》，启动了区域性空气质素的合作研究，11月6日，香港特别行政区政府与香港科大研究开发有限公司签署顾问合约，开展《改善珠三角空气质素的$PM_{2.5}$研究》项目。这项研究从区域层面入手，并以科技为基

① 万军明：《中国香港清洁生产伙伴计划对珠江三角洲地区节能减排效果的探讨》，《环境污染与防治》2009年第8期。

② 《2013年度粤港清洁生产伙伴标志企业授牌仪式在香港举行》，广东省经济和信息化委员会网站，2013年11月5日。

础，通过对 $PM_{2.5}$污染的特点和污染物来源的分析，为三地政府制订有效的空气污染防治措施提供咨询参考 。

（五）新能源与再生能源领域的合作持续推进

促进使用低碳车辆，以新能源汽车为重点，合作促进新能源与可再生能源产品的推广和应用。粤港两地政府通过提供资助或税率优惠鼓励购买符合更高排放控制标准的车辆，置换和淘汰高排放高污染的旧车辆。香港政府采取优惠和补贴的方式，鼓励7.4万辆旧的柴油商用车更换为符合排放标准的新车，对节能环保巴士的资金补贴更是达到18%左右。[①] 完善与新能源汽车使用有关的基础设施建设，规划和建设公共充电充能设施网络，在公共停车场地设置新能源汽车优先停放的停车位；鼓励汽车生产业界与各地政府开展新能源汽车方面的合作，鼓励公共交通网络引入电动车等环保车辆；深圳、广州、香港等城市作为试点，通过粤港政府的积极合作，结合市场运作，推动新能源汽车的生产和使用；争取在广东有条件的地区建设国家新能源汽车产业基地，争取国家有关部门对新能源汽车的研发、生产和消费实施税收优惠。

四 粤港共建低碳示范区、实现低碳化发展的对策建议

近年来，以共建低碳示范区为目标引领，粤港两地政府在推进和深化低碳发展方面相继出台了多项促进节能减排和低碳化发展的政策措施，取得了一定的成效。当前，粤港低碳示范区的合作共建工作已进入一个全面务实推进的新阶段，需要在机制框架、制度创新、法律保障等方面取得新的突破和提升，从而将粤港低碳示范区建设成为国家加快转变经济发展方式的先行区，全球快速城市化地区应对气候变化的典范。

（一）建立更具权威性的区域合作协调机制

现行的粤港合作工作联席会议制度和下属的“粤港持续发展与环境保护合作小组”、粤港应对气候变化联络协调小组均为较松散、不定期的一事

① 高杰：《探寻香港未来十年的“低碳攻略”》，中国环保资讯网，2010年12月8日。

一议的工作机制，加之，对于粤港低碳发展合作存在着多重管理、职能交叉重合现象，易于造成权威不够的体制和制度的障碍。这不仅会限制粤港共建低碳示范区合作机制的提升，而且容易产生行政的利益倾向，这就要求我们重新思考和创建一套行之有效的组织模式。为了更好地推进粤港低碳示范区的建设，我们可参考借鉴欧盟在环境合作方面的成功做法与经验，建议成立国家级的粤港区域低碳发展合作协调机构，由国家有关部委牵头，粤港两地政府参加，吸收公众、企业、非政府组织等共同参与，成立具有相对稳定性的区域低碳发展组织机构，负责协调处理跨区域低碳合作的重大问题；统筹考虑协调解决和落实确定的区域低碳合作事项，切实加强区域低碳合作执行层面的协调和推进力度，使粤港共建低碳示范区域的合作取得实质性的进展，真正做成一个区域间低碳合作的典范。

（二）建立以市场为导向的区域低碳发展合作机制

目前，粤港共建低碳示范区是由政府主导和实施的，即由两地政府通过行政手段，对企业的碳排放行为进行约束、限制和调控，以实现区域空气质量提升、节能和碳排放达标，这是粤港在低碳发展和管控上现行的基本政策。但是，由于粤港区域的大部分企业是以个体经营和私营为主，用现行的低碳发展和管控政策措施难以实行有效的监管。因此，粤港低碳示范区的建设，需要从政府主导的机制和模式，转变为“政府引导、企业主体、公众参与、市场导向”的机制和模式，一方面，政府要遵行市场运行的客观规律，在推进区域低碳化发展中发挥积极的引导作用，在市场制度、法规、监管以及仲裁方面，政府要提供有力的保障，引导现有的市场体系和产业体系通过市场化的途径完成低碳化的发展转型；另一方面，在低碳发展与管理的模式和机制上要进行转型和创新，以充分发挥政府的引导作用、企业的主体作用和公众的参与作用，发挥市场机制在资源配置等方面的导向作用，把节能减排和低碳化发展纳入市场体系中，切实调动企业的积极性，充分发挥企业在节能减排中的主体性作用，依靠市场机制以及全社会的合作共同推进低碳发展。

（三）建立低碳要素市场和跨区域碳金融平台

粤港低碳示范区建设中的一项重要目标，是要通过大力培育以低碳技术、碳金融为中心的低碳要素市场，发挥粤港绿色低碳技术、低碳金融要素的集散功能，推动粤港产业结构的转型和升级。实现这一目标的关键，在于完成绿色低碳技术在区域内的聚和流，把粤港低碳示范区建设成为世界绿色低碳技术聚散的重要节点，即一方面要把全球前沿以及适用的绿色低碳技术汇集到粤港示范区里来，另一方面要把汇聚过来的绿色低碳技术快速在区域内实现转让、推广、普及和应用。而要实现这一节点建设的目标，需要抢占三个制高点。

1. 建设跨区域的绿色银行

绿色银行（或称低碳技术银行）是加快低碳技术转让、推广、普及的有效机制。粤港低碳示范区应率先建立跨区域的绿色银行，借助银行的存贷机制推动绿色低碳技术的推广、普及和应用。跨区域绿色银行的建设，第一，可以对知识产权进行保护；第二，可以加快低碳技术的普及、推广和使用的进程；第三，绿色银行将衍生出绿色低碳技术认定、评估、保险、咨询等低碳技术中介服务业。

2. 建设跨区域碳排放交易所

碳排放权交易是运用市场机制实现节能减碳目标的重要举措，碳排放交易所是全球碳金融市场中围绕碳交易产生的一种重要的碳信用工具。广东省和深圳市作为国家首批 7 个开展碳排放权交易试点的省市（北京、天津、上海、重庆、广东省、湖北省及深圳市，两省五市成为碳排放试点），已建立了碳排放交易所，目前尚处于试点试验阶段。粤港低碳示范区建设中可借助粤深两个碳排放交易所的探索与实践，并借鉴沪港通的探索和实践，利用香港现有的良好金融平台培育碳金融市场，试点推进跨区域的深港通碳排放权交易平台建设，构建低碳统计、核算和考核制度，建立健全碳排放统计和核算体系，建立低碳要素市场，发展低碳衍生产业，使其成为粤港经济新的增长点。

3. 设立碳基金，引导社会资本进入低碳领域，建立跨区域碳金融平台

两地政府应积极发挥低碳环保产业扶持性财税政策的杠杆效应，实现由可选择政府补贴向政府采购转型发展；可考虑设立碳基金，以调动全社会资源推选低碳转型；推进个人碳金融的发展，并通过建立多元化的投融资体系，引导社会资金进入低碳领域。按照“政府倡导、市场运作、社会参与”的模式进行推广。在现有低碳交易所积累的技术、项目、知识产权的基础上，积极探索建立起一个信息公开、程序规范、交易透明的跨区域碳（绿色）金融平台。

（四）建立企业碳排放信息报告披露制度

企业碳排放信息报告披露制度是运用社会力量培育、发展低碳企业的有效手段之一。企业通过向社会发布碳排放报告，实现交流信息、展示形象、完善体制、承诺责任、接受监督的作用，是培育低碳企业、发展低碳经济的有效工具。粤港目前已经具备开展企业碳排放报告编制和披露工作的良好基础，并具备在全国率先发展低碳企业的经验和潜力。为此，建议把建立企业碳排放报告披露制度作为粤港两地合作推进低碳示范区的重要举措：选择低碳企业做好试点工作，在粤港区域内进行统筹安排和协调推进；加强与经济部门协调，与现行的环境管理制度相结合；建立评估制度和落实激励政策；加强企业碳排放报告的宣传，发挥社会力量的作用；加强国际交流，提升碳排放报告披露信息的质量，提升企业碳排放信息披露的责任意识。在粤港两地政府的共同推进下，使企业碳排放报告披露成为一种有法律规范的常态化制度。

（五）建立粤港区域低碳发展合作的法制基础和质量标准

目前，粤港区域低碳发展合作是两地政府间的跨境合作，主要依赖行政机制，这与香港的法治社会管理制度是不相适应的。要实现粤港区域低碳合作的常态化、制度化、规范化，必须构建粤港区域低碳合作的法律基础。实现这一法律基础应该从两方面做起。一是建立粤港区域低碳立法协调机构，建议由粤港两地立法机构共同赋予其协调机能，指导区域低碳的立法，协调粤港两地立法的差异和冲突，从而更有效地执行区域低碳法规。二是建立粤港区域低碳合作的法律机制，由粤港两地政府制定促进低碳发展的法律法规，废除与一体化有冲突的地方性法规，使粤港区域依据法律法规推进区域低碳协作制度，通过法律手段治理排放污染，为粤港区域低碳合作提供法制保障，实现从依靠行政推进粤港区域低碳发展向依靠法律推进粤港区域低碳发展的转变。同时，粤港两地政府应遵循国际和国家的有关规约，修订粤港两地的有冲突的污染物排放标准、逐步实现统一的污染物排放标准、机动车尾气排放标准，水质和空气质量标准等，为粤港区域跨境联合执法提供执法依据。

（六）建立粤港区域清洁生产合作的长效机制

粤港自2007年起合作实施的“清洁生产伙伴计划”，在推进节能减排方面取得了明显成效，实践证明，这种区域携手合作推进清洁生产的方式开创了一种互利互惠、双方共赢的崭新模式，是粤港共建低碳示范区的一项重要成果，对于区域间的低碳合作有着良好的示范作用。建议以粤港“清洁生产伙伴计划”为契机，进一步创新合作模式，深化合作内涵，促进双方技术、人才和信息交流，建立粤港清洁生产合作的长效机制。在总结前期实践经验的基础上，建立政府参与部门与业界加强联系和沟通的渠道，检视进一步推动企业实行清洁生产的方向和路径；要进一步扩大粤港清洁生产合作的范围和资源安排，充分发挥区域优势，鼓励在粤港资企业实施清洁生产，同时将珠三角各市重点工业园区都纳入清洁生产合作计划中来。在鼓励和帮助企业实施清洁生产的同时，也要逐步强制对高能耗、高污染的企业进行清洁生产审核，帮助企业成功实现节能减排和经济效益的有机统一；要以清洁生产为纽带，推动企业之间建立相互联系、资讯共享的互动机制；要通过加强对清洁生产合作机制的研究，建立和完善粤港清洁生产公共服务平台；要建立粤港清洁生产技术服务单位的互认机制，扩大“粤港科技合作资助计划”的领域，鼓励粤港两地科研机构跨境联合申请资助项目。

（七）优化交通结构，发展绿色交通，降低车辆的污染排放

粤港作为我国发展最快的城市群之一，城市交通需求量和机动车保有量都在快速增长。据专家研究，机动车尾气排放对粤港珠三角空气污染的贡献率为30%左右，[①] 机动车污染排放已经成为粤港空气污染的主要来源之一。虽然，近年来粤港两地在推进交通运输模式低碳化方面做了很多工作，出台了不少减排举措，包括鼓励绿色出行方式，加强公交建设，提倡大运量交通体系，限制小汽车的使用；收紧汽油车的排放标准，香港至欧盟五

① 《汽车尾气对珠三角 $PM_{2.5}$ 贡献率多少 广东专家：30%左右》，人民网·深圳频道，2014年1月5日，来源：《深圳特区报》。

期，广东至“国四”；推动高能耗、高排放车辆的更换和淘汰，如香港推动老旧柴油商用车辆的更换，广东淘汰黄标车；推动电动汽车等新能源汽车的发展，以减少车辆的污染排放等，但是，如何优化区域的交通运输系统结构、降低机动车能源消耗和碳排放，仍是粤港建设低碳示范区的紧要问题之一。粤港交通领域低碳发展合作的重点是优化交通结构，发展绿色交通。这需要两地政府携手合作，通过加强政策引导，提高公共交通和慢行交通比例；优化交通系统间衔接，提高交通效率；逐步收紧交通工具的燃料和排放控制标准，严格限制高能耗、高排放车辆的行驶；大力推广电动汽车等新能源汽车，加快与新能源汽车有关的基础设施建设，规划和建设公共充电充能设施网络，使电动汽车成为区域交通干道上的主要交通工具，促进交通工具节能减排。

（八）转变消费方式，倡导低碳生活方式

从粤港共建低碳示范区域的实践来看，粤港在转变人们的消费方式、推进低碳生活方式上做了诸多努力，也收到了一定的成效。然而，由于人们还普遍缺乏低碳生活意识的支撑，低碳生活方式在粤港尚未得到广泛推广，距离其成为人们自觉的行为方式尚有较大的差距。要让区域的民众都接受低碳生活，粤港两地政府需要从典型示范、社会动员和政策引导等方面付出更多的努力。除了加大宣传，以推进低碳社区、低碳城市的建设为抓手，提高公众的低碳意识，推广低碳生活，鼓励使用低碳产品，推动社会各阶层从日常生活入手降低工业能耗，缓减气候变化之外，还要施加适当的经济激励举措，在能源价格、能源效率标识、税费减免、补贴及安装智能电表等方面进行必要的改革和创新，让低碳生活能够真正成为一种经济的生活方式。此外，在加强低碳教育的同时，还要完善社会信用体系建设，使公众都能认识到低碳的重要性，从自身做起、从每个企业做起，使全社会自觉地为降低碳排放添砖加瓦。

参考文献

乌兰察夫等：《深圳低碳发展报告》，海天出版社，2013。

曹建华、邵帅、张祥建：《上海低碳经济》，上海财经大学出版社，2011。

上海市政府研究中心等:《2013 上海城市经济与管理发展报告》,上海财经大学出版社,2013。

万军明:《中国香港清洁生产伙伴计划对珠江三角洲地区节能减排效果的探讨》,《环境污染与防治》2009 年第 8 期。

成国敏、黄其智、吴福疆:《借鉴香港经验构建广东低碳发展新格局》,《经济研究导刊》2012 年第 35 期。

区域环境合作

粤港环境规制政策的比较研究

张显未*

摘要：粤港两地毗邻相依，但在环境规制政策和执行方式等方面存在着较大差异。本文以粤港两地的环境规制政策为研究对象，以环境规制的理论依据为起点，从政策体系、政策手段、政策效应三个方面对粤港两地的环境规制进行了比较分析，阐释了粤港环境规制政策的相通之处和各自特色。

关键词：环境　环境规制　政策　广东　香港

一　环境规制的理论依据

规制是市场经济不断演进的产物。19 世纪以来，由于社会经济迅速发展，市场失灵问题与市场自由调节的矛盾日益突出，规制随之产生，并成为政府干预经济的重要方式。作为政府的重要调节手段，环境规制产生的直接原因在于面对环境污染的外部不经济性，政府通过直接或间接途径，对社会生产采取命令、控制或激励政策，将环境污染的外部性问题内部化，达到环境与经济的协调发展。政府环境规制是典型的市场干预行为，具有深刻的理论渊源。

（一）环境污染的外部性

环境污染具有明显的外部性。当企业为获取个体或小团体利益而造成环境污染却没有对社会或他人付出对等的补偿时，就会出现市场资源配置

* 张显未，深圳职业技术学院经济学院，博士。

中的不合理现象，也是市场失灵的重要表现，而解决外部性问题的直接方式在于及时调整市场失灵现象，将企业生产的外部性进行内部化，以避免社会福利的损失。

尽管外部性被认为市场失灵的主要因素，但作为个体的企业或个人难以采取有效措施让外部性行为者给予补偿，导致环境污染等现实问题难以合理解决。政府的环境规制行为可以及时弥补这一缺陷，例如，设置硬性的规制标准和生产条件对企业污染行为进行限制，或通过收取污染费用来补偿受损群体，从而减少环境污染，增进社会福利。

（二）环境资源的公共性

随着外部性行为日益受到关注，公共产品的生产和消费也成为与之相对应的问题。公共产品理论认为，对于社会中个体或全体公众都有利的事情不应由市场个体独立完成，而必须通过集体行动才能有效实现。作为全体公众的被委托人，政府有责任和义务制定法律法规来实现人们合理分配社会公共资源，如人类赖以生存的环境资源。

环境资源等公共产品涉及全体社会公众的利益，不应该被指定归属于私人个体，即不能界定私有权对象，任何个人都不能为实现自身利益最大化而把环境资源等公共产品占为私有财产，必须在政府的干预行为下进行合理配置。

（三）环境产权的模糊性

早期关于外部性的理论认为应该对负外部性行为进行收费以补贴受损者，同时对正外部性行为进行补偿以鼓励其行为的持续性，这种解决方式具有一定的效率。产权理论在此基础上提出了新的阐释，外部性问题的关键在于相互性而不是单向性，不应片面理解为负外部性的行为主体对受损者进行补贴或偿还以承担责任，解决问题的关键在于实现外部性的价值在损害方和受害方之间实现均衡分配，从而导引出对产权的明确界定问题。

产权制度正是为了解决稀缺资源条件下市场主体产生的矛盾而制定的规章制度，只有合理的产权制度才能明确资源的使用权和边界补偿，并实现外部性问题的内部化。产权理论是解决环境外部性问题的重要解释工具，也是环境规制能有效保护环境资源的重要理论依据。

二 粤港环境规制的政策体系

粤港两地的环境规制政策体系存在许多共通之处，两地均奉行经济发展与环境保护协调运行的理念，充分发挥政府规制行为在环境保护中的作用，拥有较完善的法制体系并依法管理环境资源。但是，由于面临的资源数量、经济发展程度等差异，粤港两地在具体的环境规制政策体系方面仍然存在诸多可以相互借鉴的内容。

（一）广东省环境规制的政策体系

1. 环境规制政策体系

广东省的环境规制政策始建于20世纪90年代。1991年，广东省人大颁布了《广东省东江水系水质保护条例》。1994年，广东省人大再次颁布了《广东省建设项目环境保护管理条例》。1997～2004年，广东省先后颁布了《广东省民用核设施核事故预防和应急管理条例》《广东省珠江三角洲水质保护条例》《广东省实施〈中华人民共和国环境噪声污染防治法〉办法》《广东省韩江水系水质保护条例》《广东省机动车排气污染防治条例》《广东省固体废物污染环境防治条例》。在此期间，广东省下属的广州、深圳、珠海、汕头等城市亦先后制定了多部地方性环境保护法规和条例。2004年9月，广东省颁布了《广东省环境保护条例》，自此形成了“两个层次、两种类型”[①] 的立法架构，标志着广东省环境保护地方立法政策体系基本建立。

在此基础上，广东省不断完善环境规制的政策体系。“十一五”期间，广东省先后制（修）订《广东省饮用水源水质保护条例》等3部地方环保法规，出台《广东省排污费征收使用管理办法》等4部环保规章，公布实施《火电厂大气污染物排放标准》等18项地方性环境标准，2013～2014年，广东省先后颁布《广东省建设项目环境管理条例》等7项环保制度，这些规制政策不仅明确了政府对于环境保护的职责，而且丰富了环境保护的具体内容，是对广东省环境规制政策的有效完善。

① “两个层次”是指广东省级、市级两个层面，“两种类型”是指地方性立法和特别行政区立法并存。

2. 环境规制战略体系

2011 年 7 月，广东省政府正式印发《广东省环境保护和生态建设“十二五”规划》，对环境保护的战略方向、环境规制的政策措施进行了明确指引。广东省的环境规制政策进一步强化环境调控，促进绿色发展，对不同主体功能区实行不同的污染物排放总量控制和环境标准，合理引导产业发展和布局调整。同时，广东省在《珠江三角洲地区改革发展规划纲要（2008 ~ 2020 年）》和《珠江三角洲环境保护一体化规划（2009 ~ 2020 年）》的框架下，加快实施分区域环境保护战略，坚持“珠江三角洲地区环境优先、东西两翼在发展中保护、粤北山区保护与发展并重”的原则，强化环保分区控制、分类指导，优化生产力布局和资源环境配置，形成与环境相协调的产业发展格局。

（二）香港环境规制的政策体系

1. 环境保护法律体系

在环境规制方面，香港并没有一部统一的环境保护法律，香港政府的环境规制政策由一系列重要条例组合而成，对不同的环境污染实行不同的法律法规管制。

1959 年，香港颁布并开始实施第一个关于环境保护的条例——《保持空气清洁条例》，主要针对燃烧化石燃料装置散发的黑烟进行管制，由此开启香港环境规制的序幕。随后几十年间，香港逐步建立起一整套较为完善的环境规制法律体系。目前，香港的环境规制法律由控制污染、保护自然和环境评价三部分构成。控制污染方面，主要由《空气污染管制条例》《水污染管制条例》《噪音管制条例》《废物处置条例》和《海上倾倒物料条例》构成，同时颁布相关辅助立法加以配合实施，构成控制环境污染的完整法律架构。保护自然方面，主要法律包括《郊野公园条例》《保护臭氧层条例》和《野生动物保护条例》，以及大量的关于海港、林区、渔业和濒危物种保护等条例作为辅助和补充。环境评价方面，以《环境影响评估条例》作为实施法例。不仅如此，香港除继续履行 1997 年回归前签订的国际公约外，还积极参加回归后的相关环保国际公约，例如《联合国气候变化框架公约》《保护臭氧层维也纳公约》等 15 项公约，充分利用国际公约完善香港的环境保护法律体系，以更好地保护香港的自然环境。

2. 可持续发展的环境保护政策

长期以来，香港政府秉承可持续发展的理念，致力于提升全体公众的环境保护意识和改进政府的环境规制政策。香港政府多次提出改变环境规制理念，实现经济社会发展与保护环境之间的相互协调与融合。根据联合国环境发展大会的可持续发展主张，香港政府结合本地现实状况，重新界定了可持续发展的定义，即在满足当代需要与期望的同时，不损害子孙后代的福祉；在追求经济富裕、生活改善的同时，减少污染和浪费；减少对邻近区域造成环保负担，协力保护共同拥有的资源。2004 年 7 月，香港政务司司长兼可持续发展委员会主席曾荫权在呼吁民众参与可持续发展策略的咨询文件中明确表示，希望香港既能满足公众对社会经济发展和舒适自然环境不断提升的期望，又能让子孙后代可以在可持续发展的环境中成长。

在可持续发展的理念下，香港政府确立了环境保护的十项基本原则，即“管理责任、持续发展、社群责任、公众资讯、务实态度、预防原则、执行规管、污染者自付、国际合作、私人参与”。为改变现代香港人的生活方式，实现保护环境的目标，香港政府不仅对空气污染、噪声等环境污染进行管制，而且对动物和植物也进行监测和保护，从道路交通到楼宇房盘建设等项目都要进行严格的评估审定，不遗余力地履行可持续发展理念的环境保护政策。

三　粤港环境规制的政策手段

粤港两地在环境规制的政策手段方面都采用直接管制与间接调控相结合的方式，在具体执行层面存在着制度安排、执行策略和规制模式等方面的差异。

（一）广东省环境规制的政策手段

1. 许可证制度

许可证制度是一种被许多国家的实践证明了的有效的环境管理制度。中国内地从 20 世纪 90 年代开始试行污染物排放许可证制度，但该制度以立法形式确立却经历了较长的时间。2003 年 9 月，广东省颁布了《广东省排放污染物许可证管理办法》，2009 年 4 月和 12 月，广东省先后颁布了《广东省严控废物处理行政许可实施办法》《危险废物经营单位审查和许可指南》等制度文件。通过实施许可证制度，污染者必须向政府监管部门申请并获得合法许可证，使得环保管理部门可以更好地了解污染源及污染程度等信息。

目前，广东省在许可证制度的基础上，正在探索建立排污权有偿使用与交易制度，并率先在火电等行业开展二氧化硫排污权有偿使用与交易试点。广东省推行的许可证交易制度将有利于政府对环境污染行为进行宏观调控和总量控制，同时在不干预企业总体经营的前提下激励企业利用更经济的污染控制技术。

2. 排污收费制度

排污收费制度是向污染环境的行为主体收取一定的税，再分配给保护环境者或再投入到环保工作中的制度，是环境规制的有效经济手段。2003年1月，国务院颁布了《排污费征收使用管理条例》，标志着排污收费成为国内环境管理的基本制度之一，在此基础上，广东省于2007年6月颁布实施了《广东省排污费征收使用管理办法》，其根本目的在于促进排污者治理污染以提升环境资源的利用效率。在排污费管理上，广东省对排污费管理实行“三级征收、三级管理”的原则，将排污费纳入各级财政预算，并全部解缴各级财政部门。

3. 特许经营制度

2004年12月，国家环境保护总局印发了《环境污染治理设施运营资质分级分类标准》等文件；2012年4月，国家环保部公布施行《环境污染治理设施运营资质许可管理办法》。这些文件也成为广东省环境规制的重要依据。在此之前，广东省污水垃圾处理厂等设施主要依赖政府投资建设经营，以特许经营制度为标志的市场化改革启动后，广东省大量引进民间资本、外资等社会资本进入到供水、供气、供热、污水垃圾处理等领域，打破了国有企事业单位独家垄断的局面，提高了生产效率和服务水平，加快了环境基础设施的建设步伐。

（二）香港环境规制的政策手段

1. 许可证制度

许可证制度是香港在环境规制中广泛使用的一种制度。香港环保署负责执行污染管制法例中的大部分管制措施，其中重要的一项就是向排放污染物的市场主体签发“污染物排放牌照”。香港企业的所有排污和工程建设项目均要申领环境许可证，以防止污染物的随意排放和噪声的产生。同时，为加强对自然生态的保护，香港制定不同类型的许可证，诸如对禽畜饲养、捕鱼、海鱼运送、动物售卖、树木砍伐等经营活动也必须申领特别许可证。

香港排污许可证的有效期一般至少两年，在许可证到期前当事人可以申请延期，在许可证有效期间，香港环保署可以采用书面形式通知许可证持有人，增加或修改许可证发放的条件甚至有权决定由某一指定日期起取消许可证。

2. 排污费制度

香港一直提倡实行“污染者自付”原则，并将其正式列入环境保护施政纲领。2004 年以前，香港的排污费制度仅仅体现为按照 1.2 元/m^3的标准向私人和企业收取费用，2004 年 7 月，香港立法会通过《废物处置修订条例草案》，标志着“污染者自付”原则实现突破性进展，决定从 2005 年开始向建筑工程废料生产者收取处理费，具体执行方面则按照建筑废料的类别和处理方法分类收费，其目的在于采取经济手段鼓励废物产生者减少废物和将废物分类，以便分类回收处理。

随着《净化海港计划》的启动，香港政府调整了排污费的征收标准，决定从 2008 年 4 月 1 日起的 10 年期内按照每年平均 9.3% 的比例增加，例如，2014 年 4 月 1 日至 2015 年 3 月 31 日期间，香港排污费收费标准为 2.24 元/m^3。同时，香港政府期望在时机成熟时推行由市民和社会分担净化海港水质费用的制度，进一步推进“污染者自付”的环境规制政策。

3. 政府补贴制度

香港政府为了鼓励市场主体采用有利于保护环境资源的生产模式，专门选取对环境资源、经济活动和居民生活具有重要影响的行业，对其给予财政补贴。政府补贴制度最典型的案例是 1999 年香港政府拨款 14 亿元，专门用于出租车和公共小巴在减污节排方面实行资助，一方面资助将柴油车辆改装为使用石油气；另一方面推行自愿性计划，提供资助以鼓励公共小巴改用石油气或电动小巴，同时推行免地价或低地价提供石油气站用地的政策，政府的这些资助项目直接改善了香港的空气质量。

4. 环境规划和评价制度

香港城市建设长期遵循1939年颁布的《城市规划条例》，并将其列为法定规划制度，1985年，经过修订的《香港规划标准与准则》增加了关于环境保护的内容，将保护环境资源的原则列入土地用途规划中。

香港环保署为推动环境规划工作的有序运行，通过为政府和私人的重大发展工程进行环境影响评估，以推行环境保护工作，目前已经制定了环境评估的标准程序和评估方法，环境影响评估成为香港现行行政管理中的重要制度。香港的环境影响评价不限于对工程项目的评估，还作为政策制定、规划研究和工程设计的一部分，其结果确保所有新发展计划在选址、规划和设计上，充分考虑对环境资源的影响，预防产生新的环境问题。

四　粤港环境规制的政策效应

环境规制政策体系及其手段决定了环境规制的效应，粤港两地在环境规制方面的持续努力，分别实现了具有自身特色的政策效应。

（一）广东省环境规制的政策效应

1. 治污减排效应

广东省将改善环境质量作为治污减排的目标，并取得了明显的政策效果。2013年，广东省化学需氧量、氨氮、二氧化硫和氮氧化物排放量与2012年相比分别下降了3.83%、3.47%、4.67%和7.61%。全省新建污水处理厂19座，新增污水处理能力106.9万吨，新建成配套管网1952.6公里，全省所有县和珠三角所有中心镇全部建成污水处理设施，城镇污水处理率超过80%。全省完成大气治理项目3623项，14个城市划定了高污染燃料禁燃区。

广东省在农村环保和城市生态区建设方面也实现了巨大进步。2013年，广东省组织实施的农村环境综合整治行动计划，已经完成全省乡镇集中饮用水源保护区划定方案，共安排专项资金3696万元，支持农村规模化养殖场实施污染治理。目前深圳市罗湖区已经创建为国家生态区，珠海市香洲区已通过国家生态区考核验收，两区被纳入国家生态文明建设试点，珠海市被授予“省级生态市”荣誉。

2. 环保审批和环评制度效应

广东省将保护环境资源与产业转型升级紧密结合，利用环保审批程序合理引导产业发展。广东省制定了不同区域差别化环保准入政策，进一步明确珠三角环境优先、环境保护与产业发展协调共进的原则，并于2013年完成韶关矿产资源规划等33项规划环评审查，从源头预防环境污染和生态破坏。为了加强环保服务以推动经济发展，广东省环保厅对省级重点项目和战略性新兴产业开辟“绿色通道”，2013年，全省共审批建设项目环评文件5.77万个，其中省级审批54个，省级重点项目平均审批时间为6.2个工作日。广东省在严格环保准入、健全规划环评和项目环评联动制度建设方面已经取得了明显的效果。

3. 环保能力效应

广东省在环境管理技术能力方面已经在国内位居前列。2013年，广东省率先向公众发布城市空气质量状况月报及排名情况，并实现所有地级以上市实时发布$PM_{2.5}$等监测数据，广东省环境监测中心以全国最高分通过国家环境保护部标准化建设达标验收。在此基础上，广东省进一步完善了环境信息公开制度，截至2013年年底，广东省环保厅公开的环境信息目录达8960条，涵盖了环境保护行政管理的主要范围，有效保证了公众的知情权、参与权和监督权。

此外，广东省在环境文化建设方面也取得了很大成效。目前，广东省已经成功举办了三届环境文化节，并于2013年新增绿色学校170所、绿色社区54个、环境教育基地24个，在主流媒体开展环保宣传1万多次，将绿色环保的理念深入推广到社会的各个领域。

（二）香港环境规制的政策效应

1. 防治污染效应

香港防治污染的重点目标包括空气、噪声和水质三项，香港的环境规制在这三方面已连续多年实现了正效应。

香港政府通过“珠江三角洲区域空气质素监控网络”与广东省合作监测显示，2006～2012年，二氧化硫平均年度浓度下降62%，可吸入悬浮粒子减少24%，二氧化氮下降17%，香港本地空气质量已获得显著改善。

2012年，香港政府推出“创新噪声缓解设计与措施”网上数据库，提供住宅发展项目的消减噪声资讯，截至2012年年底，香港总计有59个现有路段完成重铺工程成为低噪声路面，惠及香港居民约12万人，同时总计8个现有路段完成隔音屏障工程，惠及香港居民约3.3万人。1990年至今，香港安装隔音屏障总长达85公里，惠及香港居民32.3万人。

香港政府一直致力于改善海港和河溪的水质，并取得了良好的成效。2012年，香港游泳海滩连续第三年全部达到水质指标，并取得“良好”级别，海水水质的达标率为78%，河溪水质达标率为89%。截至2012年年底，香港完成160个乡村和6800间村屋的污水管接驳工程，目前，香港政府推行的“净化海港计划”约可处理维多利亚港污水总量的3/4。

2. 城市规划效应

香港政府已将环境保护问题贯穿于城市规划的各个层面。在港发展策略中评价所有发展计划，都要充分考虑环境的整体承受能力，从可动用资源和对环境影响两方面进行权衡，无论是运输系统的建立还是新市镇的发展规划，其评定依据都是能否符合香港的环境资源，不应加剧环境恶化或严重损害环境资源。

1990年前后，香港政府将新机场地址选择在远离市区的大屿山，主要考虑因素就是最大限度地减少噪声污染对城市居民生活的影响，同时启德机场关闭后，约有50万人免于机场噪声干扰。在旧城改造规划中，香港政府将降低建筑密度列为首要目标，尽可能扩大绿化面积，并将污染严重、具有潜在危险的工业迁往中心区以外的适当区域，同时广泛建设缓冲景区地带，最大限度地实现环境质量的提升。

香港郊区的发展也充分实现了环境资源的合理配置。为保护郊区发展免受城市化带来的环境破坏，香港将非建设用地规划为景观保护区、生态敏感区和郊野公园，并通过《郊野公园条例》实施保护。1981年以来，香港已陆续建成了24个郊野公园和17个特别地区，[①] 总面积达44300公顷，占香港土地面积的39.98%，2013年，到香港郊野公园的游客达1140万人次。香港环境质量的提升不仅为公众提供了良好的生活场所，同时也保护了香港的自然生态环境。

---

① 设立郊野公园的目的是为了保护大自然，以及向香港市民提供郊野的康乐和户外教育设施，设立特别地区的主要目的是为了保护自然生态。

3. 环境文化效应

香港政府的积极宣传和行政公开，是公众参与环境保护的重要条件，政府职能部门每年都开展多种类型的环保宣传活动，鼓励和吸引社会公众参加，提高了全社会的环保意识。经过多年的环保规制和环保文化宣传，香港社会公众对环境保护的参与意识非常强烈。在香港，社会公众在日常生活中已经养成了爱护环境的良好习惯，公众对环保的参与还表现在积极回应政府的各类环保项目咨询，针对项目进展提出环保意见。

目前，香港社会公众和企业经营者可以通过互联网的环境保护互动中心检索特定环保数据，香港环保署定期发布泳滩水质、空气质量、环境影响评估、固体废物量和河溪与海洋水质等环境数据，供公众查阅。

香港环保署推行的“香港环保卓越计划”，专门奖励在保护环境方面表现杰出或锐意创新的公司和机构，2012 年，参与“界别卓越奖”和“环保创意卓越奖”的机构和项目分别有 776 个和 28 项。同时，香港环保署推行“废物源头分类推广计划”，为参与计划的住宅及企业大厦提供废物分类回收桶，截至 2012 年年底，环保署共派发 5300 套回收桶，有效地促进了社区废物分类和回收工作。

五 结语

粤港毗邻相依的地理区位决定了两地在环境规制政策方面必然密切关联，在政策内容和手段上都存在相互耦合的现象，但鉴于两地在法律制度、经济发展程度和居民素养等方面的差异，在制定环境规制政策的程序、执行方式和环保成效等方面又各具特色。目前，粤港双方正在加快环境规制合作的步伐，期望在两地合作协议的框架下，尽早实现改善珠三角地区环境资源的目标。

参考文献

黄国恩：《香港环境保护制度概观》，《中国法律》2010 年第 6 期。

广东省环境保护厅：《2013 广东省环境状况公报》，广东省环境保护公众网，www. gdep. gov. cn。

广东省环境保护厅:《广东省环境保护和生态建设“十二五”规划》,广东省环境保护公众网,www. gdep. gov. cn。

罗乐秉:《香港环境保护过去、现状和未来的挑战》,《世界环境》1997 年第 2 期。

曲格平:《中国环境保护四十年回顾及思考》,《中国环境管理干部学院学报》2013 年第 4 期。

香港环境保护署:《香港环境保护 2013》,香港环境保护署网站,www. epd. gov. hk。

粤港区域大气污染协调防治的制度安排研究

张显未*

摘要： 粤港两地在区域大气污染防治方面的合作已经取得了很大成效，同时也面临着深入合作与区际利益相冲突的矛盾。本文在分析粤港区域大气污染现状的基础上，对区域大气污染协调防治的制度安排进行了阐释，进一步探讨了粤港政府在环保合作方面的制度创新。

关键词： 粤港　大气污染　协调防治　制度安排

粤港两地适用不同的环境保护制度，广东省采用全国统一的环境保护制度框架，香港采用分类的污染物防控条例，这使得双方实施联合减排存在较大难度。尽管社会环境和环保制度的差异对环保合作形成一定障碍，但粤港政府依然积极探索互惠双赢的制度安排，尤其是双方联合构建区域大气污染协调防治制度。

一　粤港区域大气污染现状分析

自2005年11月30日开始，粤港政府每日联合发布“区域空气质量指数”（Regional Air Quality Index，RAQI），向社会公众提供珠三角区域内不同地区的空气质量状况。根据《2013年粤港澳空气检测结果报告》，2006～2013年，粤港区域空气质量指数值符合国家环境空气质量二级水平（适用于一般生活区）的全年日数百分比由68%增至82%；粤港区域内监测到的二氧化硫、二氧化氮及可吸入颗粒物的年均值，分别下降62%、13%和15%，这些指标趋势与粤港两地持续推行的大气污染减排措施具有密切

* 张显未，深圳职业技术学院经济学院，博士。

关联。

2012 年和 2013 年，珠江三角洲的区域空气质量指数值符合国家环境空气质量二级水平的全年日数百分比分别为 84% 和 82%，粤港区域内的二氧化硫和臭氧的年均值基本持平，二氧化氮及可吸入颗粒物分别上升 13% 和 5%，这与 2013 年 1 月和 12 月的日照较强和风势较弱等气象因素有关，导致产生光化学污染和不利于污染物扩散。

2013 年，粤港区域空气监测网络发布有效空气质量指数的日数百分比平均达 95%，各监测子站的区域空气质量指数级别及有效日数统计详见表 1。

表 1 粤港区域空气监测子站区域空气质量指数级别统计

监测点	所属地区	有效日数	有效比例（%）	2013 年区域空气质量指数级别的分布（%）				
				等级 I	等级 II	等级 III	等级 IV	等级 V
麓湖公园	广州	359	98	18.11	62.12	18.11	1.66	0.00
天湖	广州	340	93	46.18	49.12	4.70	0.00	0.00
万顷沙①	广州	—	—	—	—	—	—	—
荔园	深圳	349	96	47.85	40.40	11.46	0.29	0.00
唐家	珠海	351	96	39.89	46.72	13.39	0.00	0.00
金桔咀	佛山	343	94	18.95	45.19	30.32	5.54	0.00
惠景城	佛山	354	97	13.28	48.31	30.23	7.06	1.12
东湖	江门	353	97	33.43	40.23	22.66	3.68	0.00
城中	肇庆	319	87	18.81	56.11	22.26	2.82	0.00
下埔	惠州	361	99	28.81	57.06	13.57	0.56	0.00
金果湾	惠州	337	92	41.25	54.01	4.74	0.00	0.00
南城元岭	东莞	351	96	19.09	55.56	23.08	2.27	0.00
紫马岭公园	中山	351	96	35.90	46.44	17.38	0.28	0.00
荃湾	香港	352	96	25.28	62.78	11.36	0.58	0.00
塔门	香港	352	96	40.63	54.26	5.11	0.00	0.00
东涌	香港	351	96	37.04	47.01	14.25	1.70	0.00

资料来源：根据《粤港珠江三角洲区域空气监控网络 2013 年监测结果报告》提供的数据整理。

① 由于广州南沙万顷沙子站所处建筑物进行大型维修，该站在 2013 年暂停运作。

从整体分布情况分析，2013 年，粤港区域空气质量指数值有 81.98% 属于Ⅰ～Ⅱ级水平，符合国家空气质量二级标准，其余依次为Ⅲ级（16.18%）、Ⅳ级（1.76%）和Ⅴ级（0.08%），粤港环境空气质量形势依然不容乐观，区域大气污染协调防治已经成为粤港两地共同面临的环境规制问题。

二 粤港区域大气污染协调防治的制度安排

在应对环境污染的制度安排中，大气污染防治制度具有不同于其他污染源的特征。大气污染源受气候、气流、风向等自然因素的影响，极易导致污染因子的跨区域、长距离漂移现象，从而造成跨区、跨界的环境污染问题。粤港两地由于毗邻相依，具有相似的气象、地理等环境条件，两地的大气污染物浓度也呈现出高度类似的季节性变化规律，这些因素在很大程度上决定了粤港必须通过区域协调防治的方式，从制度安排的角度共同制定相应的环境规制措施。

（一）政策性制度安排

1. 粤港政府的合作制度

粤港政府在区域环境保护方面的合作开始于 20 世纪 90 年代末期。从 1998 年开始，粤港政府联合开展对珠江三角洲地区空气质量的研究；1999 年，粤港两地政府同意在“粤港合作联席会议”下成立“粤港持续发展与环保合作小组”，统筹两地在空气污染、林业护理、珠江三角洲水质及环境管理等方面的工作。

2000 年，“粤港持续发展与环保合作小组”正式成立，同时在该小组下设专家小组，并设立了 8 个研究专题，直接推动珠江三角洲空气质量研究并取得了实质性成果。2002 年，粤港政府联合推动的重要成果《珠江三角洲空气质素研究》正式发布，该研究报告预计，到 2010 年，珠江三角洲地区的经济、人口、用电量及行车里数将分别增加 150%、20%、130%、190%，将对区域环境保护形成重大压力，如果只维持既有改善空气措施，区域内空气污染程度将进一步恶化，在此基础上，该研究报告建议香港及珠三角经济区，应强化能源、工业、车辆及含挥发性有机化合物（VOC）

产品方面的生产与控制措施。

2002 年 4 月，粤港两地政府达成共识，同意双方尽最大努力，在 2010 年或之前把区域内的四项主要空气污染物，即二氧化硫、氮氧化物、可吸入颗粒物和挥发性有机化合物的排放量，以 1997 年为参照基准，分别减少 40%、20%、55% 及 55%。2003 年，为实现《珠江三角洲空气质素研究》的减排目标，粤港政府共同编制了《珠江三角洲空气质素管制计划书》、"空气污染物排放量计算方法"及"空气污染物排放清单"。2003 年 12 月，粤港两地政府签订了大气污染协调防治的合作框架协议，即《珠江三角洲地区空气质素管理计划》和《珠江三角洲火力发电厂排污交易实验计划》。其中，《珠江三角洲地区空气质素管理计划》包括共同建立区域性空气质素监测网络，编制珠江三角洲地区空气污染物排放清单、排污交易试验计划，同时，粤港政府在"粤港持续发展与环保合作小组"之下成立了"珠江三角洲空气质量管理及监察专责小组"，负责计划内的各项工作。2005 年 5 月，国家环境保护总局与香港环境保护署签订了《内地与香港特别行政区开展空气污染防治合作的安排》。2010 年 10 月，国家环境保护部与香港环境保护署签订了新的《空气污染防治合作的安排》，规定双方未来 5 年的合作范畴。这一系列关于大气污染协调防治的制度安排，为粤港两地联合减排、提升空气质量奠定了坚实的基础。

2008 年 4 月，香港特别行政区政府与广东省经济和信息化委员会联合推行《清洁生产伙伴计划》，鼓励并协助珠三角地区的港资企业采用清洁生产技术和工序，以改善区域环境质量。2009 年，粤港双方共同推出"粤港清洁生产伙伴"标志计划，专门表扬在清洁生产领域具有良好表现的港资企业，鼓励其持续推行清洁生产。

2012 年 11 月，粤港两地政府共同确认了珠三角地区减排方案，包括四种主要空气污染物（即二氧化硫、氮氧化物、可吸入颗粒物和挥发性有机化合物）的 2015 年和 2020 年减排目标（见表 2）。目前，粤港政府正在此减排方案基础上实施强化减排措施，以持续改善区域空气质量。

2014 年 9 月，为深入推进区域大气污染协调防治合作，持续改善珠江三角洲地区的空气质量，粤港澳三方共同签署的《粤港澳区域大气污染联防联治合作协议书》正式生效，该协议书重点包括共建粤港澳珠江三角洲地区空气质量监测平台、联合发布区域空气质量资讯、推动大气污染防治

表2 香港与珠江三角洲地区 2015 年和 2020 年减排目标

单位:%

污染物	地 区	2015 年减排目标（与 2010 年比较）	2020 年减排目标（与 2010 年比较）
二氧化硫	香港特区	-25	-35 至 -75
	珠三角洲地区	-16	-20 至 -35
氮氧化物	香港特区	-10	-20 至 -30
	珠三角洲地区	-18	-20 至 -40
可吸入颗粒物	香港特区	-10	-15 至 -40
	珠三角洲地区	-10	-15 至 -25
挥发性有机化合物	香港特区	-5	-15
	珠三角洲地区	-10	-15 至 -25

资料来源：根据香港环境保护署网站（www. epd. gov. hk/epd）提供的数据整理。

工作、开展环保科研合作，以及加强区域环保技术交流及推广活动。

2. 粤港政府的执行制度

2007 年 1 月，香港开始对所有新登记车辆全面实施欧盟Ⅳ期车辆废气排放标准；2007 年 4 月，香港开始执行对挥发性有机化合物管制的新规例，并推出资助计划，鼓励车主尽早把欧盟前期和欧盟一期的商用柴油车辆更换为欧盟四期型号，同时放宽削减环保私家车的首次登记税，以鼓励车主使用环保私家车。近年来，香港实施的主要减排措施包括收紧发电厂的排放总量上限、为发电厂安装脱硫及脱硝设施、收紧车辆排放标准及燃料标准至欧盟五期、收紧工商业用柴油的含硫量、为所有加油站安装油气回收系统、限制消费产品的 VOC 含量等。2014 年，香港将推出新的大气污染减排制度，强制淘汰欧盟前期及欧盟一至三期的柴油商业车和提升本地供应船用轻柴油的质素。

根据《珠江三角洲地区空气质素管理计划》和《珠江三角洲火力发电厂排污交易实验计划》，广东省严格推行防治大气污染的减排制度，主要措施包括大型火力发电厂安装脱硫脱硝设施及关停小火电机组，“十二五”前三年累计关停 228.9 万千瓦；推动电厂及新型干法水泥窑生产线降氮脱硝；淘汰高污染的水泥及钢铁厂；为加油站、油库和油罐车改造油气回收；对石化企业实施泄漏检测与修复技术，减少 VOC 排放；淘汰高污染锅炉和营运类黄标车；对锅炉、水泥、家具、印刷、制鞋及表面涂装（汽车制造）行业实施新的大气污染物排放标准。2013 年，广东省推出新的大气污染减排措施，包括划定高污染燃料禁燃区、全面推行“黄标车”限行区、全面供应“粤Ⅳ”车用汽油及“国Ⅳ”柴油、收紧柴油车排放标准至“国Ⅳ”标准等制度。

2013 年 3 月，香港政府发布《香港清新空气蓝图》，2014 年 2 月，广东省政府发布《广东省大气污染防治行动方案（2014～2017 年）》，粤港双方分别推行一系列改善空气质量的制度安排，全方位减少由海陆交通、发电和非路面流动机械等带来的空气污染。粤港两地政府倡导的减排制度对改善珠江三角洲地区的空气质量具有积极作用，有助于实现双方为珠江三角洲地区制定的 2015 年和 2020 年减排目标。

（二）技术性制度安排

2003～2005 年，广东省环境监测中心和香港环境保护署联合构建了“粤港珠江三角洲区域空气监控网络”，粤港政府联合设立监控网络是两地在大气污染协调防治方面的重大成果，也是重要的技术性制度安排。

粤港珠江三角洲区域空气监控网络由 16 个空气质量自动监测子站组成（见表 3），分布于珠江三角洲地区内。其中，10 个监测子站由广东省内有关城市的环境监测站运作，3 个位于香港境内的子站由香港环保署负责，另有 3 个区域子站由广东省环境监测中心运作。该监控网络可以提供准确的空气质量数据，协助粤港两地政府了解珠江三角洲区域的空气质量状况及污染问题，以制定相应的防治措施，同时，通过长期监测，可以评估粤港区域空气污染防治措施的成效，并及时向社会公众提供粤港区域内空气质量状况的准确信息。

为了确保空气质量监测结果高度准确可靠，粤港两地联合制定了一套“粤港珠江三角洲区域空气监控网络质保/质控标准操作程序”，在各监测子站均设有仪器测量大气中可吸入颗粒物、二氧化硫、二氧化氮和臭氧的浓度。同时，广东省环境监测中心和香港环保署共同建立了“区域空气质量指数”日报发布制度，2005 年 11 月 30 日开始正式运行，每天下午 4 点通过互联网向社会公众发布区域空气质量信息。

表3 粤港珠江三角洲区域空气质量监测子站分布

单位：米

监测子站	地　址	地区类别	采样高度（海拔高度）	地面以上（相对高度）	开始运作时间
麓湖公园（广州）	麓湖公园聚芳园内（麓湖路11号大院）	城区	30	9	1993年
万顷沙（广州）	南沙区万顷沙中学	教育/商住/工业混合区	13	12	2004年10月
天湖（广州）	从化市天湖公园	郊区	251	13	2004年10月
荔园（深圳）	深圳市深南中路	城区	38	12	1997年9月
唐家（珠海）	唐家镇淇澳岛	红树林生态监测站	13	13	2010年1月
金桔咀（佛山）	顺德区金桔咀佛山市委党校教学楼顶	观光旅游、文教区	27	17	1999年10月
惠景城（佛山）	禅城区汾江南路127号	住宅/商业/工业混合发展区	24	14	2000年2月
东湖（江门）	江门市东湖公园内	城区	17.5	5	2001年11月
城中（肇庆）	肇庆市芹田路17号	住宅/商业混合区	21	16	2001年6月
下埔（惠州）	惠城区下埔横江三路4号	商业区	49	20	1999年12月
金果湾（惠州）	惠州市金果湾生态农庄	居民区	77	8	2004年10月
南城元岭（东莞）	东莞市南城元岭社区	住宅/商业/工业混合发展区	33	18	2010年9月
紫马岭公园（中山）	中山市紫马岭公园	住宅/商业混合区	45	7	2002年8月
荃湾（香港）	荃湾大河道60号	住宅/商业/工业混合发展区	21	17	1988年8月
塔门（香港）	塔门警岗	郊区	26	11	1998年4月
东涌（香港）	东涌富东街6号	住宅区	34.5	27.5	1999年4月

资料来源：根据《粤港珠江三角洲区域空气监控网络2013年监测结果报告》提供的数据整理。

为保证监控网络的有效运行，广东省环境监测中心和香港环保署共同设立了“粤港空气监测网络质量管理委员会”，每个季度对监控网络和各监测子站的仪器设备、质保/质控工作、数据传输系统及运作情况进行回顾和评估。此外，质量管理委员会每年对监控网络进行一次系统审核，以评估系统管理的成效，同时根据审核结果，编制审核报告，列出整改措施和建议，并跟进落实。

三 粤港区域大气污染协调防治的制度创新

粤港两地在区域环保合作不断深入的背景下，也面临着区域环保制度创新的客观要求。随着在粤港区域经济合作进入深层次、全方位协调和整合阶段，协调区域环境管理和区域环境保护的制度性安排，已成为区域经济合作深化进程中不可回避的课题，粤港政府必须从合作体制、实施机制等视角进行制度创新，只有不断寻求环境合作的制度性突破，才能有效实现区域经济和生态环境的协调发展。

（一）合作体制的创新

粤港政府对大气污染防治的跨区域合作将导致行政管辖区内政府行为的大量增加，创新制度安排将有利于促进双方环保合作的可持续发展。随着区域经济的快速发展，粤港环保合作进程滞后于区域经济增长，致使区域环保工作难以实现与经济发展的协调共进，区域生态环境质量呈现恶化趋势。

目前，粤港政府在区域环境保护方面已经具备较好的基础性资源优势，例如，合作机构、技术人才、财政支出等，这些因素为区域环境管理的合作机制提供了功能性作用。在现有的合作基础上，粤港政府可以从区域环境合作的可持续发展角度，通过合法程序提升逐步完善区域环境合作体制的法律地位，确保粤港环境合作体制得到有效实施，从制度层面实现区域可持续发展决策的合法化，同时建立权威的保障机制，对区域环境质量实行有效监督。

为使“粤港持续发展与环保合作小组”的工作获得更具创造性的务实成果，粤港政府可采取委任或聘请方式成立“区域环境保护咨询委员会”，其成员由粤港两地具有环境管理、经济学、法学等专业知识人士，关注区域环境与经济发展的社会团体和个人组成，该委员会成员分别代表不同阶层的社会公众利益，向“粤港持续发展与环保合作小组”提供建议和咨询。

（二）决策程序的创新

粤港区域大气污染协调防治实质上是一个公共选择过程，不仅体现了区域内不同社会阶层的利益，而且要求对社会公共利益进行理性判断并做出抉择。为了保证区域大气污染协调防治决策的民主化和科学化，在确定了协调防治决策的各类主体后，必须依法确定科学合理的区域大气污染协调防治决策程序，健全决策参与者的法定责任和义务，并保证区域内社会公众参与决策的民主权利和实现环境专家咨询的制度化。

粤港区域大气污染的信息公开与交流，对于环境决策、公众参与、避免环境争端等方面具有深远意义，粤港政府应尽快弥合两地环境数据差距，提升环境信息的可靠性，以提高区域大气污染协调防治的决策水平和能力。粤港政府可以共同制定两地在环境保护和经济发展方面的可持续发展目标，加强区域内环境影响评价工作的协调性，促进环境数据收集、储存、评价和利用。

（三）法律制度的创新

粤港区域大气污染现象集中体现了经济快速发展与环保基础设施建设滞后、市场难以实现资源优化配置的矛盾，以及市场机制在治理环境污染方面无法对区域内资源进行有效配置。法律权力的配置可以激励环境保护行为并影响环保责任机制，从而通过市场活动对稀缺资源进行公平合理的配置，达到区域间的利益均衡，克服和解决区际环境利益冲突。

影响粤港区域环境保护资源配置的原因具有多样性，其中，影响区域环保市场化发展的根本性因素是尚未建立一个独立、具有自主权益的自然资源管理的产权制度，从而影响区域共享自然资源的合理利用和保护。粤港经济一体化是区域经济发展的未来方向，当前，在粤港区域大气污染协调防治问题上，集中体现出区际环保法制建设滞后于区域经济一体化的发展需求，通过建立环保市场的途径解决区域大气污染，客观上需要进行区际法律制度的创新，在区际现行社会体制和经济条件下对环境保护做出新的制度安排，利用法律制度的创新实现对区域经济发展和环境保护的引导作用。

参考文献

师建中、谢敏：《粤港珠江三角洲区域空气质量联动监测系统质控技术》，《环境监控与预警》2011 年第 3 期。

广东省环境监测中心、香港环境保护署：《粤港珠江三角洲区域空气监控网络 2013 年监测结果报告》，广东省环境保护厅公众网，www. gdep. gov. cn。

广东省人民政府：《广东省大气污染防治行动方案（2014 - 2017 年）》，广东省人民政府网站，www. gd. gov. cn。

文泽：《粤港环境合作寻求制度创新》，《环境》2006 年第 3 期。

香港环境保护署空气科学组：《2013 年香港空气质素报告》，香港环境保护署网站，www. epd. gov. hk/epd。

深港跨境河域合作治理研究

张珍妮*

摘要： 深圳河治理是粤港合作的成功典范。由于地理和历史原因，深圳河的洪涝灾害和水质污染成为日益凸显的问题，阻碍了两地的经济发展，给人民生活带来了不便。深圳河的综合治理工作至今已历经 33 年，深圳和香港通过政、法、技等多层次、多方面的合作，逐步形成了特色鲜明的粤港专项合作机制，给“一国两制”下跨境重大基础设施的建设提供了成功范例。

关键词： 深圳河　跨境　合作　治理

粤港之间一衣带水，深圳河成为连接两地社会交往最直接的纽带，在两岸流域生态和工商贸互动中起着不可取代的实体和载体作用。由于历史原因，在过往长久的一段时间内，深圳河一直处于无人工介入的自然状态，致使其治理落后于工业发展和城市扩张的需要，洪涝灾害和生态环境恶化等成为了困扰深港两岸日益凸显的问题。在当时特殊的政治背景和迫切的治理需求下，1981 年深港政府求同存异，共商对策，将深圳河的合作治理提上议程，并于 1985 年 3 月制定了初步的治理方案。至今，距离深港关于深圳河的第一次谈判已经过去 30 多年，深港政府在不同的社会经济制度、法律体系、管理方法和技术标准下，建立了卓有成效的合作机制和运行模式，深圳河的治理成为两岸在重大基础设施建设上合作的成功典范，具有重要的研究和参考价值。

一　深圳河简介

深圳河发源于深圳市布吉镇和平湖镇交界的牛尾岭南坡，位于亚热带

---

* 张珍妮，清华大学深圳研究生院能源与环境学部。

气候区，主要支流在深圳境内有沙湾河、莲塘河、布吉河，香港境内有梧桐河、平原河。深圳河流域面积为 312.5km^2，其中 60% 位于深圳，40% 位于香港。全长约为 37 公里，平均比降 1.1‰。深圳河主要流域为丘陵地貌，位于珠江口东侧，整体流向自东北向西南，最终由深圳湾入海，为海湾水系。干流与其支流莲塘河划定了深港 80% 的陆地边界，距河道 50m 范围内为军事禁区。深圳河在深圳流经罗湖区、福田区边境线，并在福田区注入深圳湾，南侧在香港境内形成著名的拉姆萨尔国际重要湿地——米埔自然保护区，内有数百种珍贵鸟类，每年为数十万候鸟提供了栖息天堂。①

二 深圳河的主要治理问题

（一）洪涝灾害

深圳河洪涝多发。首先，位于亚热带气候区内的深圳河，每年 4～10 月为其汛期。其中，每年 4～6 月为前汛期，7～10 月为后汛期，具有汛期长、水量充沛集中的特点。其次，深圳河受灾害性台风和热带低压槽影响，常有暴雨和暴风潮发生。再次，深圳河由上游丘陵地区进入中下游的冲积平原，河道坡降大、流程短，河道狭窄，蜿蜒曲折，又受海湾潮汐影响，致使河水流泻受阻。最后，城市建设加快，城市大幅扩张，使得深圳河的汇流时间缩短，而两岸堤岸较矮，在灾害天气影响和潮水顶托的作用下，深圳河的洪涝灾害进一步加重。②

（二）水质污染

深圳河的水质污染以深圳特区的建立为界划分为两个时期。前期，深圳河污染主要为南岸香港新界地区农、牧、渔业、饲养业或养殖业废水的排放，导致水中氮磷等有机污染物浓度升高，富营养化加重。1980 年深圳

---

① 陈红燕：《界河档案——深港联合治理深圳河工程回顾和展望》，《水利发展研究》2010 年第 10 期；周立：《深港联合治理深圳河工程的规划设计》，《人民长江》1999 年第 30 期；陈建湘、徐建秋：《深圳河潮流水文特性分析》，《长江工程职业技术学院学报》2006 年第 23 期。

② 陈红燕：《界河档案——深港联合治理深圳河工程回顾和展望》，《水利发展研究》2010 年第 10 期；叶树森、林木松：《深圳河防洪（潮）整治工程》，《水利水电快报》1997 年第 18 期。

经济特区建立后，城市扩张，工商业飞速发展，人口数量快速增长，市民生活排污增加。因为深圳依托香港起步发展，跨境河北岸区域为深圳主要的政治、经济和商业中心，并在此设有多个高通量通关口岸，致使深圳河污染加重，赤潮频发。加之深圳河的洪枯水量变幅大，自净能力较低，生态环境自愈能力较弱，长年累月水体环境遭到严重破坏。

三 深港合作概况

（一）重要历史事件

深港合作从1981年就已经开始，具体的合作事件见表1。

表1 深港合作联合治理深圳河大事纪实

时 间	事 件	工作概况	文 件
1981年	第一次合作谈判	成立了治理深圳河工作小组、技术小组、环境保护小组，开始了深圳河治理的规划研究工作	
1982年3~4月	成立“深圳/香港联合小组”，下设“防洪工作小组”		
1985年3月	初步拟订治河方案	基本制定了治河方案，拟定了第一期工程技术设计说明书	《深圳河防洪规划报告书》《深圳河防洪工程第一期工程技术设计说明书》
1986年	深圳河防洪工作小组联席会议	会议上，深港双方签署《关于深圳河第一期防洪工程的意向书》，一期工程正式进入施工前准备阶段	《关于深圳河第一期防洪工程的意向书》
1988年7月	深圳市外事办接到港方通知，单方面取消了原定的设计小组会议，工程搁置	搁置原因：就广东省和香港边界线的划分和土地所有权的归属问题，双方暂未达成共识	
1991年11月	国务院港澳办、中华人民共和国外交部联合发文，对深圳河治理后的边界问题进行批复	对治理后粤港边境线划分和土地管理权限进行了明确说明。新的边界将以治理后的深圳河为界，而产生的土地变更将以等量互换的方式解决，而深圳多划入香港的土地将作为“过耕地”进行管理	

续表

时　间	事　件	工作概况	文　件
1992 年 6 月	深港两地就治理深圳河问题恢复谈判，借助“深港间增辟通道协议十周年小结会谈”的契机，深圳河联合治理再度被提上议程	会议确认工程的重要性，并对以下问题达成共识：在工程决定建设以前，必须完成和通过环境影响评价报告和成本效益分析报告	
1992～1995 年	召开多次技术研讨会，并进行了土地拆迁清理等前期准备工作。1993 年 9 月，成立“深圳河治理工程办公室”	深港对工程进行中的各项问题进行了深入研讨，并达成共识	《治理深圳河第一期工程资格审查文件》《治理深圳河第一期工程资格预审及招标原则》《治理深圳河第一期工程土地的安排》《环境影响评价报告》
1995 年 5 月	治理深圳河一期工程正式开工	5 月 12 日，深港联合治理深圳河一期工程政府委托协议书签署。19 日，一期工程开工	《深圳市政府及香港政府就治理深圳河一期工程的协议书》
1997 年	4 月，一期工程竣工。5 月，第二期工程合同 A 正式动工建造。11 月，二期第二阶段合同 B 工程正式开工	一期工程竣工后，二期工程的环境影响评价、水文测验、前期准备工作已全部完成	《治理深圳河第二期第二阶段工程招标》《深港联合治理深圳河第三期工程初步复查报告》《治理深圳河第四期工程预可行性研究报告》
1999 年	5 月 12 日，治理深圳河二期合同 A 工程全面竣工。11 月，治理深圳河三期工程全面开始技术施工设计		
2000 年	6 月 9 日二期合同 B 工程完工	治理深圳河办公室被评为水利部“水利系统文明单位”	《治理深圳河第三期工程环境影响评估报告》《治理深圳河第三期工程环境影响评估报告》
2001 年	12 月 30 日，治理深圳河第三期工程合同 A 开工建造	2 月，治河办荣获水利部授予的“全国水利系统规划计划先进集体”。6 月，治理深圳河第一期工程被水利部评为“1999 年度水利部优质工程”	

续表

时 间	事 件	工作概况	文 件
2002～2012年	2002年4月18日，三期工程合同A完工。2002年7月26日三期工程合同B开工，2006年3月7日完工。2003年12月2日三期工程合同C开工，2006年11月30日完工	市治理深圳河办公室被评为“全国水利系统文明单位”。治理深圳河三期工程被水利部评为“2004年度水利系统文明建设单位”。治河办获深圳市水务局“2005～2006年度深圳市水务工程质量管理先进单位”等	《深圳河水质改善工程项目建议书》《深圳河河口治理工程项目建议书》《深圳河河口治理一期工程水土保持方案设计报告书》等
2013年至今	2013年8月30日，四期工程正式动工建造		

（二）深港合作的主要措施

1. 巩固、提升防洪能力

深港两地政府在深圳河的综合治理工作上着眼于巩固、提升防洪能力和改善水环境两方面。深港合作的深圳河治理项目于1995年动工，共分为四期完成。

第一期工程对料壆——渔民村段和福田、落马洲段两个弯段进行裁弯取直；第二期工程分为A、B两个合同，对罗湖桥以下除一期工程以外的河段进行整治（拓宽、挖深、裁弯取直）；第三期工程分为A、B、C三个合同，对罗湖桥以上至平原河口河段进行整治，设计防洪标准为50年一遇；第四期工程为有效减轻深圳河上游段莲塘河防洪压力，巩固和提升中、下游河段的防洪能力，同时为深港双方政府拟建的莲塘、香园围口岸提供安全保障。第四期工程拟治理河段全长约4449米，起点位于治理深圳河第三期工程终点平原河口，终点拟定于莲塘/香园围口岸上游约620米。

四期工程本着“安全、生态”的设计理念，拟通过河道适当拓宽、堤防加高使本河段达到50年一遇防洪标准；通过兴建滞洪区，降低对下游河道洪水水位抬高的不利影响，滞洪区占地面积2.2万立方米，蓄洪容积8万立方米；通过在深圳侧截流旱季漏排污水，逐步改善河道水质；通过实施水土保持措施、建设生态护岸、堤岸覆绿、设置河滩湿地等措施使河道恢复生态系统，激活自然净化功能，成为水清岸绿的生态之河。[①]

① 深圳河治理信息网，http：//61.144.226.67/zhb/index.asp。

三期工程完工以后，已完工河段防洪标准提高到50年一遇，河道宽度由原来的25~80米扩展到80~210米，泄洪能力由600立方米/秒提高到2100立方米/秒，航运条件和水环境也得到了一定程度的改善。

为巩固和提升深圳河的防洪能力，治河办2006年开始与香港渠务署合作开展长期性项目，进行深圳河的定期连续水文测验和河水下地形测量，为未来深圳河治理工作的研究、设计及运行管理积累必要的水文资料，保障深圳河治理后排泄洪涝的能力。

2. 改善水环境

2009年6月起，治河办与香港环境保护署合作，开展深圳河污染底泥研究治理，前两期工程完成后，河床出现了严重的泥沙淤积现象，成为深圳河的二次污染源。项目于2012年完成，为深圳河污染底泥的治理提供案例依据。2002年起，治河办与香港食物环境卫生署合作开展了长期性的深圳河水环境改善项目。主要工作内容包括对河道水面的所有漂浮物及其他各类水面垃圾进行打捞、清理和弃置，至今已取得了明显成效。

（三）深港合作所获奖项

截至2011年深港合作获得多项奖项（见表2）。

表2 深港合作联合治理深圳河所获奖项

时间	荣 誉
1996年	6月，荣获广东省环境保护委员会、广东省人事厅授予的“广东省环境保护九四至九五年度先进集体”称号
1998年	3月，治河办获得“广东省水利系统文明单位”称号
1998年	12月，治理深圳河一期工程工地被水利部评为文明工地
2000年	8月，治理深圳河办公室被水利部评为“水利系统文明单位”；11月，治河办被推荐参加全国总工会“职业道德建设文明单位”的评选
2001年	2月，治河办荣获水利部授予的“全国水利系统规划计划先进集体”；6月，治理深圳河第一期工程被水利部评为“1999年度水利部优质工程”
2004年	11月，市治理深圳河办公室被评为“全国水利系统文明单位”；12月，治理深圳河三期工程被水利部评为“2004年度水利系统文明建设单位”
2006年	6月，治河办获深圳市水务局“2005~2006年度深圳市水务工程质量管理先进单位”称号
2007年	1月，治河办获深圳市水务局、深圳市水土保持办公室“深圳市水土保持先进集体”称号；治河办经广东省档案局认定为“广东省机关档案综合管理特级单位”；4月，治河办获深圳市防汛防旱防风指挥部“2006年度三防工作先进单位”称号

续表

时间	荣 誉
2008年	7月，治河办党支部获中共深圳市水务局直属机关党委“2008年度先进基层党组织”称号；10月，治河办获广东省水利厅“广东省水利科技工作先进集体”称号；10月，治河办承担的加筋土挡墙技术研究获“大禹水利科学技术三等奖”；治河办获“深圳市水务系统档案综合管理达标先进单位”称号
2009年	3月，治河办获深圳市防汛防旱防风指挥部“2008年度三防工作先进单位”称号；10月，深圳河河口治理一期工程获“2009年中国水利工程优质（大禹）奖”；11月，“砼芯砂石桩复合地基处理深圳河河口防洪堤深厚软基试验研究”获“大禹水利科学技术三等奖”
2011年	3月，治河办获“2010年度深圳市三防先进集体”荣誉称号；4月，治河办获得“广东省城乡水利防灾减灾工程建设先进单位”荣誉称号；6月，深港联合治理深圳河三期工程获“广东省精品工程”荣誉称号

四 深港合作模式

（一）组织架构

香港和深圳市政府于1982年共同成立深港联合治理深圳河工作小组（见表3），下设联合技术小组、环境小组和桥梁建造小组（三期工程开始），并形成了工作小组的基础架构（见图1）。深港联合治理深圳河工作小组由深方工作小组和港方工作小组构成，各小组成员来自各自政府相关部门。香港特别行政区政府委托深圳市政府对工程进行全面管理，深圳市治理深圳河办公室受深圳市政府委托作为雇主负责整个工程的组织与建设管理，香港政府渠务署负责统筹港方对委托工程的查核与视察，以工程主任为代表的工程监理对工程技术、质量、进度等进行具体管理。①

表3 深港联合治理深圳河工作小组人员构成

小 组	组 长	设计政府部门
深方工作小组	深圳市政府副秘书长任组长	市水务局、发展改革局、外事办、规划局、国土与房产管理局、环保局、司法局、建设局、口岸办、海关以及边防、武警等单位的主要领导
港方工作小组	环境及工务局副局长任组长	渠务署、环保署、财经事务局、政制事务局、食物环境卫生署等部门的代表

① 陈红燕：《界河档案——深港联合治理深圳河工程回顾和展望》，《水利发展研究》2010年第10期。

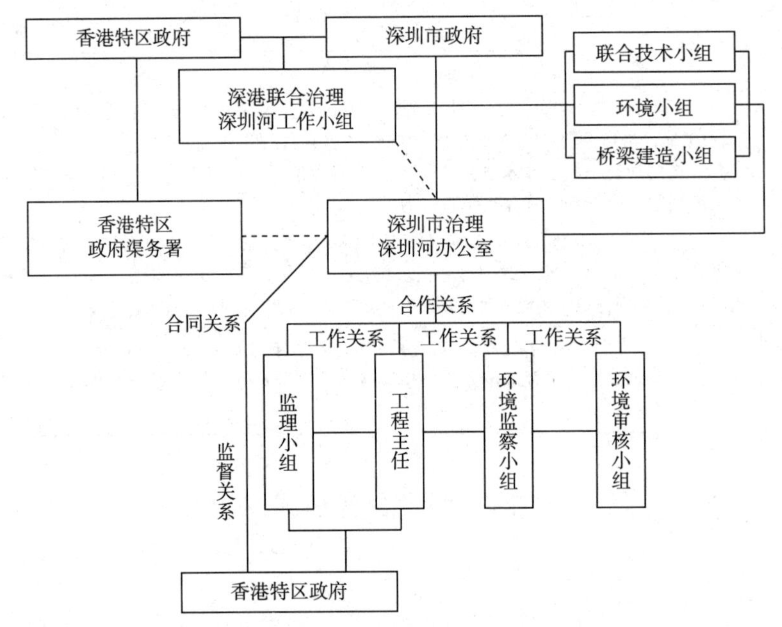

图1　深港联合治理深圳河工作小组架构图

（二）合作模式和运行机制

1. 决策和谈判机制

在“一国两制”的背景下，深圳河治理需要不同制度标准下两个政府之间的深入合作。为了确保治河工程的有效运转，深港政府设立了深港联合工作小组，并在其下设置专职执行机构。深港联合工作小组由双方相关政府部门代表组成，主要负责高级别谈判和决策，包括工程规模、设计标准、顾问管理、合同执行等技术细节的研究和磋商。深圳市治理深圳河办公室和香港特别行政区渠务署作为工作小组的办事机构，负责执行工作小组的决定。

2. 联合设计机制

第一期工程设计由深港双方人员谈判设计，自第二期工程开始，工程的详细设计和环境影响评估分为四个合同，并邀请设计顾问公司参与完成。

深港双方各自颁布了两种独立的选择标准，设计工作需满足双方标准。在设计工作的开展上，工作小组建立了一套名单准入、联合投标、联合设计、联合评判的方式。首先，由深港双方政府各自拟定一份优秀的设计顾问公司名单。然后，邀请名单公司参与投标，在此期间，允许深港公司合作联合投标。项目投标要求投标公司提供技术建议书、人员组织架构和费用建议，为审核小组提供评判参考。审核小组由深港双方代表共同构成，对投标公司的设计质量和进展情况进行审核。

3. 工程招投标

建造合同的招标工作，也受到内地和香港不同标准制度的影响，因而出台了一套有针对性的招标工作方式。在招标前，首先拟定一份针对工程实际情况的资格要求书，招标文件要结合两地不同的施工技术要求进行撰写，招标面向两地所有符合资格的承建商。同时，订立一套公平的评审标准和计分办法。由专家小组完成标书评审并推荐合适投标者。最后，由深港联合治理深圳河工作小组择出承建商。

另外，在招标工作中引进监督机制，邀请深圳市监察局、深圳市检察院反贪局、深圳市公证处参加投标的全过程，每次招标均不设标底，只定竞标办法，费用评审在各投标者面前进行，充分保证了“公平、公正、公开、择优”的招投标工作原则。

4. 合同管理

在深圳河整治工程和施工合同的管理上，以英国土木工程标准合同体系（ICE 条款）为蓝本，专门编订了针对深圳河治理工程的整套合同文件。合同充分针对施工过程中的实际情况，采用了以单价合同为主的合同支付方式，并且在第二期工程上进一步做出调整，采用了单价与包干混合合同。深圳河治理施工合同具有以下特点：业主介入工程管理与监督；实施过程中合同风险主要由承建商承担；业主制定严密的施工技术规范；合同不设置预付款，工程款按月计量；工程所需材料与设备由承建商自主采购，雇主不指定供应商而只确定技术指标，防止腐败滋生。

5. 环境管理

深圳河北岸是深圳繁华市区，南岸主要为香港自然生态区，深圳河上设有文锦渡口岸、罗湖口岸以及皇岗大桥等，对生态保护的要求极高且施工难度大。深港联合治理深圳河工程是国内首个全程进行工程环境监察和审核制度的水利工程，自工程建设之初，环境影响评价工作就受到了深港双方政府的共同重视。在不同的标准制度下，环境影响评价工作参照内地和香港双方的规范标准进行。第一、第二期的环评工作由高校牵头，由公司和学校多家机构参与，第三期工程由内地和香港两家机构共同完成。环评报告的审批由深圳环保局和香港环保署共同批准，香港环保署为各期工程发出环境许可证。

环境监察和审核工作在工程之初没有可供参考的既成规范，深港联合治理深圳河工作小组 1995 年在一期工程中引入了环境监察和审核制度，并在实践过程中形成了越发完善、行之有效的环监制度体系。环监工作主要由环监小组负责，遵循现场巡视与现场实时监测并重的原则，将现场巡视及处理结果、环监监测数据与分析结果纳入环监报告中，以月报和季报的形式上报香港环保署。

环监工作依据香港环境管理体系推出了环境许可证制度，依据香港环境评估条例规定，违反环境许可证制度视同犯罪，为环监工作提供了法律依据。此外，环监工作的实施受环评报告、深圳市和香港环保署签发的环境许可证、深圳环保局对工程的环评批复、合同文件中环境相关条款等的保障，可以有效规范整个工程建设过程，约束各方行为，通过政治、法律、经济多方面的规范为工程实施中的环监工作提供了强有力的保障体系。

五　经验总结

（一）密切合作，分工明确

由深港双方政府相关人员构成的深港联合工作小组，全程对工程进行过程中的各项事宜进行密切会谈，统一决策，反应迅速，涉及广泛，为工程的顺畅开展奠定了基础。在组织架构上，深港双方在达成共识的基础上分管重点不同。其中深圳市政府受香港特别行政区政府委托对工程进行全面管理，深圳市治理深圳河办公室受深圳市政府委托作为雇主对整个工程的组织建设与管理负责，而香港政府渠务署负责统筹港方对委托工程的查核与视察。另外，工作小组下设分支机构人员精简、分工明确、彼此协作。以上三项举措避免了深港在不同法律规定、制度规范、人员配备结构下出现的工作不畅问题，形成了行之有效的合作方式。

（二）创新制度，灵活变通

在工程开展过程中，包括建造标准、招标方式、合同管理、环境监管等方面，内地和香港的既有制度都存在较大差异。深港联合工作小组顾及双方标准，借助现有制度，在原有方式上加以创新，有针对性地出台了针对深圳河治理的联合设计、工程招投标、创新合同管理和环境监管等方法，并在实际执行过程中形成了深港制度互补的运作方式，如在环监工作中依据香港环境管理体系推出了环境许可证制度，为环监工作提供了法律依据。但是，由于双方在政治、经济、技术标准等方面的巨大差异，依旧存在一些难以调和的矛盾及问题，为谋求整体利益，深港双方及时调整，做出必要的折中处理。

（三）公平公正，开放竞争

“公平公正，开放竞争”的特点体现在深圳河联合治理工作的各个方面：深圳河联合治理工程的设计工作对内地和香港的优秀设计单位平等开放；招投标工作依据“公平、公正、竞争、择优”的原则进行，向内地和香港公开招标；环评工作则由深港双方共同完成。由于工程各方面都要充分满足深港双方对设计标准、建造标准、环监标准等的严格要求，合作充分调动了双方的积极性，促进了内地和香港的多方面合作，如三期工程的环境评价工作就由长江水资源保护科学研究所、香港博威工程顾问公司共同完成。

（四）技术先导，环境并行

深圳河治理在规划建设、技术研发、工程管理等方面，为其他水利工程的建设提供了丰厚的借鉴经验。在工程进行过程中，第一期工程被水利部评为1999年度水利部优质工程、获“2009年中国水利工程优质（大禹）奖”，所研发使用的加筋土挡墙技术研究获“大禹水利科学技术三等奖”，“砼芯砂石桩复合地基处理深圳河河口防洪堤深厚软基试验研究”获“大禹水利科学技术三等奖”，等等。此外，深圳河自治理之初就充分考虑到工程建设对环境的影响，贯彻环评和环监工作。如今深圳河两岸鸟语花香、天蓝水碧，南岸香港地区红树林自然保护区飞鸟盘旋、草木萋萋，都得益于工程治理过程中严格施行的环境保护制度。

（五）与时俱进，推陈出新

随着治理工程的突进，深圳河也出现了新的技术难题，包括河水淤积和常年污染物深度积累。2002 年，由香港特别行政区长官办公室提议，港澳办公室批复，扩大了联合治河小组的职权，除继续进行深圳河的防洪工程外，还同时处理深圳河污染事宜。深圳河治污工作自此被正式纳入治河工程。2004 年至今，深港联合工作小组已经顺利开展了水面保洁项目、清淤工程，并针对河口改善、海湾治理和泥沙淤积等展开了多个研究项目。

六　合作展望

深港两地政府在长达 20 年治河工程的合作过程中，已形成了一套行之有效而又特色鲜明的合作模式和运作机制，取得了卓有成效的治理成果。深港合作过程中清晰的组织架构为双方的高效密切合作提供了基础，合作过程中的机制创新为工程的顺利开展提供了保障。同时，跨境重大基础设施项目的长年开展，为双方合作提供了重要契机，加强了双方的技术交流，开阔了双方市场。深圳河联合治理项目的开展具有生态、经济、技术等多个层面的价值意义。

但是，深圳河治理工程还有一些技术问题需要继续加以解决，如进一步提高防洪标准和通航能力、河口治理、环境质量改善和污染治理，以及提高深圳河与城市功能区的协调性等。[①] 此外，深圳河治理工程处于一个动态过程，它主要的淤积与污染两大问题，都与深港两岸干支流流域内的地理环境及土地使用类型有密切关联，也同两岸的管网设置、排污方式、排污标准与法律规定差异有关，由深圳河治理延伸拓展，建立由下至上、由表至源的配套体系，才可以常葆深圳河碧水飞鸟的自然状态。目前，四期工程正在开展，目的为有效减轻深圳河上游段莲塘河防洪压力，巩固和提升中、下游河段的防洪能力，同时为深港双方政府拟建的莲塘、香园围口岸提供安全保障，有理由相信，四期工程的完成必将成为深圳河成功治理的又一佳作。[②]

---

① 周立：《深港联合治理深圳河工程的规划设计》，《人民长江》1999 年第 30 期。

② 杨振宇：《深圳河流污染综合治理工程项目管理的实践与研究》，《中国市政工程》2004。

区域低碳发展

港深穗碳排放驱动因素研究及其对深圳的意义

刘　宇*

摘要：城市是人为二氧化碳排放的高强度区，对温室效应增强有着不可忽视的作用。港深穗是中国经济密度非常高的地区，能源消费总量也相对较多，在当前以化石能源为主的消费结构下，相应的碳排放量也较大。国家将广东省和深圳市分别纳入首批低碳试点省市和碳交易试点城市，意在探求经济发达和碳排放较多地区尽快走出“碳锁定”的历史困境，实现低碳转型和发展。本文以长时间序列的碳排放数据为基础，借用分析碳排放影响因素的相关模型，分析港深穗三城市碳排放总量变化的驱动因素，从人口、经济水平、技术进步等方面剖析各驱动因素的影响程度和水平，从而提出深圳市未来减少碳排放、尽早实现碳排放与经济发展“脱钩”的政策性建议。

关键词：城市发展　碳排放　IPAT 公式　香港　深圳　广州

一　前言

在过去的100多年里，尤其是最近50年中，人类活动中过度排放温室气体特别是二氧化碳，使其在大气中的浓度超出了过去几十万年间的任何时刻，导致了温室效应的增强和全球气候系统的不稳定性增加。① 随着越来越多的国家和地区启动应对气候变化的积极行动，减少温室气体排放成为

* 刘宇，综合开发研究院（中国·深圳）研究员，博士。

① IPCC. *Climate Change* 2001: *The Scientific Basis, Summary for Policymakers and Technical Summary of WGI Third Assessment Report*, eds. by J. T. Houghton, Y. Ding, et al., Cambridge University press, Cambridge.

融入经济、社会、文化、生态等各层面的关键问题，因此，碳排放清单的研究不仅成为各个国家和地区制定应对气候变化政策的基础，更成为减少碳排放、走出“碳锁定”效应的重要目标。

对于城市而言，搞清本地区温室气体的收支情况有利于当地政府采取积极措施，保证当地的经济、社会和生态系统的持续发展。以往的研究较多地关注能源消耗所排放的二氧化碳，① 或者某一产业所排放的二氧化碳，② 更多的则是从国家层面来分析，③ 由于准确的数据难以获得，城市发展过程中所排放的二氧化碳的系统研究还很薄弱，特别是长时间序列的清单目前还没有成为我国各城市对外公布的基础数据。实际上，由于国家政策的落实最终都要落在地方政府的肩上，探明地区温室气体的排放与城市发展之间的关系，是地方政府更好地执行温室气体减排策略、减缓温室效应不利后果的基础。

本研究以 IPCC 温室气体清单编制方法及我国出台的相关省级、市级温室气体清单编制方法为基础，并采用更符合地方特色的一些排放因子，从而获得 20 世纪 90 年代以来粤港深长时间序列的碳排放数据，分析三地在碳排放总量、结构、排放源、相对水平等的差异性，总结广东省和深圳市在碳排放方面与香港的差距和需要努力的方向。

二 数据与方法

（一）数据来源

香港的二氧化碳排放数据来源于香港特别行政区环境保护署之香港空气污染物及温室气体排放数据库，④ 人口和 GDP 数据来源于历年中国统计年

① 张宏武：《我国的能源消费和二氧化碳排出》，《山西师范大学学报》（自然科学版）2001 年第 15 期，第 64～69 页。

② 朱松丽：《水泥行业的温室气体排放及减排措施浅析》，《中国能源》2001 年第 7 期，第 25～28 页。

③ Zhang Lei, Daniel TODD, Xie Hui, et al. CO_2 emissions and their bearing on China's economic development: the long view, *Journal of Geographical Sciences*. 2005, 15 (1): 61 - 70。
张仁健、王明星、郑循华等：《中国二氧化碳排放源现状分析》，《气候与环境研究》2001 年第 6 期，第 321～327 页。

④ 香港特别行政区环境保护署：《香港空气污染物及温室气体排放数据库》。

鉴。[1]

广州、深圳的人口数据、GDP数据来源于历年广州、深圳的统计年鉴，计算二氧化碳排放的各种化石燃料消耗量、水泥生产量、主要牲畜产量和消费量来源于广州、深圳统计年鉴和广东省统计年鉴，[2] 广州市历年的土地利用类型资料来源于广州市林业局的相关资料及广东省国土资源厅编的《广东省土地资源》，深圳市相应资料则主要来源于深圳规土委及广东省国土资源厅编的《广东省土地资源》。

（二）计算与分析方法

广州市、深圳市1990～2010年二氧化碳排放清单的计算方法主要采用IPCC推荐的方法，即某种释碳源物质的生产量或消费量乘以与其对应的二氧化碳排放因子，[3] 为了更加切合我国实际，计算过程中综合考虑了中华人民共和国气候变化初始国家信息通报所采用的排放因子，[4] 详细计算过程见本课题组相关文献。[5] 在计算能源消费碳排放量时采用能源平衡表中的终端消费量（标准量），不计加工转换过程、运输和输配中损失能源的碳排放；电力和热力的碳排放是按火力发电和供热投入的能源计算，不再计算能源终端消费部门热力和电力的碳排放。由于无法收集到完整时间段的各类能源终端消费数据，因此选用了覆盖研究时间段的几类主要能源，包括原煤、焦炭、原油、汽油、柴油、燃料油和液化石油气。由于这些能源占终端能源消费总量的比例较高，可以认为近似于终端能源消费总量。采用《IPCC2006国家温室气体清单指南》中的缺省二氧化碳排放系数，计算能源消费碳排放。

---

① 中华人民共和国国家统计局编《中国统计年鉴（1991～2011）》，中国统计出版社。

② 广州市统计局编《广州统计年鉴》，中国统计出版社；广东省统计局编《广东统计年鉴》，中国统计出版社。

③ IPCC/UNEP/OECD/IEA（1997）*Revised* 1996 *IPCC Guidelines for National Greenhouse Gas Inventories.* Paris：Intergovernmental Panel on Climate Change，United Nations Environment Programme，Organization for Economic Co－Operation and Development，International Energy Agency.

④ 国家气候变化对策协调小组办公室：《中华人民共和国气候变化初始国家信息通报（INC-CC）》，中国计划出版社，2004。

⑤ 肖慧娟、匡耀求、黄宁生等：《工业化高速发展时期广州市的碳收支变化初步》，《生态环境》2006年第6期。

三　二氧化碳排放趋势

（一）总排放量

1990～2010年，香港的二氧化碳总排放量为8.01亿吨，年均排放量为3816万吨。除1992年和1993年排放量较高外，20年间增长幅度非常小，但自2000年以来排放量又出现上升的趋势（见图1）。从结构上看，香港的二氧化碳主要来源于发电部门，其次为交通运输能源消费形成的碳排放。

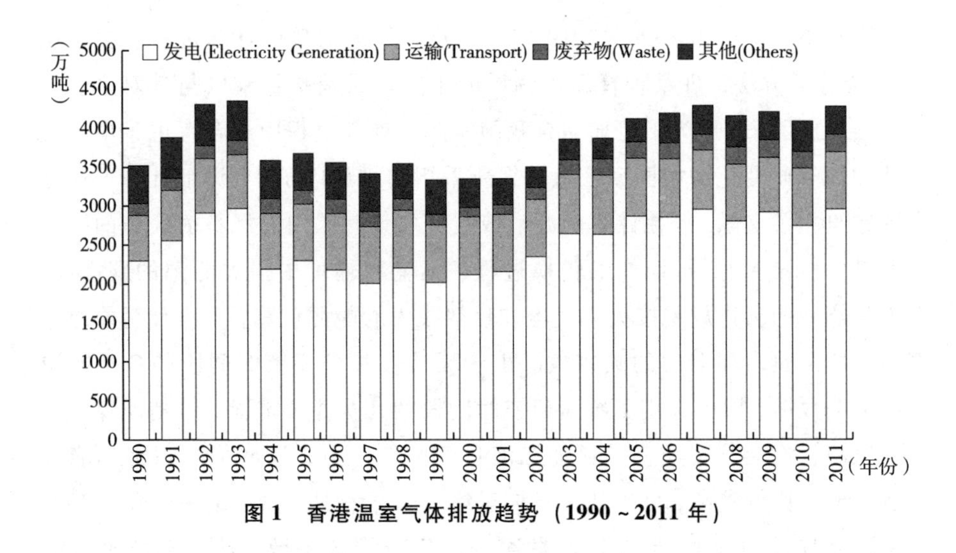

图1　香港温室气体排放趋势（1990～2011年）

广州和深圳的排放量呈现明显的上升趋势（见图2）。广州市的二氧化碳总排放量由1990年的3400万吨增长到2010年的近2亿吨，年均增长率约为9.87%，年平均排放量为8498万吨。1994年以前，广州的排放量与香港持平，之后快速增长，远远超出香港和深圳的排放水平。

深圳市则由1990年的1000万吨增长到2010年的近1亿吨，年均增长率约为12.5%，年平均排放量为4982万吨。1998年以前，深圳的碳排放总量低于香港和广州，此后排放量快速增长。

（二）碳足迹（人均排放量）

与总排放量的变化趋势一样，香港的人均排放量先升后降，1992年达

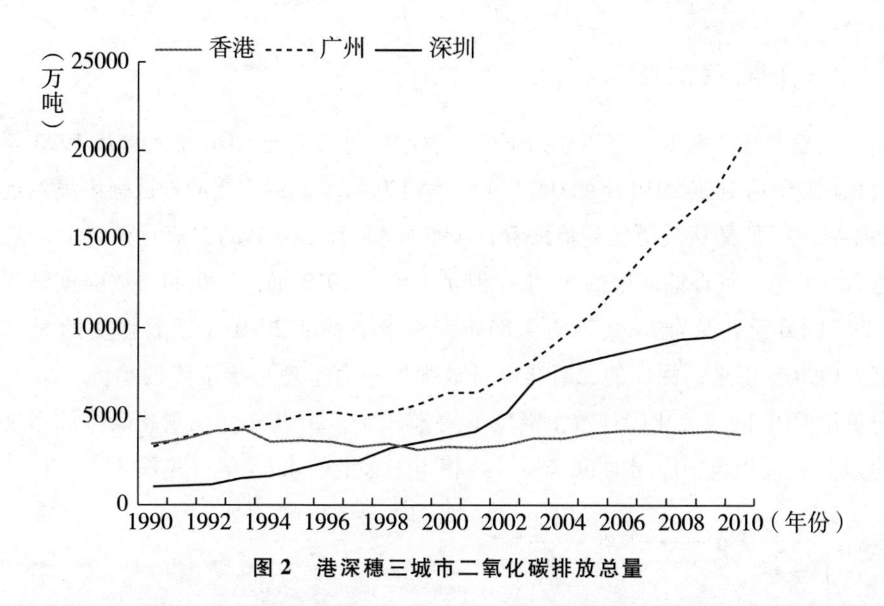

图 2　港深穗三城市二氧化碳排放总量

到极大值 7.4 吨/人，此后基本维持在 5.0 ~ 6.0 吨/人的范围。1992 年以前，广州的人均排放量略低于香港，但此后迅速增加，2010 年上升为香港的 4.3 倍，人均排放量超过 20 吨。深圳的碳足迹要显著低于广州，在 1998 年以前均低于香港，1998 ~ 2003 年迅速增长，此后不再继续增长，略有下降趋势（见图 3）。

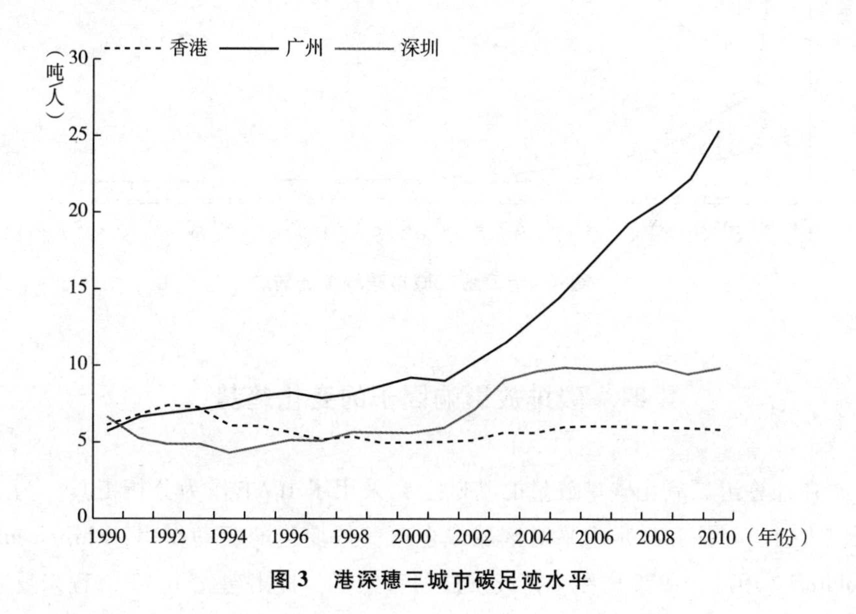

图 3　港深穗三城市碳足迹水平

（三）排放强度

三地的排放强度都有明显的下降。香港的每万港元 GDP 排放量从 1990 年的 0.6 吨下降到了 2010 年的 0.23 吨，减幅为 61.7%；广州的排放强度虽然远大于香港，但是从其历史趋势来看，1990 年每万元 GDP 的二氧化碳排放量高达 38.91 吨，是香港同期的 65 倍。但是，到了 2010 年，广州的排放强度降为 1.89 吨/万元，仅为 1990 年的 4.85%，相当于香港 2010 年排放强度的 8.22 倍。1990 年以来，深圳的二氧化碳排放强度一直呈现稳步下降的趋势，20 年间单位 GDP 的二氧化碳排放量降低了约 83.2%；2010 年，二氧化碳排放强度约为 1.07，相当于广州的 56.6%，约相当于香港的 4.65 倍（见图 4）。

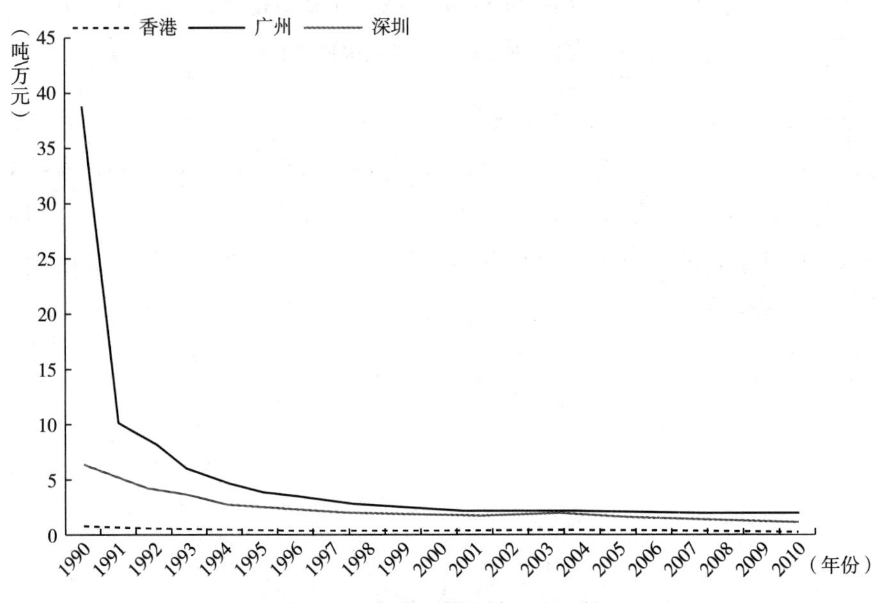

图 4　港深穗三城市碳强度比较

四　碳排放影响因子的变化趋势

在计算出二氧化碳排放量的基础上，采用了 IPAT 作为分析工具。为了研究人口、经济和技术水平对区域或全球气候变化的驱动作用，Ehrlich and Holdren（1971，1972）在可持续发展的背景下，提出建立 IPAT 方程来反映人类活动对环境压力的影响，该方程认为人类对环境的影响（I）是由人口规模（P）、人均财富（A）以及技术决定的单位 GDP 污染产生量（T）三者相互作用决定的，四者之间形成了如下公式：

$$I = P \times A \times T \quad (1)$$

这一方程被广泛应用于环境降级的人为驱动力分析，如人口、经济活动、科技水平、经济和政治体制、生活方式、宗教信仰等，因此，本文以 IPAT 来分析人口、经济发展和技术水平对香港和广州两地二氧化碳排放的影响及其变化。

以二氧化碳总排放量为人类活动对环境的影响 I，人口数为 P，人均 GDP 作为富裕水平 A，单位 GDP 的二氧化碳排放量作为科技水平的指数 T，则 IPAT 公式变为：

二氧化碳总排放量 = 人口 × 人均 GDP × 单位 GDP 排放量（2）

以 1990 年的水平为基数 1，其他各年份的 I、P、A、T 相对于 1990 年进行标准化，得到香港历年总排放量三个影响因子的贡献程度变化趋势（见图 5）。

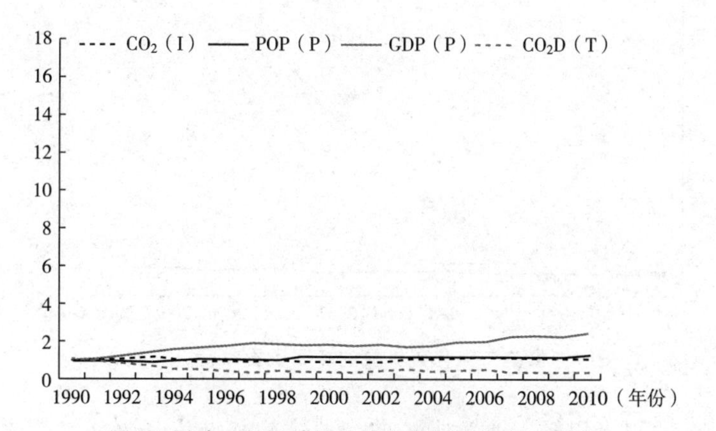

图 5　影响二氧化碳排放的各因子贡献度（香港）

总体而言，人口、富裕程度（人均 GDP，A 指标）对香港二氧化碳的排放量均为正贡献度（历年的标准化指数 > 1），随着人口的增加和人均收入的提高，二氧化碳排放量有增加的趋势；另外，技术水平的标准化指数小于 1，即由于技术水平的提高，单位 GDP 排放的二氧化碳量减少，使得二氧化碳的总排放量不至于完全受人口和富裕程度的影响而过度提高。就

2010年来说，其人口指数、富裕程度指数、技术水平指数分别为1990年的1.23、2.46、0.38倍，导致了总排放量为1990年的1.16倍。从时间序列上反映出来，香港碳排放的主要因素为富裕程度（A指标），其次为技术因素（T指标），人口的变动幅度很小，因此，P指标不是主要驱动因子。

分析广州二氧化碳排放的影响因子变动情况可以发现，决定作用最大的是人均GDP的增长导致二氧化碳排放量的高速增长，2010年广州的人均GDP达到87458元，是1990年的16.14倍，人口的增长也对二氧化碳排放有正贡献率，虽然技术水平有了很大的提高（2010年的排放强度仅为1990年的4.85%），但是由于人口和富裕程度的影响，在传统产业发展和化石能源依赖路径的共同影响下，广州的总排放量仍增长了近6倍。从时间序列来看，富裕程度（A指标）一直是影响广州碳排放总量的核心因素，其次为人口的增长（P指标），技术水平（T指标）的影响相对较小（见图6）。

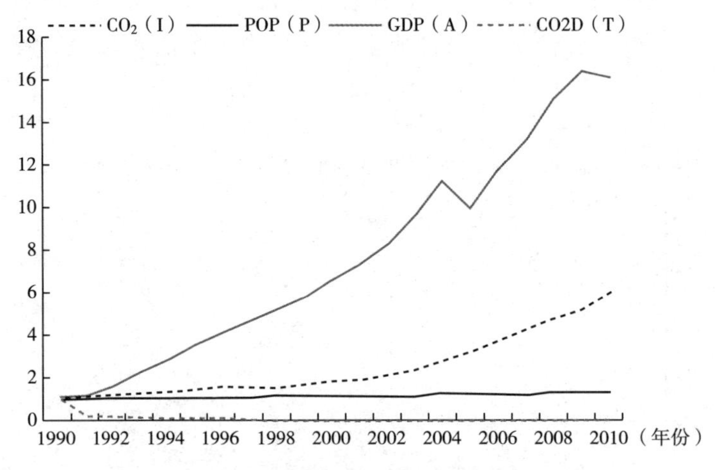

图6 影响二氧化碳排放的各因子贡献度（广州）

由于一直以来以轻工业为主体的产业结构和城市规划建设领先于国内其他城市，深圳的碳排放总量相对较低，对比香港和广州的各个因子的变动趋势，深圳具有其独特性（见图7）。

各影响因子对深圳碳排放总量变化的作用在不同阶段表现不尽相同，2002年以前，人口的因素影响作用最大，其次为富裕程度（人均GDP），二者的持续稳定增长带动了深圳二氧化碳排放总量的平稳上升，而技术水平（碳排放强度）的影响作用相对较小。2002年后，富裕程度（人均GDP）

即 A 的影响显著增加，表明随着经济水平和人们收入水平的增长，深圳的碳排放总量相应得到显著增加，由此，富裕程度（A 指标）代替人口（P），成为影响深圳碳排放总量变化趋势的最关键因素。

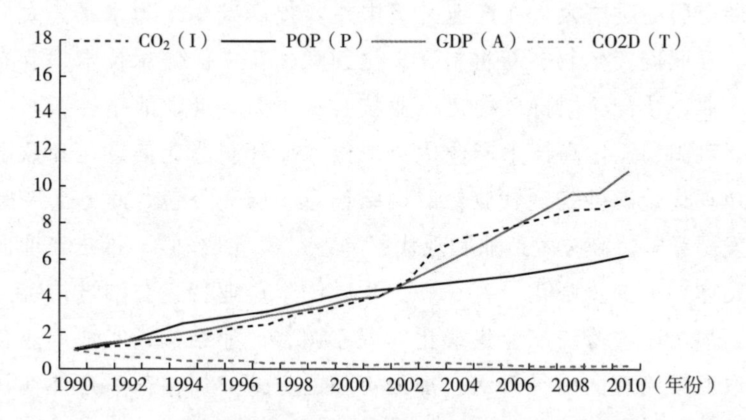

图 7　影响二氧化碳排放的各因子贡献度（深圳）

五　深圳进一步低碳化的建议

从二氧化碳排放的三个决定因子来看，人口的增长是不可避免的，政府能够采取的措施仅仅是控制人口的过快增长，富裕程度或者生活水平的提高更是我们初步实现现代化的前提，经济发展是目前城市发展的基础，因此 IPAT 中的“A”增长往往成为城市管理者制定发展规划的目标。由此，IPAT 中的 P、A 都增加的情况下，要想控制二氧化碳的排放总量，即使是维持原来的水平，T 的减小仍是唯一的出路，即只有加强技术革新，增强能源利用效率，改进工艺流程，尽量实现碳排放强度的降低，推动经济发展及早走出“碳锁定”效应才是控制排放总量的正确途径。

深圳市是全国第一个国家创新型城市，技术创新是深圳经济社会保持 30 多年快速持续健康发展的关键。作为国家创新型城市的试点城市，深圳要高度重视自主创新工作，将自主创新确立为城市发展的主导战略，通过自主创新抢占低碳技术的制高点，促进经济增长方式有一个根本性转变。同时，通过发达金融市场体系，为低碳经济提供各种金融创新产品和金融服务。

提高碳生产力是关键。碳排放强度降低的表征是整体技术创新能力的提升，也就是说，技术创新能力越强，相应的表现应该是碳排放强度越低，碳生产力则越高。因此，可以说，提高碳生产力就是提高单位二氧化碳排放的效益，要牢牢把握质量导向，在更高层次上加快产业转型升级，促进经济发展全面提质增效，在产业升级中逐步提高碳生产力水平。大力发展新能源、互联网、生物、新材料、文化创意、新一代信息技术、节能环保等新兴产业，结合深圳特色构建产业核心竞争力，推动战略性新兴产业健康发展。巩固和强化高技术产业优势地位，提升制造业信息化和数字化水平，加快现代金融业、现代物流、网络信息、服务外包、商务会展等现代服务业发展，坚持高技术产业和现代服务业“双轮驱动”，推进产业向价值链高端延伸，进一步强化“高、新、软、优”产业特色。推进传统产业升级改造，加快推进传统产业集群化发展，调整产业结构，实现产业合理布局。采取专项清理、引导升级、加强审核的方式，加快落后产能淘汰，优化配置产业集聚区。

完善碳减排的目标机制。到 2020 年，我国单位 GDP 碳排放要在 2005 年的基础上下降 40% ~45% ，广东省“十二五”的温室气体排放控制目标是碳强度下降 19.5% ，深圳市也提出了相应的碳排放强度约束目标。随着低碳试点工作的推进，总量控制目标将纳入各地区的试点内容，深圳应该在现有基础上，进一步推动总量控制目标和强度控制目标，形成碳减排的“双控”目标机制，并探索研究碳排放峰值及应对措施，形成完整的碳减排约束机制。

完善碳减排的法规体系。在严格执行现有节能减排、循环经济等法规条例的基础上，利用深圳经济特区拥有立法权的优势，加快完善低碳发展的法规体系。早在 2010 年，深圳就提出了制订《深圳经济特区低碳发展促进法》的计划，但截至目前仍未有相关条例发布。2012 年，围绕碳排放权交易试点，深圳市提出针对碳交易立法的要求，以保障碳交易有序有效推进，2013 年正式出台《深圳市碳排放权管理暂行办法》。深圳市应以碳交易立法为契机，加快制定与完善低碳发展的政策法规体系，不仅包括特区立法，也要包括产业、税收、土地等相关法规的制定，将低碳发展融入各部门、各领域的规章条例，积极促动各个社会主体参与城市低碳转型进程。依据低碳发展的要求，对深圳现有的法规、规章进行调整和完善，对不利于低碳转型、生态环境保护、低碳产业发展的有关内容和不够完善的法规、规章进行修订完善。通过建立实施效果跟踪评价机制，适时予以调整和修订，保障和促进低碳城市试点建设。

统筹协调人口增长与生态建设之间的关系，适度控制城区人口规模。深圳市实际管理的人口超过1500万，中心城区人口规模较大，人口密度大。大量的人口必然伴随大规模的经济活动，同时也必然消耗大量能源，本文的研究结果表明，人口的增长也是影响深圳碳排放总量持续增加的重要原因，因此，在人口增长伴随的经济增长和碳排放增长的过程中，需要统筹协调人口增长与生态建设之间的关系，特别是需要通过产业和空间规划的优化，对中心城区的人口进行合理调控，既缓解城市压力，又促进碳减排目标的实现。

粤港深碳排放比较研究

陈伯成*

摘要： 通过对粤港深政府有关部门提供的碳排放的数据，采用给定点做内插外推思路分析方法，对粤港深碳排放进行比较分析，并做出了分析结论，提出了粤港澳碳排放相应的对策和建议。

关键词： 粤港深　碳排放　特征比较　减排对策

一　引言

2013年6月，深圳市在国内7个试点城市中率先启动碳排放交易工作，到2014年6月，内地几个城市的碳排放和碳交易的研究与实践已经进入一个新的阶段。对于低碳经济的来临，广东省和深圳市政府都给予了充分的重视，有负责的省市领导和专业队伍对相应方向的课题进行了专项研究，都获得相应的研究结果，作为政府决策的依据。

粤港深是三个很有特点的区域，广东省正处在工业化和城市化快速发展的阶段，发展不均衡，但近年来总体发展较快；深圳市虽为国家经济发展特区和相对发达、内地率先进入工业化和城市化中后期的城市，但是与香港等发达地区相比，还有较长的路要走；香港处于城市化后期，是一个服务业发达、管理稳定且各方面发展相对均衡的特别行政区。

根据深圳市、广东省政府与香港有关部门提供的碳排放数据，对粤港深碳排放的发展进行比较和分析，以期得到一些分析结果，并根据现有情况向粤港深三方相关部门提出一些建议。但在调研中笔者发现，获取粤深

---

* 陈伯成，清华大学深圳研究生院副教授。

数据有些困难，相关研究结果有些差异，因此，笔者只能就可以获得的数据进行分析、处理和比较。在此基础之上，结合相应区域经济发展参数，进行了粤港深碳排放情况的比较和分析，提出了一些看法和相应的建议（见表1）。

表1　2013年粤港深经济发展主要参数

	GDP（亿元）	比上年增长	其中				人均GDP（元）	人口（万人）	面积（平方公里）
			第一产业增加值（亿元）	第二产业增加值（亿元）	第三产业增加值（亿元）	三产结构			
广东省	62163.97	8.5%	3047.51	29427.49	29688.97	4.9：47.3：47.8	58534.8	10620	17.98万
深圳市	14500.23	10.5%	5.25	6296.84	8198.14	0.0：43.4：56.5	136924	1059	1952.84
香　港	16949.11						234762	721.97	1104.32

注：香港GDP为2736.67亿美元，人均GDP为37777美元；深圳市人均GDP按当年平均汇率折算为22112美元。

二　综述及数据来源分析

（一）综述

关于碳排放的比较研究，从中国知网上可以查到很多相关研究。广东省和深圳市还有一些专门的研究报告，我们只对能够得到的、公开发表的研究报告进行分析，并从中提取需要的信息。

深圳市有关方面已经完成的关于碳排放和相应对策的专门研究主要有：深圳市科技创新委员会在2013年深圳软科学项目报告中对深圳市的碳排放现状做了较详细的研究，[①] 并给出了相应的应对策略，同时对香港低碳能力建设的经验进行了借鉴；乌兰察夫等人的深圳低碳发展报告[②]汇总了深圳市主管副市长及其领导下的深圳市碳排放权交易研究课题组的许多研究成果，

① 刘曙光等：《深圳碳排放现状及应对策略研究》，2013。

② 乌兰察夫等：《深圳低碳发展报告（2013）》，深圳出版发行集团，2013。

定性定量地对深圳低碳发展现状及规划进行了较为全面的总结，也针对具体问题提出了建议。

进行粤港深碳排放比较的前提是获取粤港深碳排放相关数据。香港是个国际化城市，各种相应数据都有专门的管理和规范连续的记录，可以比较方便地从网上获取。但广东和深圳的相应数据获取比较困难，因为碳排放数据尚未纳入国内的统计年鉴及相应的地方统计年鉴，也不在相应省市的国民经济和社会发展统计公报里。深圳市相关单位这两年也没做过专门的调研，因此没有近期官方的碳排放相关数据。此外，各区域涉及碳排放相关数据是保密的，获取数据成为本研究的难点。为获取合理的数据，本研究做了部分调研，下面就深圳、广东碳排放数据相关研究结果分别给以简述。

1. 关于深圳市碳排放数据研究

2013 年，刘曙光等人根据深圳市统计局的数据计算出 2010 年深圳市 CO_2排放总量为 1.06 亿吨，并指出 2005～2010 年 CO_2年均增长 8.54%（见表 2），该报告是针对深圳碳排放状况的最详细的研究成果。

表 2　2005～2010 年深圳市能源消费与碳排放总量估算

	2005 年	2006 年	2007 年	2008 年	2009 年	2010 年
能源消费（万 tce）	2941.67	3324.60	3712.48	4041.67	4352.56	4732.40
碳排放（万吨）	7064.39	—	—	9471.19	—	10644.40

资料来源：刘曙光等《深圳碳排放现状及应对策略研究》。

2014 年，《每日经济新闻》记者杨长江曾报道，深圳年排放总量大约为 8000 万吨，其中纳入交易的为 3300 万吨，约占总量的 40%。[①]

2013 年，深圳市发展和改革委员会指出，“初步估算，2005 年全市二氧化碳排放总量约 7300 万吨，万元 GDP 二氧化碳排放约 1.48 吨，碳生产力达到 0.67 万元/吨二氧化碳以上，处于国内领先水平。我国明确提出，到 2020 年，单位 GDP 二氧化碳排放比 2005 年降低 40%～45%的控制温室气体排放行动目标。万元 GDP 二氧化碳排放比 2010 年

① 杨长江：《深圳碳交易一年：635 家企业碳排放下降 370 万吨》，凤凰网，2014 年 6 月 24 日。

下降21%，达到0.90吨，非化石能源占一次能源消费比重达到15%。万元GDP二氧化碳排放比2005年下降45%以上，比2015年下降10%，达到0.81吨。"①

2013年，深圳市碳排放权交易研究课题组研究结果显示，"……分配的碳排放配额约1亿吨，超过2013~2015年全市碳排放总量40%……2005~2010年，全市碳排放总量由6000余万吨增加到8000余万吨，增幅为26.3%，年均增长4.8%"②。

2013年，课题组成员高红根据自己的调研和分析结果指出，"2005~2010年全市碳排放总量由6000多万吨增加到8000多万吨，增幅为26.3%，年均增长4.79%；人均碳排放基本维持在6.5吨左右。碳排放总量在未来10~20年中仍处于上升期，其总量还将增加。初步预测，到2014年，全市碳排放量将突破1亿吨，2015年碳排放总量将比2010年增加26%左右"③。

2010年，课题组成员郭万达等人根据自己的调研结果指出，"深圳市的工业企业能源消耗导致的二氧化碳排放总量呈明显上升趋势，由1998年的885.2万吨增加到2008年的3159.3万吨。以2004年为例，深圳排放量为2226.5万吨。根据这个目标的要求，2020年深圳的工业二氧化碳排放量需控制在3300万~3600万吨，同时2005~2020年的二氧化碳排放量年均增长率必须控制在2.3%~2.8%，远小于基准情景下的6.4%的增长率"④。

2013年，刘宇、郭万达等人在《深圳发展低碳经济的基础与愿景》中提供了他们的研究结果，"根据1998~2008年深圳二氧化碳排放计算结果，可以估算出至2020年的二氧化碳排放量"（见表3）。⑤

---

① 深圳市发展和改革委员会：《深圳市低碳发展中长期规划（2011~2020年）》，中国政府公开信息整合服务平台，2013。

② 深圳市碳排放权交易研究课题组：《建设可规则性调控总量和结构性碳排放交易体系——中国探索与深圳实践》，《开放导报》2013年第168期，第7~17页。

③ 高红：《深圳与欧美碳排放特征比较及减排对策》，《开放导报》2013年第168期，第79~83页。

④ 郭万达等：《深圳建设低碳城市的目标与对策》，《城市观察》2010年第2期，第124~129页。

⑤ 乌兰察夫等：《深圳低碳发展报告（2013）》，深圳出版发行集团，2013。

表 3　深圳市低碳排放的目标

年份	GDP 预测（万亿元）		目标 CO_2 强度（克/元）			目标 CO_2 排放量（万吨）		
		预测值	减 40%	减 45%		预测值	减 40%	减 45%
2005	0.495	48	—	—		2363	—	—
2010	0.900	40	—	—		3600	—	—
2015	1.500	32	—	—		4800	—	—
2020	2.000	30	18	16.5		6000	3600	3300

资料来源：乌兰察夫等《深圳低碳发展报告（2013）》，深圳出版发行集团，2013。

2014 年年初，《深圳商报》报道，深圳副市长指出，碳排放中 6 种温室气体，其中有 5 种与 $PM_{2.5}$ 相关。深圳人均碳排放水平只有 6.5 吨，和东京是在一个水平线上。[①]（实际上这个结果应该是 2010 年的估算结果[②]）

还有一些同类研究，这里不一一赘述。显然，对这段时间深圳市碳排放量的准确值政府和众专家有着不同的看法。

2. 关于广东省碳排放数据研究

2013 年，哈工大深研院教师王苏生和学生们做了相应研究，给出过广东省相应碳排放量的估算值（见表 4）。[③] 当问及学生是否与省统计局核对过他们的估计数据时，学生回答：尚无办法核对，现有的众多相关研究结果中，只在亿吨级的数字上是一致的。

表 4　2005～2010 年广东省碳排放总量计算量

年份	碳排放量（万吨）	CO_2（亿吨）	人均碳排放量（吨/人）
2001	4824.48	2.27	0.620
2002	5165.96	2.41	0.657
2003	5983.09	2.76	0.752
2004	6614.24	2.66	0.726
2005	7172.70	2.86	0.780

① 谢静：《深圳人均碳排放媲美东京——碳市场运行半年成交 1300 万元》，《深圳商报》2014 年 1 月 3 日。

② 高红：《深圳与欧美碳排放特征比较及减排对策》，《开放导报》2013 年第 168 期，第 79～83 页。

③ 王苏生等：《广东碳排放量的动态演进》，《开放导报》2013 年第 4 期，第 51～54 页。

续表

年份	碳排放量（万吨）	CO_2（亿吨）	人均碳排放量（吨/人）
2006	8177.95	3.22	0.879
2007	9449.00	3.67	1.000
2008	9568.99	3.68	1.003
2009	10229.06	3.89	1.061
2010	12107.61	4.25	1.160
2011	13623.15	4.75	1.297

资料来源：王苏生等《广东碳排放量的动态演进》，《开放导报》2013年第169期，第51~54页。

2012年，《21世纪经济》报道，“根据国家分配给广东省的‘十二五’碳强度下降19.5%的指标，在GDP保持一定增长的情况下，到‘十二五’末广东总碳排放可以达到6.6亿吨，‘6.6亿吨’即广东预计的二氧化碳排放总量控制数字，与之相对应的广东能源消费总量数字为3.5亿吨标煤。经测算，2010年广东碳排放总量为5.1亿吨，加上‘十二五’新增能源消费产生的碳排放，通过指标分解方案，预计2015年碳排放量为6.3亿吨，比预计数‘6.6亿吨’还少约3000万吨，由此，碳强度下降指标分解初步方案能够支撑广东‘十二五’能源消费总量控制目标的完成。据初步预计，2012年广东万元GDP碳排放强度比2010年下降9%，能源消耗强度下降超过8.6%。”①

2012年，苟少梅等人的研究结果与王苏生等人②的研究结果相近，他们根据计算得到广东省1990~2010年能源消费的碳排放量（见图1），估计的2010年的碳排放量也是1.2亿吨左右。他们认为，“1990~2010年能源消费碳排放量整体上呈上升趋势，从1990年的0.2339亿吨增长到2010年的1.2047亿吨，21年间增长了4.15倍。1990~2000年碳排放量大致以较平缓的速度增长，年均增速为7.17%”，“从万元GDP碳排放量和人均碳排放量的变化情况来看（见图2），广东省人均碳排放量不断增加，从1990年的0.37吨/人增加至2010年的1.41吨/人，21年间增长了

① 李梅影：《广东首试碳排放总量控制碳强度下降指标分解至21市》，《21世纪经济》2012年3月13日。

② 王苏生等：《广东碳排放量的动态演进》，《开放导报》2013年第4期，第51~54页。

2.81 倍；而万元 GDP 碳排放水平则呈现不断下降的趋势，从 1990 年的 1.5 吨/万元减少至 2010 年的 0.26 吨/万元，降幅为 82.55%（按当年价计算）。”该研究也对广东省三次产业的碳排放强度（万元 GDP 碳排放量）进行了比较（见图 3），“1990～2010 年，广东省三次产业碳排放强度均呈下降趋势；第二产业碳排放强度始终高于第一产业和第三产业；第三产业的碳排放强度总体上高于第一产业。其中 1990～1999 年，第三产业的碳排放强度一直高于第一产业；第三产业自 1990～2007 年一直呈下降趋势，但自 2008 年又开始增长。”①

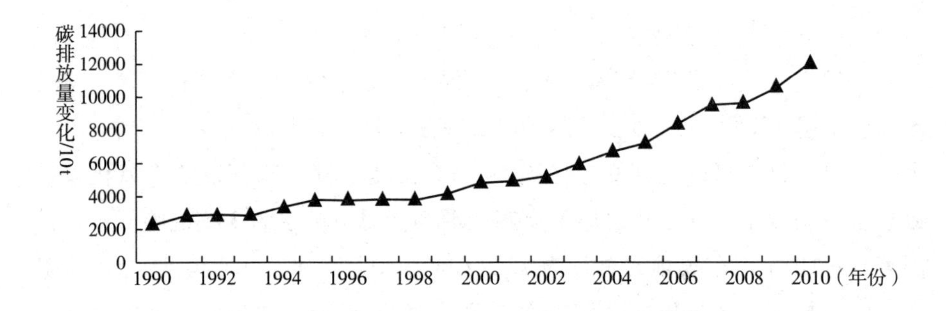

图 1　1990～2010 年广东省能源消费碳排放总量变化情况

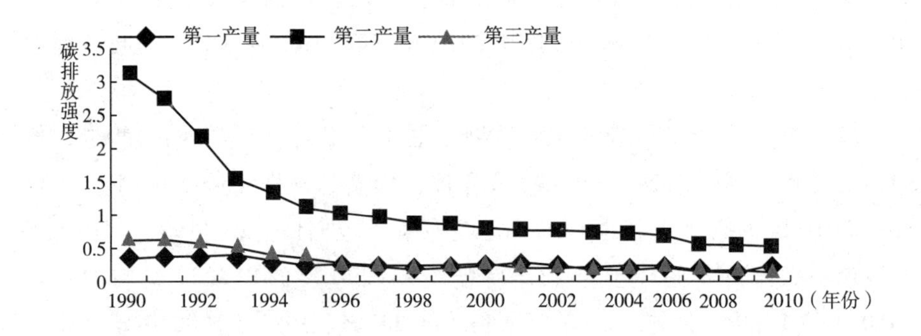

图 2　1990～2010 年广东省万元 GDP 碳排放量和人均碳排放量的变化情况

2009 年，刘宇也曾发表过 2004 年和 2005 年广东省二氧化碳排放总量的研究结果，并与港澳的二氧化碳排放进行了对比（见表 5、表 6）。他认

① 苟少梅等：《1990～2010 年广东省能源消费的碳排放驱动因素分析》，《热带地理》2012 年第 32 期，第 389～394 页。

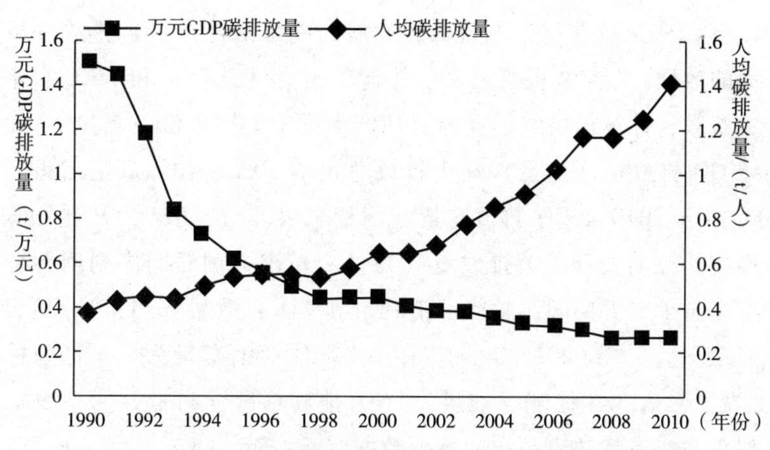

图 3　1990～2010 年广东省三次产业碳排放强度变化情况

为，"广东省 2004 年排放总量为 6.78 亿吨、CO_2净排放量 4.23 亿吨；2005 年的排放总量为 7.00 亿吨、CO_2净排放量 4.51 亿吨。"

表 5　广东省二氧化碳排放清单（2004～2005 年）

单位：吨碳

	2004 年	2005 年
能源消费	64607775	70214462
煤　炭	44502511	50018240
石　油	19997514	20020182
天 然 气	107750	176040
工业生产	12747493	13449067
水　泥	7763812	8192375
钢　铁	378811	397632
总　计	184670204	190781001

资料来源：刘宇《广东省二氧化碳排放现状及对策》，《开放导报》2009 年第 146 期，第 40～43 页。

表 6　粤港二氧化碳排放对比

	年份	排放量（亿吨碳）	人口（万）	GDP（亿元/亿港元）	人均排放量（吨碳/人）	单位 GDP 排放量（克/元、克/港元）
广东	2004	1.8467	7804.75	18864.62	2.37	97.89
	2005	1.9078	7899.64	22366.54	2.42	85.30
香港	2004	0.1031	688.3	12916	1.5	7.98
	2005	0.1039	693.6	13821	1.5	7.52

资料来源：《中国统计年鉴 2006》，香港环保署，2006。

2012 年，张武英在《广东省低碳发展的能源消耗与 CO_2 排放分析》中给出下面的数据：“参考省级温室气体清单指南（试行）和 IPCC 指南的方法及相关参数，计算出由终端能源消耗产生的 CO_2 排放量（当量），再根据能源领域 CO_2 排放量（当量）约占排放总量的 80%，扣除碳汇后得到的广东省 2005 年至 2010 年 CO_2 排放总量（当量）表。”（见表 7）。[①] 他根据多年广东省终端能源消费和 CO_2 排放量（当量）情况，用时间序列回归分析法预测了广东省十二五期间终端能源消费量和 CO_2 排放量（当量），给出预测结果（见表 8），“到 2015 年，广东省终端能源消费量为 3.5 亿吨标准煤（能源消费总量为 3.6 亿吨标准煤），CO_2 排放总量（当量）为 7.5 亿吨。”其结论似乎与广东省政府公布的预测数据有些差距。

表 7　2005 年至 2010 年广东省 CO_2 排放总量（当量）

年　份	终端能源消费量（$\times 10^4$ t 标准煤）	全省 CO_2 排放总量（$\times 10^4$ t）
2005	17255.84	36423.52
2006	19254.03	41398.17
2007	21427.33	47064.40
2008	22671.76	47049.08
2009	23943.39	52076.10
2010	26344.85	56730.16

资料来源：张武英等《广东省低碳发展的能源消耗与 CO_2 排放分析》，《能源与节能》2012 年第 78 期，第 53～56 页。

表 8　广东省“十二五”期间能源和 CO_2 排放量预测值

年　份	终端能源消费量 $\times 10^4$ t 标准煤	全省 CO_2 排放总量 $\times 10^4$ t
2011	27884.30	60167.82
2012	29619.20	63992.75
2013	31354.10	67817.68
2014	33089.00	71642.62
2015	34823.90	75467.55

资料来源：张武英等《广东省低碳发展的能源消耗与 CO_2 排放分析》，《能源与节能》2012 年第 78 期，第 53～56 页。

① 张武英等：《广东省低碳发展的能源消耗与 CO_2 排放分析》，《能源与节能》2012 年第 78 期，第 53～56 页。

2013 年，陈亮采用了单位 GDP 能耗乘以 1.875 的方法，计算出广东省与深圳市碳排放的结果（见表 9、表 10），其研究结果与深圳市政府发布的数据差距较大。①

表 9　珠三角城市单位 GDP 能源消费强度情况

城市	单位 GDP 能耗（吨标准煤/万元）					上升或下降（±%）				
	2007	2008	2009	2010	2011	2007	2008	2009	2010	2011
全省	0.747	0.715	0.684	0.664	0.563	-3.15	-4.32	-4.27	-2.94	-3.78
广州	0.713	0.680	0.651	0.621	0.533	4.44	-4.56	-4.01	-4.60	-4.91
深圳	0.56	0.544	0.529	0.513	0.472	2.76	-2.90	-2.76	-2.94	-4.39

资料来源：陈亮《珠三角九市碳排放水平及管理比较研究》，《现代商贸工业》2013 年第 22 期，第 22 ~ 23 页。

表 10　珠三角九市能耗及碳排放情况

城市	2007 年		2008 年		2009 年		2010 年		2011 年	
全省	能耗	碳强度	能耗	碳强度	能耗	碳强度	能耗	碳强度	能耗	碳强度
广州	0.713	1.336	0.680	1.275	0.651	1.220	0.621	1.164	0.533	0.999
深圳	0.56	1.05	0.544	1.020	0.529	0.991	0.513	0.961	0.472	0.885

资料来源：陈亮《珠三角九市碳排放水平及管理比较研究》，《现代商贸工业》2013 年第 22 期，第 22 ~ 23 页。

2014 年，叶玉瑶等人也计算出 2005 ~ 2010 年广东省各部门 CO_2 排放变化表（见表 11），其结果同张武英的结果有一些不同。②

表 11　2005 ~ 2010 年广东省各部门 CO_2 排放变化表

部门	2005 年		2006 年		2007 年		2008 年		2009 年		2010 年		年均增长率/%
	总量/万 t	%	总量/万 t	%	总量/万 t	%	总量/万 t	%	总量/万 t	%	总量/万 t	%	
第一产业	1122.26	2.53	1068.29	2.19	1039.05	1.93	1056.08	1.87	1001.21	1.65	2004.15	2.99	12.3
第二产业	27552.99	62.22	31110.30	63.88	34.644.88	64.39	36368.40	64.24	38851.83	64.19	42833.94	63.86	9.23
第三产业	8492.53	19.18	9058.09	18.60	9990.00	18.57	10532.20	18.60	11568.11	19.11	12767.59	19.03	8.5
生活消费	5109.03	11.54	5456.90	11.21	6126.58	11.39	6648.66	11.74	7100.03	11.73	7463.58	11.13	7.88
总　量	44347.85	100.00	49686.88	100.00	55313.10	100.00	58449.73	100.00	61339.35	100.00	66918.43	100.00	8.58

资料来源：叶玉瑶、苏泳娴等《基于部门结构调整的区域减碳目标情景模拟——以广东省为例》，《经济地理》2014 年第 34 期，第 159 ~ 165 页。

---

① 陈亮：《珠三角九市碳排放水平及管理比较研究》，《现代商贸工业》2013 年第 22 期，第 22 ~ 23 页。

② 叶玉瑶、苏泳娴等：《基于部门结构调整的区域减碳目标情景模拟——以广东省为例》，《经济地理》2014 年第 34 期，第 159 ~ 165 页。

杨志等人[①]的中国低碳经济年度发展报告（2011）通过专门研究，给出了广东省相关低碳经济指标（见表12）。

表12　人均二氧化碳排放

单位：吨二氧化碳/（人 * 年）

地区	2005年	2006年	2007年	2008年	2009年
广东	4.1474	4.4725	4.7781	4.8264	5.0399

资料来源：杨志、赵彦云等主编《中国低碳经济年度发展报告（2011）》，石油工业出版社，2011。

这组数字似乎更加可信，因为换算后与本文前面提及的广东省政府数据“2010年广东碳排放总量为5.1亿吨”及“预计2015年碳排放量为6.3亿吨”相近。

关于广东省碳排放量的相关研究成果还有很多，观点各异，众说纷纭，这里就不一一列举了。

（二）数据的来源及分析

综上所述，对深圳市和广东省历年的碳排放总量研究得到的数据较多，但差异较大。为给相关指标比较提供较真实的数据基础，笔者考虑尽量使用政府已有的研究结果，或采用与政府发布口径较为一致的数据；当无法得到政府的相关数据时，则通过有针对性的调研方式，从已发表、公布的数据中找出与政府现口径比较一致的数据作为基本数据；根据数据发布源提供的部分公开信息，合理估算修订原计算和采用的相应数据。

1. 深圳市碳排放数据来源及确定

根据调研，高红的数据较贴近于政府发布的数据，因此深圳碳排放总量以该组数据为分析基点；但根据市政府的要求，高红仅给出2005年和2010年碳排放总量的数据，没有提供其他数据。[②] 本文根据该文献及作者相关论文的表述及表述间的差异、《深圳市低碳发展中长期规划（2011～

① 杨志、赵彦云等主编《中国低碳经济年度发展报告（2011）》，石油工业出版社，2011。

② 高红：《深圳与欧美碳排放特征比较及减排对策》，《开放导报》2013年第168期，第79～83页。

2020年)》中的相应数据，估算出相应的碳排放数量。刘曙光等人的研究是深圳市科技创新委的专门研究项目，因此可以借鉴他们的分析思路。虽然数据有些差异，但调研结果表明，其数据也是出自深圳市统计局，可信度较高。

因此，选择深圳市2005～2010年碳排放数据为分析基点："①2005～2010年全市碳排放总量由6000多万吨增加到8000多万吨，增幅为26.3%，年均增长4.79%。②碳排放总量在未来10～20年中仍处于上升期，其总量还将增加。③初步预测，到2014年全市碳排放量将突破1亿吨，2015年碳排放总量将比2010年增加26%左右。"[①]

此外，还参考了深圳市发改委网站的数据："2015年，深圳市GDP达15000亿元，人均GDP达2万美元，第三产业增加值占GDP比重60%，万元GDP二氧化碳排放量15%（累计下降）。"[②] 通过内插外推，初步估出2005年、2010年、2014年及2015年深圳市的碳排放量。

2. 广东省碳排放数据的来源及确定

杨志等人给出了较完整的广东省相关低碳经济指标（见表12），其中包括了人均二氧化碳排放量。[③] 本文的估算采用这组数据。采用这组数据还因为2014年李梅影在相关报道中提到"2010年广东碳排放总量为5.1亿吨""预计2015年碳排放量为6.3亿吨"的政府说法。[④] 根据该组数据，并结合《中国统计年鉴》中相应的广东省人均GDP的数据来估算广东省碳排放总量和相关数据。[⑤] 此外，估算还参考了《广东省国民经济和社会发展第十二个五年规划纲要》数据，"2015年，广东省GDP将达到66800亿元，人均GDP达到66000元，第三产业增加值占GDP比重达48%，常住人口达

---

① 高红：《深圳与欧美碳排放特征比较及减排对策》，《开放导报》2013年第168期，第79～83页。

② 深圳市人民政府：《深圳市国民经济和社会发展第十二个五年规划纲要》，深圳市发改委网站，http://www.szpb.gov.cn/，2011。

③ 杨志、赵彦云等主编《中国低碳经济年度发展报告（2011）》，石油工业出版社，2011。

④ 李梅影：《广东首试碳排放总量控制碳强度下降指标分解至21市》，《21世纪经济》2012年3月13日。

⑤ 广东省统计局、国家统计局广东调查总队：《广东省统计年鉴》2013，中国统计出版社，2013；广东省统计局网站，《广东省统计年鉴》2013，http://www.gdstats.gov.cn/tjnj/2013/index.html；中国统计年鉴网站，《中国统计年鉴》（2008～2013），中国统计出版社，http://www.stats.gov.cn/tjsj/ndsj/。

10230万人。”①

3. 香港碳排放及相关数据

香港的碳排放数据管理得比较规范，可以从香港环境保护署相应网站上获取，相应经济发展数据可以从统计署网站获取。②

但是，香港的产业结构与内地的统计口径有些差异。按照《香港经济年鉴》的划分，香港第一产业包括农业及渔业，第二产业包括采矿及采石业、制造业、电力、煤气及水务业、建筑业等行业。③

2010年，香港特区政府提出，在2020年将香港的碳强度比2005年水平降低50%～60%。如果能够实现，香港的CO_2绝对排放总量将由2005年的4200万吨减至2800万～3400万吨，降幅为19%～33%；而人均排放量将由6.2吨下降到3.6～4.5吨。④

2014年香港立法会主席称“务求2020年把香港的碳强度由2005年的水平降低50%～60%”。⑤

综合以上分析，结合相应的统计年鉴数据，可以通过计算得到粤港深三区域碳排放的相关数据。

三 碳排放水平比较及分析

我国的工业化、城市化对碳排放量和碳排放强度均具有正向影响，且工业化、城市化对碳排放强度的影响比对碳排放量的影响大；就不同区域而言，工业化、城市化对碳排放的影响存在差异；人口规模、收入水平、

---

① 广东省人民政府：《广东省国民经济和社会发展第十二个五年规划纲要》，广东省发改委网站，http://www.gddpc.gov.cn/，2011。

② 香港环境保护署：《1990至2011香港温室气体排放趋势》，香港环境保护署网站，http://www.epd.gov.hk/epd/；香港环境保护署：《温室气体排放量及碳强度》，香港环境保护署网站，http://www.epd.gov.hk/epd/；香港环境保护署：《按排放源划分的香港温室气体排放量》，香港环境保护署网站，http://www.epd.gov.hk/epd/；香港政府统计处：《香港统计资料》香港政府统计处网站，http://www.censtatd.gov.hk/。

③ 郑光兴等编《香港经济年鉴（2008）》，香港：经济导报社，2008。

④《香港冀2020年碳强度较2005年水平减少五至六成》，新华网，http://news.xinhuanet.com/，2010。

⑤ 香港特别行政区立法会：《立法会会议（会议议程）》．香港立法会网站，http://www.legco.gov.hk/，2014－06。

产业结构以及工业化、城市化水平的变化，均会使工业化、城市化与碳排放的关系发生变化。

我国目前仍处于工业化、城市化和农业现代化进程中，发展经济、改善民生、保护环境和应对气候变化任务艰巨，因此，能源需求和碳排放还将在一段时间内继续保持合理增长。

由于深圳市和广东省的碳排放数据是基于政府公布的几个点数据进行的估算，因此以下相应的比较和分析是基于估算的碳排放量进行的。图4、图5分别是广东、深圳、香港近年来GDP和人均GDP的统计（当年价格，香港数据单位为亿港元），深圳的GDP约占广东省GDP的1/5强；2015年广东和深圳的数据都是规划值。从图上趋势看，广东、深圳规划值的位置似乎有些异样。实际上，深圳2013年人均GDP已经超过2万美元，广东的人均GDP也已经不在原规划值的轨迹上。

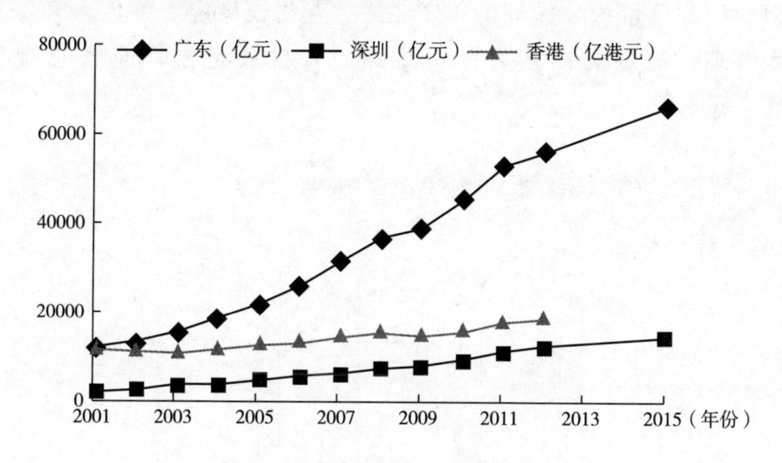

图4 粤港深近年来GDP的统计

（一）碳排放总量比较

可以看到，前几年广东省的碳排放总量增长比较迅速，2009年后似乎趋于相对平缓，从广东省的发展阶段和图中趋势可以判断，未来十几年该排放总量仍然会处于上升期。深圳市的碳排放总量也在增长，“未来10~20年中仍处于上升期”[①]。香港GDP一直稳步增长，虽高于深

① 乌兰察夫等：《深圳低碳发展报告（2013）》，深圳出版发行集团，2013；高红：《深圳与欧美碳排放特征比较及减排对策》，《开放导报》2013年第168期，第79~83页。

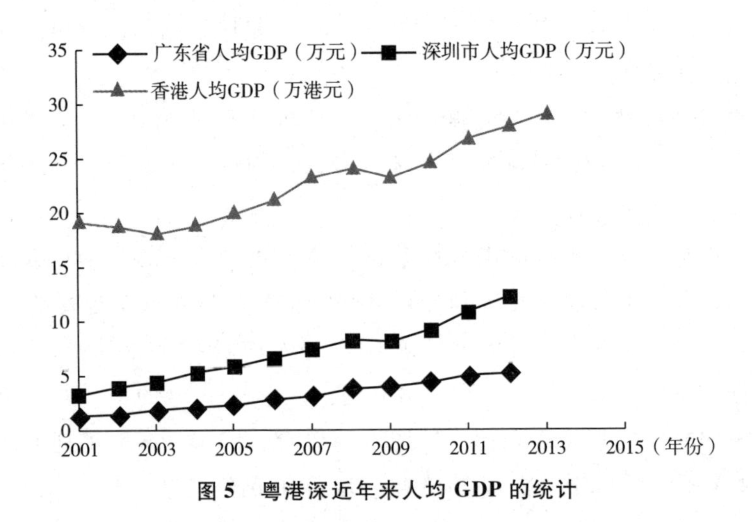

图 5　粤港深近年来人均 GDP 的统计

圳，但碳排放总量约为深圳的 1/2，且一直比较稳定。将广东和深圳比较不太合理，深圳是广东省的一个市，其排放量占广东省总排放量的 1/6（见图 6）。

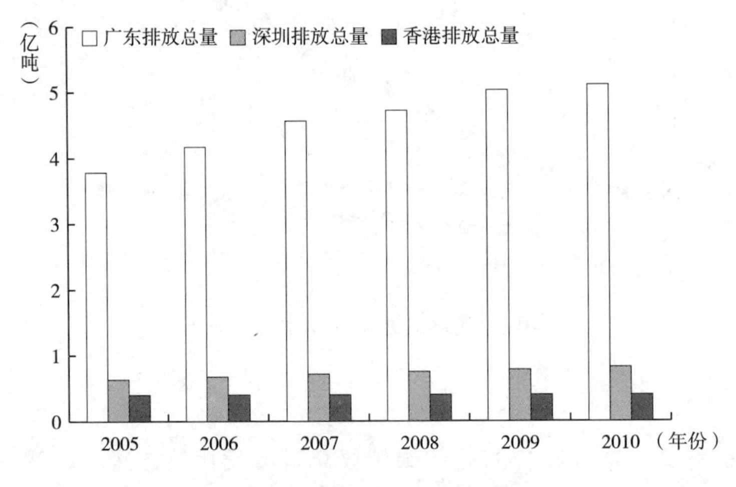

图 6　粤港深碳排放总量比较

（二）碳排放强度的比较

碳排放强度是指单位 GDP 的 CO_2 排放量，即 CO_2 排放量与 GDP 的比值，主要用来衡量区域经济同碳排放量增长之间的关系。如图 7 所示：发展迅速的广东及深圳的碳排放强度远高于香港；香港发展平稳、碳排放强度历年来变化不大，并在逐年减少；近年来由于政府的重视，措施有力，深圳市的碳排放强度逐年减少，由 2005 年为香港的 5 倍左右到 2010 年的 3 倍左右，已有较大的改进；广东省的碳排放强度也有较大的变化，由 2005 年为香港的 6 倍左右到 2010 年的 4 倍左右。鉴于国家及区域各级政府对碳排放的重视，从相应发展趋势看，多年后，深圳和广东的碳排放强度还会有进一步的改进。

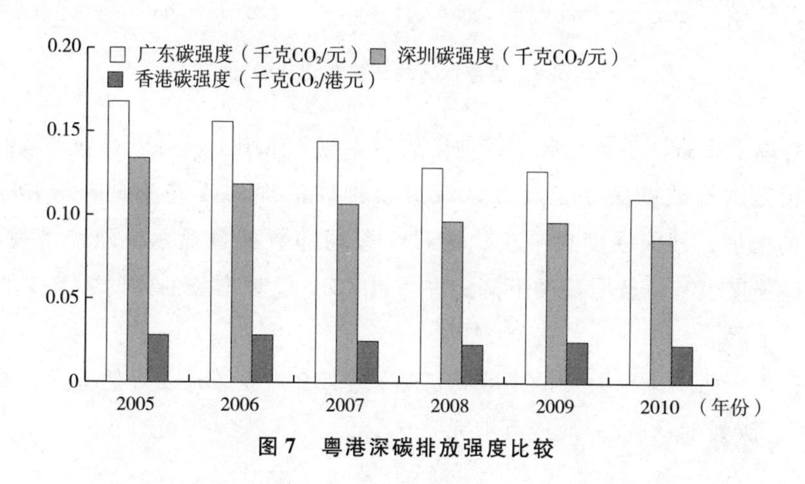

图 7　粤港深碳排放强度比较

（三）人均碳排放的比较

同碳排放强度相似，香港近年来的人均碳排放也一直比较稳定，为 6 吨左右，而且近年来稳步下降，根据其规划值，2020 年还会再降至现在的 2/3。[①] 尽管深圳市报道，2010 年前后，人均碳排放基本维持在 6.5 吨左右，[②] 但从给定数据反向估算，近几年应在 8 吨左右，且有些增长；曾就此问询相关研究人员，称估计深圳是使用管理人口数进行平均。广东省近年来随着经济的迅速发展，人均排放量不断增加，未来几年，还会有增长，增长速度相对较快（见图 8）。

---

① 谢静：《深圳人均碳排放媲美东京——碳市场运行半年成交 1300 万元》，《深圳商报》2014 年 1 月 3 日。

② 高红：《深圳与欧美碳排放特征比较及减排对策》，《开放导报》2013 年第 168 期，第 79 ~ 83 页。

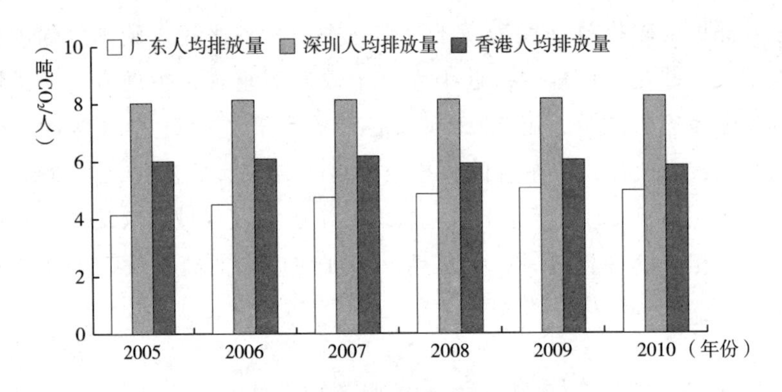

图 8　粤港深人均碳排放量比较

将以上 5 张图的数据分别按地区放在相应 3 张图上，可以看到区域的发展与相应碳排放的关系，及各区域对碳排放治理的改进。如广东省随着 GDP 的增加，其碳强度在减少；同样，深圳的数据也显示，随经济发展，深圳碳强度也有比较明显的下降；在香港 GDP 稳步增长的同时，其碳强度在稳步下降。

下面三张图分别为：排放量（亿吨），GDP（万亿元或万亿港元，当年价格），碳强度（吨/万元或万港元）。

（四）单位面积碳排放的比较

广东、香港区域的陆地面积变化不大，深圳有些变化，但总体上影响比较小；近年来，广东省和深圳市的排放总量在逐年增加，增长比较快，因此单位面积的排放量也在增长，而且近 10～20 年内还会增长；香港的单位面积排放量与深圳相近，但是变化比较平稳，未来几年的发展应该变化不会很大。

（五）三地的行业结构比较

香港经济发展水平高，服务业发达，且对环境保护很重视；深圳区域有限，寸土寸金，这些年来经济发展迅速，产业结构不断调整优化，第一产业已经非常少了；广东近年来随着经济的发展，其产业结构也在发生变化，第一产业占总 GDP 的比例在不断下降（见图 10）。香港的第二产业多分布在深圳和珠三角，是深圳市和广东省经济结构的重要组成部分。深圳

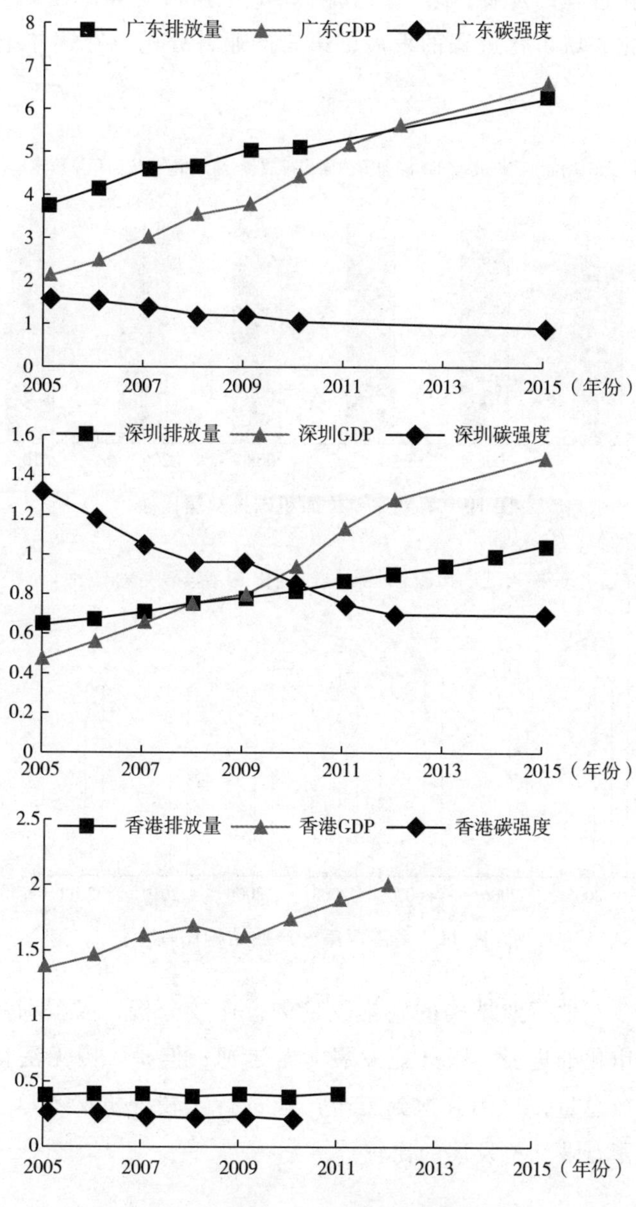

图 9　近年来广东省、深圳市与香港三地 GDP、CO_2排放量、碳强度统计趋势

市这几年政府的发展政策是腾笼换鸟，第二产业所占比例逐年下降，变化比较明显。香港的第三产业占其 GDP 的百分比为 90% 以上；深圳市随其工业化、城市化进程的发展，第三产业在 GDP 中所占百分比逐年上升；广东省随其工业化、城市化进程的发展，第三产业百分比也在逐年上升（见图11～图13）。[①]

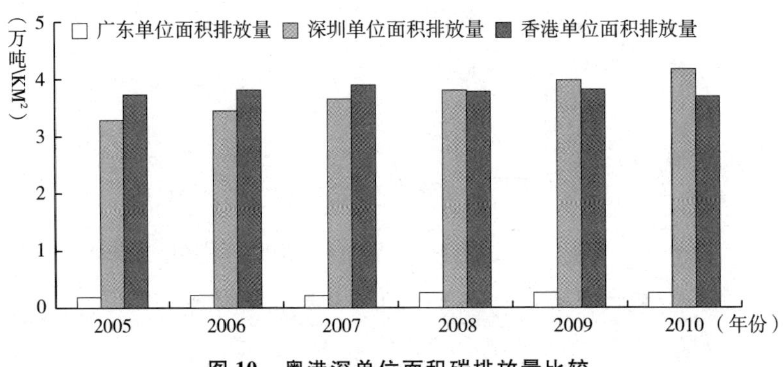

图 10　粤港深单位面积碳排放量比较

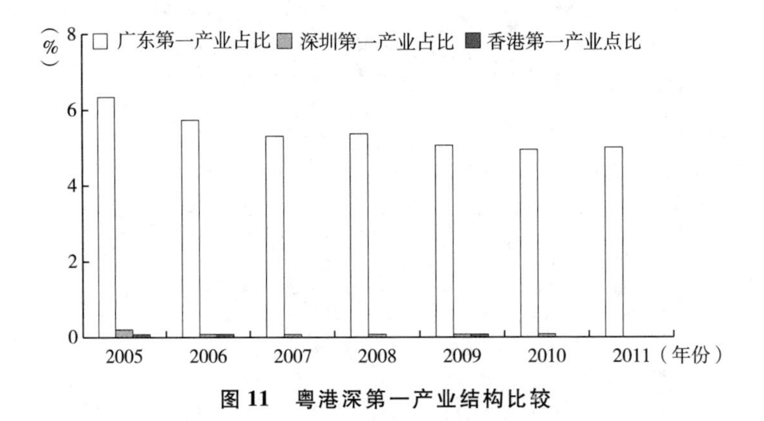

图 11　粤港深第一产业结构比较

原考虑按三地行业结构的碳排放量进行比较分析，因深圳和广东随着工业化、城市化的进展，服务业发展非常迅速；但是，因无法得到相关数据，而将排放总量按比例分摊到三个产业进行比较分析又不尽合理，因此本节只是做了行业结构发展的比较。

① 香港的三次产业（三级行业）是按照"国际标准工业分类法"（ISIC）的标准划分的，即其经济的产业结构是由三个层次的产业构成。第一产业称为初级产品产业（其中包括农业、渔业、畜牧业和采矿及采石业）；第二产业包括制造业、建造业、含电、煤和水的公用事业、多数含加工性质的工业；第三产业是指生产性和非生产性的劳务部门，香港通常称为服务业，具体划分为五大类。

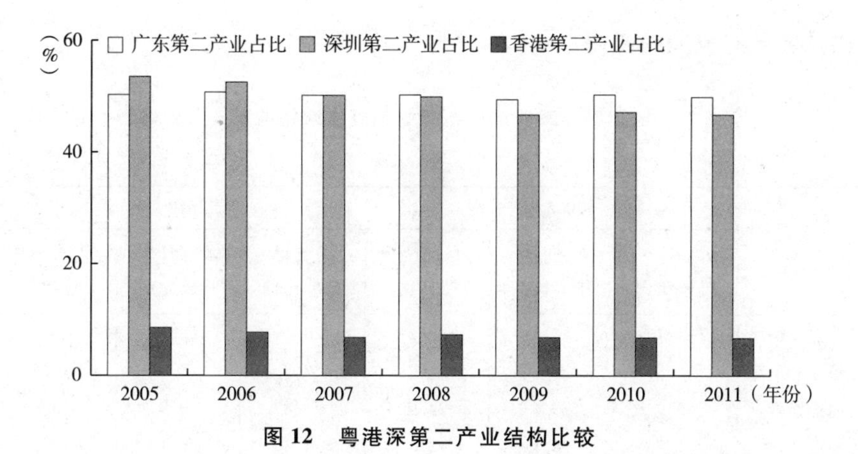

图 12　粤港深第二产业结构比较

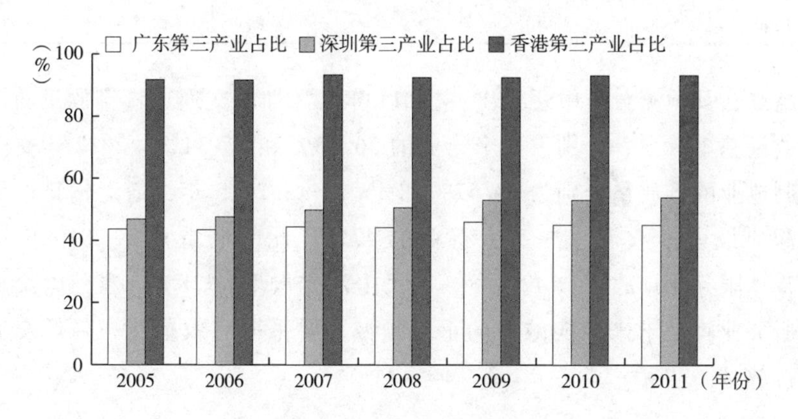

图 13　粤港深第三产业结构比较

（六）碳结构分析

没有调研到深圳市相关三产方面的排放量数据，这里引用了高红在其文章中关于深圳市主要行业排放量结构情况表，表 12 给出了深圳市 2005 ~ 2010 年及 2010 年之后五大行业碳排放的相关数据，也可看到其发展趋势。

从表 13 中可以看到，2005 ~ 2010 年，制造业和建筑业的排放比例在 5 个行业中占比在减小，前文分析表明，深圳第二产业所占比例还将逐年下降；交通运输业的直接排放比例增加几乎一倍（就碳排放讲，交通运输是以直排为主，制造业是以间接排放为主），在 5 个行业中的占比有了较大幅度的增长（趋势表明还会继续增长）；服务业和居民生活的碳排放在 5 个行业中的占比稳定增长，也可以预测，随着人们生活水平的不断提高，这部分碳排放会有较大的变化。

表 13 深圳市主要行业排放量结构情况

单位：%

项目	2005 年			2010 年		
	占直接排放比例	占间接排放比例	占 5 个行业比例	占直接排放比例	占间接排放比例	占 5 个行业比例
制造业	44.7	54.7	49.2	20.4	59.1	40.5
建筑业	5.8	2.2	4.2	2.7	0.9	1.7
交通运输业	43.9	0.4	24.0	71.8	0.9	34.9
服务业	1.2	28.1	13.5	1.3	26.1	14.2
居民生活	4.4	14.6	9.1	3.8	13.0	8.6

高红在其预测分析中还指出："2011 年，深圳的交通运输排放量与制造业排放量基本持平，分别占 5 个行业的 36.33% 和 36.34%；2012 年交通运输和制造业的排放量分别为 39.67% 和 36.70%；2015 年交通运输排放量将成为深圳最大排放源，占 5 个行业的 47%；此时制造业比 2010 年增长 11.1%，服务业排放增加 42.1%，居民生活排放增长 28%。显然，交通运输和服务业将是未来节能减排的重点领域，要采取有效措施，降低交通运输的排放。"

四 结论与建议

（一）结论

有专家认为，区域的工业化、城市化水平和产业结构决定了该区域的能源和碳排放的最终特征；[①] 也有理论认为：工业化、城市化对碳排放的影响表现为驱动和制动双重作用：当工业化、城市化发展处于初期阶段时，城市系统发展缓慢，驱动与制动作用均不明显，碳排放缓慢增长；当工业化、城市化发展处于中期阶段时，城市系统进入加速发展阶段，驱动作用逐渐占主导，制动作用较小，碳排放迅速增长；当工业化、城市化发展处

① 高红：《深圳与欧美碳排放特征比较及减排对策》，《开放导报》2013 年第 168 期，第 79 ~ 83 页。

于中后期阶段，驱动作用仍然占主导地位，但制动作用逐渐增强，碳排放速度有所减缓，排放总量仍然增加；当工业化、城市化发展处于后期阶段，城市发展稳定、能源利用效率高，碳排放量已经达到峰值，并将逐年下降。①

香港处于工业化、城市化后期，有着国际化的规范管理，如不出现其他问题，GDP 会继续稳步增长，碳排放总量会被控制在一定的范围内，人均排放量会按规划逐步减少。深圳处于工业化、城市化的中后期，深圳的 GDP 将按城市规划的步调发展，略有超前；深圳在近 10 ~ 20 年内的碳排放总量依然保持上升趋势，但排放增速会减缓，碳排放强度、人均碳排放量会向香港的水平靠近，因为深圳发展的经历表明，香港的发展多是深圳发展的明天和参照。② 广东处于工业化、城市化的中期阶段，其 GDP 也会按规划的步调发展，也会超前；随着工业化、城市化的推进、产业结构的优化，其各个城市第二产业的碳排放量将逐年减少，交通运输的碳排放比例会逐步加大，其碳排放的上升趋势会比深圳持续更长时间，因为深圳的发展应是广东主要城市发展的明天和参照。

随着中央政府、广东省政府、深圳市政府对碳排放问题的重视，更加大力度监管碳排放、推进技术创新、促进减排工作，相应阶段的制动作用将不断增大，深圳市和广东省的碳排放上升趋势的持续时间比预期的时间缩短很多。

（二）对策性建议

通过对相关数据的调研，根据粤港深碳排放的比较，尤其是同香港相关数据进行比较，可以对广东和深圳碳排放进程管理给出以下几点建议。

1. 建立健全区域的碳排放统计和核算体系

从调研结果看，最大的难题是广东省、深圳市碳排放统计和核算数据的欠缺。这些数据是区域碳排放和减排量核算的基础，也是政府分析和决

① 郭万达等：《深圳建设低碳城市的目标与对策》，《城市观察》2010 年第 2 期，第 124 ~ 129 页。

② 刘曙光等：《深圳碳排放现状及应对策略研究》；深圳市科技创新委员会：中科院先进院软科学报告，2013；高红：《深圳与欧美碳排放特征比较及减排对策》，《开放导报》2013 年第 168 期，第 79 ~ 83 页。

策的依据。在构建规范的低碳统计、核算和考核制度方面，香港做得比较规范，可以学习参照。没有健全的相关统计体系，相应措施都是构建在沙子上的建筑。

2. 创新体制完善法规

在规范的碳排放统计及核算体系的支持下，明确规定排放指标、碳交易规则，加大对碳排放和碳交易的监管力度，根据相关法规对违反者严厉惩罚；国家发展改革委已经提出，2014 年将把二氧化碳排放纳入干部政绩考核，这应当是有效的推动力。制定积极、有力的政策措施，加强碳排放管理和考核，研究建立和完善相应碳排放量控制制度，以达到逐步实现碳排放强度和总量的“双控”的目的。

3. 优化产业结构

进一步加大政府支持力度，大力支持低碳技术的开发。发挥特区和珠三角优势，学习香港经验，凸显金融和技术方向的优势，努力培育致力于低碳发展的企业和中介组织，采取有效措施巩固已有低碳发展成果，如建立低碳产品认证和碳标识制度等。

4. 更快完善综合交通运输体系

从数据看，深圳综合交通运输环节将成为未来几年降低碳排放的主攻方向。

5. 积极倡导低碳生活方式和鼓励绿色出行方式

提倡低碳出行，尽量减少小汽车的使用，以减少交通方面的碳排放。提高公众的低碳意识，鼓励使用低碳产品，以降低工业能耗。

6. 强化低碳教育及完善社会信用体系建设措施

除了给出相应的低碳措施，政府还应强化社会信用体系建设、给出措施和开展相关专业化教育，使公众和企业都能认识到低碳的重要性，从自己做起、从每个企业做起，全社会自觉为降低碳排放做出努力。

粤港低碳经济发展的比较研究

唐 俊*

摘要：城市是社会发展、人类活动的中心，近年来，随着经济发展水平和发展环境的变化，城市经济活动也发生了重要转变，香港作为低碳经济发展的领先城市，在低碳经济发展中极具代表性。本文结合当前社会经济发展的时代特征，以低碳经济的发展为背景，对香港和广东的产业结构与发展低碳经济的政策进行了比较，并通过定性和定量的方法分析了两地城市低碳发展的水平和潜力。

关键词：粤港 低碳经济 城市发展比较

一 低碳经济基本概要及研究进展

全球气候变化是人类面临的一个极其严峻的环境与发展问题，低碳发展成为国际社会应对气候变化的共识，低碳经济的概念最先起源于英国前首相布莱尔发表的《我们的未来：能源创建低碳经济》白皮书，此后，国内外便开始对低碳经济进行较为系统的研究。一是关于低碳经济基本理论的研究。庄贵阳等①分析了低碳经济的内涵，并构建了低碳产出、低碳消费、低碳资源、低碳政策这四个层面的低碳城市综合评价体系。二是关于低碳经济具体实施制度的研究。张良②主要从城市碳源、碳汇角度出发，以

---

* 唐俊，深圳信息职业技术学院。

① 庄贵阳、潘家华、朱守先：《低碳经济的内涵及综合评价指标体系构建》，《经济学动态》2011年第1期，第132～136页。

② 张良、陈克龙、曹生奎：《基于碳源/汇角度的低碳城市评价指标体系构建》，《能源环境保护》2011年第25期，第8～11页。

城市能源利用和土地利用造成的碳排放为主体，对低碳经济在城市经济发展过程中应实施的制度进行研究。三是对低碳城市转型及制度创新的研究。杨国锐[①]认为城市是碳排放的集中地，建设低碳城市成为应对气候及环境变化的重要内容，构建一条从碳源到碳汇的低碳城市发展路径尤为重要。刘蓉[②]从低碳经济与城市发展的角度出发研究城市发展与低碳经济之间的关系及解决措施。

二　粤港低碳经济发展现状

（一）广东低碳经济发展现状

广东省是我国经济最发达的省份之一，工业化与城市化水平位居全国前列，同时也是我国的碳排放大省，碳减排任务非常艰巨，但是，广东在发展低碳经济方面也做了自己的努力并率先着手研究制定了广东省发展低碳经济路线图，取得一定的成绩。

1. 广东节能减排成绩突出

广东的节能减排工作走在全国前列。2013 年，广东能耗排放小，全省单位 GDP 能耗超过全年下降 3.5% 的目标，节能指标位居全国最先进行列。广东省先后颁布了《城市优先发展公共交通的实施意见》及《广东省交通运输行业建设低碳交通运输体系实施意见》等政策文件，以政策完善促进全省绿色交通理念、政策、机制和技术的全面创新。在企业层面上，加强清洁生产的推进工作，构建循环型示范体系，实施清洁生产“十百千万”工程，大力开展资源综合利用。2013 年，公布第一批创建省清洁生产示范园区 3 家、第一批创建省清洁生产技术中心 41 家，认定 2 批共 255 家企业为广东省清洁生产企业，累计共认定 15 批 1197 家；会同香港环境局认定第五批 104 家“粤港清洁生产伙伴”标志企业，累计共认定 5 批 545 家。在工业节能方面，广东省扎实推进电机能效提升及注塑机节能改造，以及能源管理体系、能源管理中心、能效对标的“三能”体系建设等节能重点工程，

---

① 杨国锐：《低碳城市发展路径与制度创新》，《城市问题》2010 年第 7 期，第 44 ~ 45 页。

② 刘蓉：《广东低碳转型与低碳发展研究》，《科技管理研究》2012 年第 18 期，第 104 ~ 105 页。

实施节能产品惠民工程，加快节能先进技术推广应用，加大淘汰落后产能力度。2013 年，广东省除完成国家下达的淘汰落后水泥产能 1687 万吨、造纸 13.62 万吨、制革 10 万标张外，还主动淘汰落后印染 4144 万米、炼钢 8.8 万吨、铅蓄电池 19.5 万千伏安时。

2. 广东新能源产业发展思路的进步

广东一直注重提升新能源和环保领域的基础研究能力。2013 年，《广东省新能源汽车产业发展规划（2013～2020 年）》发布。为积极推广新能源汽车，制定了一揽子政策，为低碳环保奠定了坚实的基础。同年，广东第三批引进了 25 个创新科研团队，汇聚了 300 多位国内外高层次人才。涉及电子信息、新材料、生物智能等战略性新兴产业领域。高水平的研发体系，在太阳能、风能的开发利用，城市生活污水、垃圾处理，火电厂脱硫等领域，积累了相当雄厚的科技实力。

3. 低碳经济作为广东经济新的增长点

广东在经济快速发展的同时，也将绿色环保和低碳经济、循环经济确定为产业发展重点。“十二五”规划中，广东省 2015 年单位 GDP 能耗下降 16%，比“十一五”期间高出 2 个百分点。据初步测算，“十二五”期间，节能减排重点工程规划投资需求将达到 2.366 万亿元。广东在经济快速发展的同时，也将绿色环保和低碳经济、循环经济确定为产业发展重点。重点以培育增强自主创新能力为抓手，开发有竞争力的低碳技术、低碳产品、低碳设备、发展低碳服务业，倡导低碳行业的新标准，低碳新商机正推动低碳经济成为全省新的经济增长点。

（二）香港低碳经济发展现状

香港一直在努力营造一种低碳的生活方式，发展一种绿色低碳的经济模式。《香港应对气候变化策略及行动纲领》提出将香港构建为“低碳绿色城市”。目标是 2020 年“碳强度”要较 2005 年减少 50%～60%。“纲领”建议的减排措施多数将转化为具体法律规定。配合国家打造“低碳社会”的目标，体现了香港走绿色低碳之路的决心。

1. 香港减少碳排放成效显著

香港特别行政区政府针对香港温室气体的排放特征，提出了从燃料组合、能源效益、环保运输等五大范畴减少碳排放。在燃料组合方面，政府建议10年后把香港核电发电比例从目前占整体23%，增至50%；天然气发电由23%增至40%；日后可再生能源发电占3%，其余则属燃煤发电。核能发电不会产生温室气体，而天然气发电的温室气体排放量较燃煤少一半，并预期香港所有燃煤机组将于2030年全面退役，届时碳排放量将进一步减少。

2. 香港低碳交通，倡导公交出行

车辆的碳排放约占香港空气污染物的四分之一。为了减少二氧化碳的排放强度，香港把发展电动车作为一项最重要的解决方案。因为电动车可以减少二氧化碳的排放，噪声污染非常低，所以特别行政区政府鼓励电动车的大规模生产。鼓励人们使用混合动力车、电动车，这样可以确保到2020年，30%的私人轿车和15%的公交车及货运车都可以使用电动车。同时，香港也将继续紧跟欧盟标准，采用最新的燃料及技术，减少车辆污染物的排放。

三 粤港低碳经济发展的比较分析

（一）广东与香港的产业结构比较

产业结构是指生产要素在各产业部门间的比例构成及其相互依存、相互制约的关系。服务型产业经济和就业人口规模的不断扩大，已成为城市经济转型和大都市国际化的必要条件。近年来，广东的第三产业得到较快发展，最新数据显示，2013年广东经济GDP总量和进出口总额双双突破1万亿美元；全年GDP同比增长8.5%，总量稳居全国首位；第三产业比重近10年来首次超过第二产业；民生支出占了财政支出的67.2%。单看第三产业，2013年比2012年增长9.9%，对GDP增长的贡献率达到53.3%，拉动GDP增长4.5个百分点，贡献率处于历史较高水平。第三产业的超越，在一定程度上反映了广东经济的长期调整方向，在加快现代服务业发展的战略推动下，广东现代服务业和先进制造业双轮驱动的主体产业群正在加快形成。在广东省启动实施的新十项工程建设中，现代服务业工程重点纳入了金融、物流、数字工程、科技服务、服务外包、商务会展、文化创意、总部经济八个方面的31个项目，总投资1214亿元。

目前，香港产业结构调整的最突出特征是服务业替代了原有制造业。香港的服务业在GDP总量中占90%以上，这些服务业包括：广告业、计算机和信息处理业、数据库和其他信息业、管理咨询和公共关系等，特别是创意性产业、休闲娱乐、零售、酒店、餐饮和旅游业等，也都保持了高速增长。正是随着20世纪80年代香港大量制造企业转移到了珠三角地区，香港才实现了从制造业到服务业的转型，迈向金融创新的阵地，成为世界级的商贸金融中心。经济增长方式的转变将对城市空间和土地的利用与重组产生新的需求，需要重新考虑对关键性资源，如土地、建筑和结构材料、水、能源和废弃物的更好利用，以及对部分地区功能的置换和土地再开发。服务业的加速发展促进了香港经济结构的优化，有利于低碳经济的发展和减排目标的实现。

（二）广东与香港两地低碳经济的发展政策比较

1. 广东低碳经济的发展政策

广东低碳经济的发展政策主要是以政府为主导、以企业和居民为主体，以市场为基础、以法律和各项配套政策为支撑的发展模式。

一是规划引导。广东制订应对气候的行动计划。大力植树造林，增加碳汇潜力。“碳汇”的通俗解释主要是指森林吸收并储存二氧化碳的多少，或者说是森林吸收并储存二氧化碳的能力。广东的“碳汇”政策是让树木通过光合作用吸收大气中的大量二氧化碳，减缓温室效应。因此，绿化政策可以在经济发展的同时实现人与自然和谐相处的目的。

二是在调整能源结构等重点领域上有新的突破。如发展低碳产业，如今的现代服务业、高新技术产业往往都是低碳产业。另外，大力发展低碳能源，如核电、天然气等。还要推进大气污染治理、生态建设，在重点领域争取取得新的突破。

三是积极倡导低碳生活方式。广东省从2009年起实行“限塑令”，现已收到了很好的效果，多数市民已经养成了购物自带购物袋的好习惯，使人们从方方面面培养自身的低碳意识。2012年广东开始重点整治污染物排放“元凶”——黄标车，目标是在珠三角地区2015年前基本淘汰黄标车，其他地区完成淘汰2005年之前注册营运的黄标车。广东共有黄标车160万辆，占机动车总量的17%，排放的污染物占区域内机动车排放总量的比例分别是：一氧化碳占53%，碳氢化合物占58%，氮氧化物占69%，颗粒物占91%，是一个最大的污染源。据科研部门测算，广东如果以淘汰10万辆黄标车来计算，与机动车排放相关各项主要污染物将实现每天减排：一氧化碳163吨、碳氢化合物23吨、氮氧化合物21吨、可吸入颗粒物2吨。其排放总量相当于至少200万辆同等行驶里程的国IV新车每日的排放总量。

2. 香港低碳经济的发展政策

作为发展低碳经济的先驱城市，香港在发展低碳经济、创新低碳技术、倡导低碳生活、实践低碳计划方面极具代表性。香港政府认为，要发展低碳经济必须大力发展低碳技术，发展低碳技术的成本远比处理排放的二氧化碳所需要的成本低。节能减排及提高能源效率将使我们的生活环境更加健康、和谐。香港的低碳经济政策大致有以下三个方面。

一是通过立法落实减排措施。20世纪70年代，由于环境质量迅速恶化，香港特别行政区政府开始高度重视环境治理，并着手制定相关法律，先后颁布了《废物处置条例》和《水污染管制条例》，自此香港的环境保护有了直接的法律依据。另外，香港还设立了有关限制电力公司排放污染物的第三份备忘录，它将在2017年生效，届时香港的电力公司排放二氧化硫的上限将减少17%，氮氧化物要减少6%，颗粒物要减少10%。香港立法最鲜明的特点是执行力度大，采取了将环境违法行为全面刑事化的做法，即在所有的环境法例中均有刑事惩处的规定，必将起到有效的震慑作用。另外，香港减排措施内容具体、针对性强，相关配套法律也非常明确。

二是政策支持并加强国际间的交流与合作。香港制定了很多关于发展低碳经济的政策文件，政策要有支持力度，低碳经济才能发展起来。香港已制定《珠江三角洲地区空气质素管理计划》，这是一项与广东省政府共同拟订和推行的计划，要求在2010年达到双方定下的减排目标，大幅改善香港和整个珠三角地区的空气质素。此外，香港已接受邀请加入C40城市气候变化领导小组，成立于2005年的C40城市气候变化领导小组是一个国际大型城市间的组织，旨在加强世界各地城市的合作，减少温室气体排放及加强能源效益。香港已采取措施提高能源效益及推广使用清洁能源，以应对全球变暖问题。同时，香港致力达到亚太经合组织领导人

2014 年 9 月订下的目标，2030 年前将香港的能源强度在 2005 年的基础上至少降低 25%。

三是香港特别行政区政府倡导低碳交通。香港倡导使用电动车，旨在发展低碳汽车产业，减少消费者购买电动车的成本障碍。现在香港特区政府已创办 3 亿港元的试点绿色交通基金，主要用于测试绿色和低碳交通运输技术的运用效果。另外，香港正为7.4 万辆欧盟前期和欧盟一期柴油商业车辆的车主提供优惠条件，鼓励他们尽早更换为欧盟四期型号的车辆。同时通过减免汽车首次登记税，鼓励市民购买环保汽油私家车。

（三）广东与香港低碳经济发展水平及发展潜力的比较

1. 广东与香港低碳发展水平的比较

对于低碳发展水平的评估，中国至今还没有任何正式或官方的评估标准。但是，2010 年 3 月中国社科院公布了评估低碳城市的新标准体系，提到人均碳排放量可以反映城市低碳发展的潜力。因此，本研究可以利用广东和香港的碳排放指标对其低碳经济发展水平进行比较。据统计，最新数字显示香港每年有 4700 万吨碳排放，约占世界总碳排放量的千分之一，和香港人口所占比例基本相符。香港每年人均碳排放量约为 6 吨，略低于全球平均 7 吨的水平，香港的碳排放源头比较集中，与发电和运输相关的碳排放分别占总量的 62% 和 16%，而发电方面近九成电力所引起的碳排放均用于建筑物。因此，香港减少碳排放的主要方向是使用清洁和低碳能源，提高能源效益，降低建筑物能源耗用，以及鼓励和推动绿色运输和转废为能。

2012 年香港“零碳天地”正式对公众开放。其主要核心就是让建筑设计因地制宜，最大限度使用自然资源，力求从源头降低建筑对能源的依赖。节能增效的设计和技术确实让建筑增绿不少，但要达到真正的零碳，还需要更进一步。为了彻底消灭碳足迹，“零碳天地”用太阳能、生物柴油自行发电。香港从“零碳天地”开始，向市民传递绿色建筑生活的正能量。争取在第一个 10 年内节省 28 亿度电、减少 200 万吨碳排放。

广东作为国家首批低碳试点省市，在“十二五”期间要实现单位 GDP 能耗下降 18%、二氧化碳排放强度降低 19.5% 的目标，均高于全国各省市的指标。广东企业分别建立碳盘查清单，开展企业产品的碳标识工作，参与并开拓碳交易市场。但是，通过比较可以发现，香港经济的发展对高排放产业的依赖性要比广东对高排放产业的依赖性小，香港城市的低碳化要优于广东。

2. 广东与香港城市低碳发展潜力的比较

为进一步分析城市低碳发展能力，我们对 2012 年广东和香港的三种产业结构占 GDP 的比值情况进行比较，其中 A 为第一产业值；B 为第二产业值；C 为第三产业值（见表 1）。

表 1　广东和香港三种产业的比值情况

指标 城市	A/GDP	B/GDP	C/GDP
广东省各城市总和	0.05	48.2	52.3
香港	0.017	23.7	90.2

资料来源：据广东统计局、香港统计局相关数据整理而成。

可以看出，两地第一产业的比值很小，香港第三产业产值占 GDP 的比例要大于广东所占的比例。香港的产业结构优于广东，低碳潜力也大于广东。但是从数据上也可以发现广东的低碳发展也是很有潜力的。

四　粤港低碳经济的发展对珠三角经济发展的作用

（一）粤港低碳经济取得的成效

香港特别行政区政府特别指出，促进低碳发展将是未来粤港区域合作的主要范畴，通过加强双方合作沟通以实现减排目标，粤港低碳经济的发展取得了一些成效。

第一，提高了可再生能源利用率。粤港低碳能源政策的实施，促进了可再生能源的发展，广东发展的可再生能源主要有太阳能、风能、地热能和生物能，这些能源在粤港两地的利用率都得到了一定程度的提高。双方已开始积极展开在载重汽车减排、智能电网、碳捕集利用和封存、温室气体数据及建筑和工业能效等领域的紧密合作。

第二，提升了低碳产品研发能力和购买力。由于粤港两地政府对低碳产品生产和研发的企业给予一定的补助和政策支持，很多企业都开始投入到低碳产品的研发中，例如，以节能汽车产业为例，香港政府提倡使用电动车、混合动力汽车，目前已形成产业化，推动着汽车行业朝着低碳化方向发展。

第三，促进了低碳城市的建设。“低碳绿色城市”政策的实施，推动了香港低碳城市的发展。广东的每个城市都积极进行节能减排的工作。以深圳为例，深圳建立了前海中心区、蛇口工业区和光明、坪山新区这三大低碳实践区，既各具特色，又有较大的提升空间，有利于综合而系统地推进低碳理念、低碳技术、低碳产业在区域内的全方位发展。

第四，促进了碳金融的发展。虽然在碳金融的发展中，还存在很多不确定性和困难，但是碳金融的发展是大势所趋。广东和香港已经建立了碳交易市场，进一步加快了碳金融的发展进程。

第五，提高了人民的低碳意识。随着粤港两地政府和企业对低碳经济的宣传，低碳经济的概念越来越深入人心，人民节能意识也逐步提高，居民想方设法在生活中节约能源。例如，香港和广东的大部分家庭在家安装了太阳能发电装置，以减少化石能源的使用，人们都提倡“绿色出行”等。

（二）粤港低碳经济协作发展对珠三角经济发挥的作用

珠江三角洲是我国最重要、最具发展活力和发展潜质的经济区之一，也是亚太乃至全球经济增长最快、现代制造业竞争力较强的地区之一，但是珠三角对外开放 30 多年来的经济发展，遵循的是“高碳经济”发展模式，即高能耗、高排放、高污染；低效能、低效率、低效益。破解上述难题的唯一出路是转变珠三角对外开放的路径，由“高碳经济”型对外开放转向低碳经济型对外开放，总结推广粤港两地发展低碳经济的经验，进而引导珠三角经济走低碳经济发展之路。

1. 产业转移到生态化发展

目前珠三角面临经济进一步转型和升级问题，粤港澳的合作也面临从经济特区向“粤港澳特别合作区”转型，建立资源节约的生产体系、环境友好的生活方式以及和谐的社会民生，不仅是珠三角生态化发展的开始，也是珠三角未来在资源约束下对可持续发展路径的探索。因此，珠三角应以发展低碳经济为目标，形成“产业升级”“双转移”“循环经济”和“环境保护”等发展的新规划与战略格局。

2. 重点抓好节能减排，发展珠三角低碳经济

珠三角地区制造业企业较多，面对全球经济发展的新趋向——绿色环保低碳的路径，企业的机会和挑战并存。企业需要采取实质的低碳行动，减少产品生产及企业管理过程中的碳排放，要达到全球供应链的采购标准，在今后的进出口贸易规则中企业需要面对更多、更严格的碳管理要求。

在政府方面，要切实把二氧化碳排放纳入经济社会发展规划，并作为约束性指标加以考核。政府应鼓励企业重点发展先进生产技术、替代技术、减量技术及废旧资源利用技术、“零排放”技术等，还应对低碳交通进行研究，通过粤港澳区域协作，提高全民的碳意识，合理利用资源，提高交通运行效率，推进大珠三角地区产业的低碳发展。

粤港低碳技术共享专利池构建研究

何　隽*

摘要：通过对低碳技术和绿色专利的研究，指出绿色专利在专利许可制度上的创新性。依据对粤港低碳技术及其发展态势的分析，进而对粤港低碳专利池构建提出建议。第一，在粤港企业间构建低碳技术共享专利池，即通过分享创新技术和解决方案来支持企业的可持续发展以达成共同利益；第二，通过政府收购或出资的方式形成有利的许可环境，即由政府采购部分或全部买断某些低碳技术专利权，构建公益性共享专利池对相关技术加以推广使用。

关键词：低碳技术　绿色专利　专利池　粤港地区

一　低碳技术与绿色专利

随着环境问题日益凸显，“低碳”已成为全球最受关注的议题之一，低碳技术、低碳经济的热潮也随之而来。在联合国环境规划署、联合国开发计划署和世界知识产权组织等多个国际组织的官方文件中已频繁出现低碳技术（Low - carbon Technology）这一个概念。与此相关的概念还有很多，2009 年 6 月世界贸易组织和联合国环境规划署首度联合发布《贸易与气候变化报告》①，分析了应对气候变化的多边努力及各国应对气候变化的政策和贸易措施。该报告指出，气候友好型技术的创新、转让和广泛使用将成为全球应对气候变化挑战行动的中心。这里所说的气候友好型技术（Cli-

* 何隽，清华大学深圳研究生院讲师，博士。

① Trade and Climate Change: Report by the United Nations Environment Programme and the World Trade Organization, UNEP and WTO, 2009.

mate－friendly Technology）即涵盖了低碳技术。

近些年，常常与低碳技术一同出现的另一个概念是绿色技术（Green Technology）。根据2009年2月联合国环境规划署和全球部长级环境论坛的文件，绿色经济优先部门包括：清洁和可再生能源技术领域、生物多样性行业（涵盖农业、林业、海产和生态旅游等）、生态基础设施（包括自然保护区）、废物处理和回收行业、低碳城市、低碳建筑物和低碳运输等领域。[①] 因此，绿色技术涵盖了清洁能源、可替代能源、废物回收、水净化、污水处理、环境治理、固体废物管理、节能技术、可再生能源及减排等多个领域。两者比较，可以看出低碳技术是绿色技术的重要部分。绿色技术是为了保护自然生态和资源而对环境科学的应用，以消除人类参与导致的负面影响，其目标是确保环境的可持续发展。低碳技术的根本目标是减少碳排放，属于环境无害技术（Environmentally Sound Technology），其目标与绿色技术确保环境可持续发展的目标是完全一致的。

低碳技术可以分为三类：第一类是减碳技术，指高能耗、高排放领域的节能减排技术，即节约能源、降低能源消耗、减少污染物排放的技术，包括煤的清洁高效利用、油气资源和煤层气的勘探开发技术等。第二类是无碳技术，即新能源或可替代能源技术，指对核能、太阳能、风能、生物质能等可再生能源进行开采和利用的技术。第三类是去碳技术，即碳捕捉和存储技术（CCS技术），该技术将二氧化碳分离并将其输送、压缩并密闭封存到地下，以免二氧化碳进入大气产生温室效应。

为了减少碳排放，《联合国气候变化框架公约》及《京都议定书》创建了全球碳市场和新的相关国际机制，积极推动各国的国家政策出台。但是，如果没有大量的针对性投资和低碳技术的及时转让及推广，将很难实现大规模的减排。因此，低碳技术的有效利用机制对于实现减排目标将起到关键作用。专利制度不仅对技术创新具有激励作用和保障作用，同时也是技术成果商业化的制度保障。针对包括低碳技术在内的绿色技术，目前世界知识产权组织和世界主要谋求在环境保护领域做出创新的国家（如美国、欧洲多国、中国、日本和韩国等）正在探索建立一套绿色专利（Green Pa-

① Twenty－third Session of Governing Council of the United Nations Environment Programme / Global Ministerial Environment Forum, Nairobi, 21 － 25 February 2005. 载联合国环境规划署官方网站，http：//www. unep. org/GC/GC23/（最后访问时间：2014－10－28）。

tent）制度。

二 绿色专利许可的新探索

绿色专利以发明为主，在专利权的授予条件、保护期限、权利内容和侵权判定上与普通专利并无两样，特殊性主要体现在专利申请授权的程序以及专利技术的许可制度上。为了解决专利申请中常见的审查和授权程序复杂、耗时漫长的问题，保证绿色技术的开发者及早获得专利，加速环保产品和服务的上市时间，多个国家已针对绿色专利设计了特别的申请程序。例如，英国于2009年起，对于绿色技术可以申请加速审查，进入所谓绿色通道，这样平均耗时2~3年的专利申请，最快只需9个月即可获得授权。韩国根据新修改的《专利法》，从2009年起对绿色技术专利申请的处理速度最高能提速1.5~3倍。美国于2006年开始适用新的加速审查程序，涵盖对改善环境质量、节约能源及开发可替代能源有影响的技术，根据这项程序在12个月内完成专利申请审查，周期同以往相比可最多缩短四分之三。[①]

我国从2012年8月1日起施行《发明专利申请优先审查管理办法》，为绿色技术的专利申请建立了一条专利审批快速通道，对于涉及节能环保、新能源、新能源汽车等技术领域，以及涉及低碳技术、节约资源等有助于绿色发展的专利申请，符合条件的可予以优先审查，自优先审查请求获得同意之日起一年内结案。这样就大大加快了绿色专利申请的审批程序。

多年来，知识产权学界一直存在这样的争论，即知识产权，特别是专利的保护，究竟是妨碍还是促进了技术转让。专利保护越强，竞争者从该专利权包含的信息中获得的利益就越少，因为它们能够从中利用的可能性越小。它们在对该专利进行周边发明时将面临更大的困难与更高的成本，在侵犯专利权的诉讼中面临败诉的概率更大，一旦败诉面临的是更严厉的制裁。[②] 知识财产权是一种奖励，或者更精确地说，是在市场中获得某种奖励的机会。这种奖励可以激励个人去生产有益于社会的新信息。但是，由

① 有关绿色专利审查程序改革的详细论述，参见何隽著《从绿色技术到绿色专利——是否需要一套因应气候变化的特殊专利制度？》，《知识产权》2010年第1期，第38~39页。

② ［美］兰德斯、波斯纳：《知识产权的经济结构》，金海军译，北京大学出版社，2005，第380~381页。

于知识财产的持有人被赋予限制他人接触这些信息的权利，因此，这种特别鼓励生产的保护同时又阻碍了实施保护的目标，即阻碍了知识的传播。这就构成了知识财产权经济学中一个自相矛盾的问题。①

由于专利权而导致技术垄断，产生过高的交易成本，成为投资者和生产者市场准入的障碍，并可能对后续技术创新产生威胁。为了解决绿色专利许可中遇到的问题，特别是针对专利授权中许可费用过高、实施条件复杂的问题，目前一些具有远见和探索精神的公司在这个领域进行了共享专利和开放专利的尝试。

（一）专利共享

2008 年 1 月，IBM 公司与世界可持续发展工商理事会合作，协同多家公司设立了“生态专利共享计划”（Eco - Patent Commons），首次向公共领域开放了数十项环保专利。该共享计划旨在促进环保技术的利用、实施和后续开发；提供技术分享的轻松平台；并鼓励企业间对环保技术方案的合作利用和开发。截至 2013 年 10 月全球 11 家代表不同行业的公司已经加入该专利共享计划，包括博世、陶氏化学、富士施乐、惠普、诺基亚、理光、索尼和施乐公司等，开放的专利约 100 项，这些专利主要是直接解决环境问题或具有环境效益的制造业或商业领域方案。②

“生态专利共享计划”向全球所有企业或组织开放，不区分行业，只要其提供的专利能够提供环境效益；同时，共享计划中的专利对所有人开放，任何企业或组织都可以无偿使用这些专利。这就意味着“生态专利共享计划”提供了一个全球任何组织和个人自由加入、自由分享、自由使用相关专利的平台。在某种程度上“生态专利共享计划”承袭了“知识共享计划”（Creative Commons）的自由传播理念。“知识共享计划”提供了一个创作者共享作品并据此创作的平台；“生态专利共享计划”则提供了一个独特的绿色专利许可和使用的平台。

（二）专利开放

在专利共享的基础上，新能源汽车领域又出现了专利开放的新的动向。

---

① 〔澳〕德霍斯：《知识财产法的哲学》，周林译，商务印书馆，2008，第 134 页。

② 参见 http://ecopatentcommons.org（最后访问时间：2014 - 10 - 28）。

2014 年 6 月，全球最著名的电动汽车设计和制造商特斯拉宣布将开放其专利技术，即对于那些使用其专利技术的公司，特斯拉不会发起专利侵权诉讼。特斯拉宣布开放的专利中就包括了电池动力系统专利及电池系统与汽车其余部分如何整合的专利，这些专利帮助特斯拉率先降低了电池成本，增加了电池的安全性，提高了电池的充电速度。也就是说，这些专利都是特斯拉的竞争优势，主动开放这些专利就等于将自己的竞争优势拱手让给了竞争对手，这种做法完全突破了以往对公司研发和获取专利的初衷，即以专利为对手设置障碍并提高自身竞争力。

但是，特斯拉的经营者反其道而行之，他们认为开放专利将构建一个全球电动汽车的通用的技术平台，只有这样才能使电动汽车制造商围绕一个开放的、共同的标准进行开发，突破原有市场规模的限制；同时由于可以免费使用其专利，这样将便于创建共同的基建标准，还能给自身带来更多的重量级合作伙伴。[①] 从这个角度说，现阶段特斯拉将自己的竞争对手定位为占市场绝大多数份额的传统的汽油汽车制造商，而不是其他电动汽车制造商。这种以开放专利，换取共同做大市场份额的做法，不仅是特斯拉的一种市场竞争策略，也包含了某种企业对社会的责任感。

三 粤港低碳技术及发展态势

根据研究人员对全球低碳专利发展态势的分析[②]：1990～2009 年全球低碳专利约有专利 11 万余件，其中太阳能、先进交通工具、建筑和工业节能相关技术领域的专利文献量占总检索量的 76%。在我国申请的专利中，建筑、工业节能技术领域申请的专利占有较大比重，与世界低碳技术专利申请分布相比，先进交通工具技术领域申请量偏少。

2010 年我国将新能源汽车产业确定为战略性新兴产业重点发展方向之一，这种情况随着有了明显改善。全球范围内，日本、美国在新能源汽车各技术领域专利申请量均占据前两位；中国申请人在刺激政策的作用下奋

---

① 参见华尔街见闻：《特斯拉公开专利背后的秘密》，http://wallstreetcn.com/node/95021（最后访问时间 2014－10－28）；刘彬彬：《特斯拉分享专利的反向思维》，http://auto.qq.com/zt2014/insight21/index.htm（最后访问时间：2014－10－28）。

② 陈可南：《全球低碳技术专利发展态势分析》，《科学观察》2011 年 第 3 期，第 44～50 页。

起直追，截至2011年，在混合动力汽车、纯电动汽车和动力电池这三个领域的全球原创申请量（原创申请量是指按专利申请的首次申请来源国统计的专利申请数量，是反映一国在该领域研发实力的重要参考指标），中国已进入全球前五名。这三个领域也正是广东在新能源汽车产业中的优势技术领域，从国内申请来看，在混合动力汽车领域，广东239件，位居第一，占该领域国内申请量的12%；纯电动汽车领域，广东426件，位居第三，占国内申请量的11%。；动力电池领域，广东456件，位居第一，占国内申请量的18%。[①]

根据《战略性新兴产业发明专利统计分析总报告》，2012年，节能环保产业发明专利授权量：广东989件（全国第三）、香港22件；新能源产业发明专利授权量广东269件（全国第三）、香港14件；新能源汽车产业发明专利授权量广东124件（全国第一）、香港3件（见表1）。[②] 其中，节能环保产业包括高效节能产业、先进环保产业和资源循环利用产业；新能源产业包括核电产业、风能产业、太阳能产业、生物质能及其他新能源产业和智能电网产业；新能源汽车产业包括新能源汽车整车制造、新能源汽车装配、配件制作和新能源汽车相关设施及服务。从全国范围来看，北京、广东、江苏在战略新兴产业发明专利领域居全国领先地位。[③]

表1 2011～2012年七大战略性新兴产业粤港发明专利授权量

单位：件

年份	地区	节能环保	新一代信息技术	生物	高端设备制造	新能源	新材料	新材料新能源汽车
2011年	广东	679	3218	779	213	153	562	63
	香港	11	39	25	6	2	0	0
2012年	广东	989	3232	1060	222	269	864	124
	香港	22	64	31	5	14	0	3

资料来源：《战略性新兴产业发明专利统计分析总报告》，2013。

① 国家知识产权局规划发展司：《新能源汽车产业专利态势分析报告》，《专利统计简报》2011年第18期。

② 国家知识产权局规划发展司、中国专利技术开发公司：《战略性新兴产业发明专利统计分析总报告》，2013，第32页。

③《战略性新兴产业发明专利统计分析总报告》，2013，第1页。

2010年7月，国家发改委启动首批包括广东、深圳在内的5省8市“国家低碳省和低碳城市试点”，试点省和市需要将应对气候变化工作全面纳入本地区“十二五”规划中；制定支持低碳绿色发展的配套政策；加快建立以低碳排放为特征的产业体系；建立温室气体排放数据统计和管理体系；积极倡导低碳绿色生活方式和消费模式。特别是针对建立以低碳排放为特征的产业体系，试点地区要结合当地产业特色和发展战略，加快低碳技术创新，推进低碳技术研发、示范和产业化，积极运用低碳技术改造提升传统产业，加快发展低碳建筑、低碳交通，培育壮大节能环保、新能源等战略性新兴产业。同时要密切跟踪低碳领域技术进步最新进展，积极推动技术引进消化吸收再创新或与国外的联合研发。①

广东省对于以应对气候变化工作引领产业结构调整、节能减碳、可再生能源发展、生态保护建设等工作有明确的目标和清晰的工作路线图。根据《广东省应对气候变化“十二五”规划》②，到2015年，单位生产总值二氧化碳排放比2010年降低19.5%，初步建立应对气候变化的体制机制，应对气候变化理念成为全社会的广泛共识，减缓和适应气候变化工作取得显著成效（见表2）。到2020年，努力实现全省单位生产总值二氧化碳排放比2005年降低45%以上。基本建立应对气候变化的体制机制，低碳生产、生活方式成为全社会的自觉行动，生态环境得到显著改善。

结合产业发展重大技术需求，构建与国际接轨的应对气候变化的科技支撑体系是《广东省应对气候变化“十二五”规划》的重要特点。控制温室气体排放，涉及大量的低碳技术，包括低碳建筑技术、智能化物联网技术、推广精准耕作技术、富氧燃烧技术、有色金属冶炼短流程生产工艺技术等。因此，需要加快研发重点领域适应气候变化技术；加强政产学研有效结合，支持企业、高校、科研院所建立应对气候变化技术创新平台，推进重要关键技术的示范应用。

---

① 国家发展改革委：《国家发展改革委关于开展低碳省区和低碳城市试点工作的通知》（发改气候〔2010〕1587号），2010年7月19日。

② 广东省发展改革委：《广东省应对气候变化“十二五”规划》（粤发改资环〔2014〕54号），2014年1月26日。

表 2 广东省“十二五”应对气候变化主要指标表

类别	指标		2010 年	2015 年
减缓气候变化	低碳约束	单位生产总值二氧化碳排放降低（%）		[19.5]
	结构调整	现代服务业增加值占服务业增加值比重（%）	54.8	60
		非化石能源占一次能源消费比重（%）	16.1	20
	节能降耗	单位生产总值能源消耗降低（%）	[16.4]	[18]
		能源消费总量（亿吨标准煤）	2.69	3.4
	低碳建筑	绿色建筑建成面积（万平方米）	326.6	4000
		既有建筑节能改造面积（万平方米）	532	1900
		可再生能源建筑应用面积（万平方米）	1271.66	2000
	低碳交通	城际轨道交通营运里程（公里）		385
		新能源汽车推广应用规模（万辆）		5
	森林碳汇	森林面积（亿亩）	1.55	1.60
		森林蓄积量（亿立方米）	4.32	5.51
		森林覆盖率（%）	57	58

注：[ ] 内为五年累计数。

四 粤港低碳技术共享专利池的构建

在低碳技术领域，广东的专利申请量和授权量均处于国内的领先位置。香港因其特殊的专利制度，其专利只有部分显示在国家知识产权局的统计数据中。香港的专利制度是根据 1997 年 6 月 27 日起施行的《专利条例》而实施的，包括标准专利（Standard Patents）和短期专利（Short - term Patents）两种。如果要获得香港的标准专利，申请人必须首先通过中国国家知识产权局、欧洲专利局（指定英国专利局）或英国专利局的实质审查并获得授权，才可以在香港注册，从而获得 20 年专利期保护。短期专利则可以直接在香港提出专利申请，无须经过实质审查，获得 8 年专利期保护。在实践中，由于只有经过实质审查的专利申请，才能获得符合国际通行标准的相对稳定和长期的专利保护，所以标准专利的申请量远大于短期专利的申请量。短期专利的申请人主要来源于香港本地，适用于对短期产品提供快速和廉价的专利保护。

鉴于香港现有的两种专利类别并不能很好地满足专利申请人的需求，

香港特别行政区政府 2013 年 2 月公布了香港专利制度改革的意向，其中最重要的是在现有的标准专利基础上增加“原授专利”（Original Grant Patent）。[①] 计划引入的原授专利制度，允许申请人直接向香港知识产权署提出申请，而无须首先向另一个专利局提出申请，由知识产权署处理实质审查（包括由该署自行审查或者委托给其他专利机构进行审查），根据实质审查的结果进而决定是否授予专利权。这样就可以鼓励和便于在港专利申请，以简便和优化的方式，使申请人在香港获得具有国际水平的专利保护。[②]

根据香港知识产权署的报告，2010 年，香港共递交 11702 件专利申请，其中 56.9% 指定局为中国国家知识产权局（欧洲专利局 41.3%，英国专利局 1.8%），同年被授权的标准专利 5353 件，其中 65.4% 基于中国国家知识产权局的实质审查（欧洲专利局 32.2%，英国专利局 2.4%）。[③] 这就意味着中国国家知识产权局发明专利授权数据库中检索到的香港的原创专利约占香港全部专利总数的 60%，并不是香港原创专利的全部。因此，如果粤港地区在低碳技术领域构建低碳专利共享专利池，其中涵盖的将不仅有中国专利局的专利，还包括欧洲专利局和英国专利局授权的专利。

（一）构建企业间低碳专利共享专利池

作为全球经济最有活力的地区之一，珠三角地区企业在知识产权管理和保护方面一直具有创新性。因此，建议在粤港企业间构建一个独特的绿色专利许可和使用模式，即通过分享创新技术和解决方案来支持企业的可持续发展，使企业获得与众不同的领导力，也为企业和其他实体提供一个机会，使其能够达成共同利益，在深入开发专利技术方面及其他领域建立新的合作关系。

专利共享计划承认某些专利属于一个公司的珍宝，为该公司提供了战略性的特点或优势。因此，共享计划并不会要求相关公司放弃自己的核心资产。但是，知识和技术的共享能够提供协作和创新的新的沃土，对生态专利的共享能够帮助更多的企业以一种更环保、更可持续性的方式发展，

---

① 《香港专利改革：拟增设“原授专利”制度》，《中国专利与商标》2013 年第 2 期，第 67 页。

② 姜华：《香港未来可望引入“原授专利”制度》，《中国专利与商标》2014 年第 1 期，第 84～85 页。

③ Commerce and Economic Development Bureau, Intellectual Property Department: *Review of the Patent System in Hong Kong*, 2011, p. 2.

并且将科技创新与社会创新相结合。[①]

（二）构建政府出资的低碳专利池

粤港政府间的知识产权合作由来已久，广东省、香港特别行政区及澳门特别行政区多个政府部门，包括广东省知识产权局、广东省工商行政管理局、广东省版权局、香港知识产权署及澳门经济局知识产权厅合作开发了“粤港澳知识产权资料库”。在低碳技术领域，可以考虑通过政府收购或出资的方式形成有利的许可环境。

加强粤港知识产权合作，深化粤港在知识产权方面的合作[②]是广东省知识产权战略纲要的重要部署之一。粤港在低碳技术领域的合作，不仅依赖于政策上的支持，还需要不断完善合作机制、拓展合作领域，以提高合作效能、扩大合作影响。因此，建议通过政府采购部分或全部买断某些低碳技术专利权，构建公益性共享专利池对相关技术加以推广使用。出资比例可以交由合作的粤港政府部门根据具体项目的目标规划协议筹措。

在新的发展形势下，广东能否继续成为中国经济的领跑者，如何发展低碳经济是非常关键的因素。美国能源基金会首席执行官兼联合创始人艾瑞克·海茨在接受《南方日报》采访时指出，广东过去的经济增长主要是靠投资拉动，低碳发展恰恰能吸引更多的投资。比如，基础设施低碳化改造就能引发新一轮投资，这些投资又能提升当地经济的增长方式；新的经济发展模式会使生活变得更好，包括更宜居的环境、增加城市的愉悦性等潜在的优势。[③]

低碳发展，将引发新技术的诞生；伴随这些新技术，需要创造全新的技术运营模式。建立粤港低碳技术共享专利池不仅会推动经济发展，同时这种环保、可持续的发展模式能够提供更优质的生活品质，因而更容易吸引人才并激发人的创造力，这些都将进一步刺激粤港经济地带的发展潜力。因此，低碳技术共享专利池的构建不仅能带来经济效益，更具有广泛的社会效益和环境效益。

---

① *The Eco - Patent Commons: A Leadership Opportunity for Global Business to Protect the Planet*, October 2013, p. 2.

② 广东省人民政府：《印发广东省知识产权战略纲要（2007～2020年）的通知》，2007年11月6日。

③ 唐柳雯、吴哲：《广东有机会成为中国低碳领跑者》，《南方日报》2013年7月12日。

深港绿色低碳交通主要措施与经验借鉴

林姚宇　丁　川　王　丹*

摘要：通过解析绿色低碳交通的概念和内涵，揭示绿色低碳交通发展的主要影响因素，分别阐述深圳和香港发展绿色低碳交通的主要措施，梳理深港两地绿色低碳交通发展经验，从深港经验出发讨论了大珠三角区域绿色低碳交通发展中的粤港跨界合作相关问题，期望能够对绿色低碳交通发展经验的传播和区域推广起到一定作用。

关键词：低碳发展　绿色交通体系　深圳　香港　区域合作

一　引言

全球气候变化是21世纪的重要议题，持续增长的不可再生能源消耗和温室气体（Greenhouse gas，GHG）的排放对全球生态环境造成了巨大的威胁，已经严重影响了世界各国和地区的可持续发展。2007年联合国报告中指出，城市消耗了全球能源的75%，更是贡献了达80%的全球温室气体排放量。① 因此，为减少能源消耗和温室气体排放，作为人类生产和生活重要空间载体的城市成为被关注的焦点，努力实现城市的低碳化发展已成为世界众多国家和地区采取的策略。

工业、建筑与交通是城市碳排放的三大主要来源。2009年世界能源组织报告中指出，来自交通领域的碳排放一直处于快速增长阶段，并且占全球因能源消耗产生的二氧化碳总排放量的25%，同时预测这一比例将

---

* 林姚宇、丁川、王丹，哈尔滨工业大学深圳研究生院。

① Lee Chapman. Transport and climate change: a review. Journal of Transport Geography. 2007, 15 (5): 354 - 367.

在2030年和2050年分别达到50%和80%。[①] 2007年美国交通信息部门数据显示，美国交通领域所排放的温室气体达到了全国温室气体总排放量的33%，交通领域所排放的温室气体中高达95%的成分为碳排放。[②] 我国同样面临着交通碳排放不断增长的压力，特别是随着大城市机动车拥有量的持续增加，就业和居住空间分离导致通勤出行距离不断拉长，使得小汽车的二氧化碳排放量持续快速上升，同时也产生了诸如交通拥堵、噪声污染和环境恶化等一系列问题。可以说，无论是发达国家还是发展中国家均面临着严峻的减少交通碳排放的形势，[③] 如何有效减少交通能源消耗和碳排放从而实现绿色低碳交通模式，已成为一个迫切需要加以关注和解决的课题。

当前，已有很多国家通过各种方式来促进城市绿色低碳交通的发展。深港两地也不例外，其对绿色低碳交通发展采取的有益措施以及在探索中积累的宝贵经验值得我国其他地区借鉴。（见图1~图4）

图1　深圳地铁在绿色低碳交通体系中扮演重要角色

① David Jaroszweski，Lee Chapman，Judith Petts. Assessing the potential impact of climate change on transportation：the need for an interdisciplinary approach. Journal of Transport Geography. 2010，18（2）：331－335.

② Elisabeth M. Hamin，Nicole Gurran. Urban form and climate change：balance adaptation and mitigation in the U. S. and Australia. Habitat International. 2009，33（3）：238－245.

③ Felix Creutzig，Dongquan He. Climate change mitigation and co－benefits of feasible transport demand policies in Beijin g. Transportation Research Part D. 2009，14：120－131.

图 2　深圳推广新能源汽车量居于全球城市首位

图 3　香港地铁的高效运转以及同其他绿色出行工具的换乘效率备受世人瞩目

二　绿色低碳交通的内涵及影响因素解析

"绿色低碳交通"这一概念是在低碳发展与绿色交通二者基础上形成的。一方面，为应对全球气候变化，转变高耗能、高排放、高污染的粗放

图4 香港自行车专用道成为绿色低碳慢行体系的重要组成

式发展方式，低碳发展模式应运而生，逐渐得到世界各国和地区的重视，并初步达成共识。另一方面，绿色交通作为一种以降低能源消耗、减少交通拥挤、促进环境友好、节省建设维护费用为目标的发展理念也逐步被广泛接受。

在上述背景下，绿色低碳交通作为一种新型的综合交通发展模式应运而生，对当代城市的可持续发展有着重要的积极影响。绿色低碳交通体系的建设是一个系统工程，从交通出行方式与工具看，主要包括地铁、常规公交、现代有轨电车、快速公交系统（Bus Rapid Transit，BRT）、新交通系统（Automated Guideway Transit，AGT）、导向轨道系统、慢行方式（步行、自行车）等。构建一个绿色低碳交通体系是缓解能源危机和环境污染、降低温室气体排放和应对全球气候变化的重要工作内容之一，也是最终实现交通领域低碳变革、推进经济社会低碳化发展、构建绿色低碳城市的有效途径。

概括来讲，绿色低碳交通模式的本质是以最小的资源投入、最小的环境代价来满足合理交通需求的城市可持续发展的交通模式。关于绿色低碳交通模式发展的影响因素，可以从降低交通需求总量、减少道路网络内机动车数量、改善机动化交通运行状况、改变机动车单车排放水平，以及改变出行者的交通行为特征等五个角度来认识（见图5）。

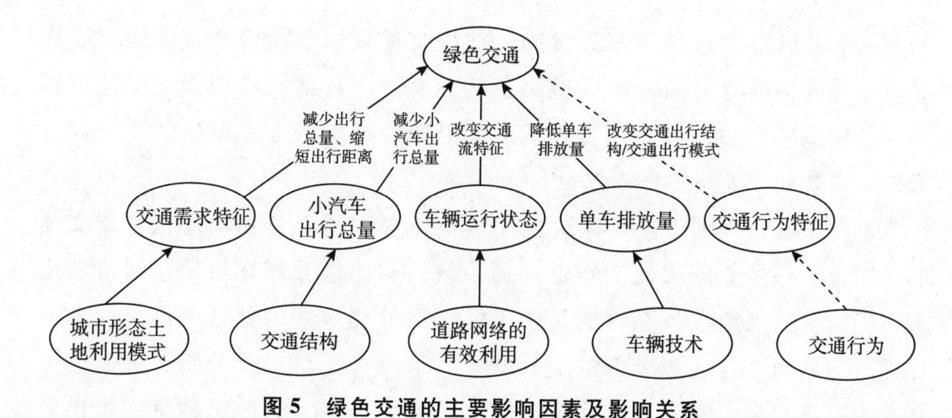

图 5　绿色交通的主要影响因素及影响关系

资料来源：陆化普《城市绿色交通的实现途径》，《城市交通》2009 年第 6 期，第 23 ~ 27 页。

城市形态和土地使用模式将会影响城市交通需求总量、时空分布特点、交通出行距离等特性，是影响绿色低碳交通的第一因素。合理的城市形态和土地使用模式能够减少交通需求总量以及改变交通需求的若干特性，实现减少交通碳排放总量的目的。当城市交通需求总量一定时，通过优先发展城市公共交通、提高公共交通出行分担率、减少道路上的机动车总量，进而实现减少小汽车尾气排放的目的。建立合理的道路网络结构，并通过科学的交通管理，实现交通畅通有序的良好运行状态，减少怠速、低速、走走停停等不良工况，实现有效利用能源进而减少小汽车尾气排放的目的。通过提高车辆技术、制定严格的排放标准，实现降低小汽车单车排放量的目的。城市居民的认识和交通行为是保证实现绿色低碳交通目标的重要基础条件，因此，不断提高居民的环保意识，促进城市居民利用公共交通、自行车和步行方式出行，是实现绿色低碳交通的基础保障。

三　深圳发展绿色低碳交通的主要措施

（一）概述

截至 2010 年年底，深圳机动车保有量突破 170 万辆，汽车密度居全国第一。随着机动车保有量的持续快速增长，汽车尾气已成为深圳空气污染的最大污染源，给城市居民生产、生活和身心健康带来巨大影响。目前，深圳已被确定为全国低碳交通运输体系建设试点，正积极开展绿色交通规划，从加强城市公共交通基础设施、加快交通领域节能降耗技术研发、提高汽车排放标准等方面推动区域绿色交通发展。目前，深圳确立了技术减碳、结构减碳、制度减碳、管理减碳、消费者减碳等五大策略，系统推进低碳、高效的交通运输体系建设。

举例来看，深圳市盐田区绿色交通整体规划就十分强调绿色低碳交通的新理念：一是低碳快捷的轨道交通系统，构建区域城际轨道、城市轨道和中等运量三级衔接体系。二是便于慢生活的悠闲式内部公交网络，方便片区内部之间、片区与外部的交通联系，形成大运量骨干公交、社区巴士和穿梭巴士三级公交网络。三是设置步行专用道路，为居民和游客提供安全、便捷、优美、舒适的步行环境，构建宜人的骑行空间，建设公共自行车体系，差异化设置城旅两类自行车道系统。四是发展海上公共交通系统，可以有效分流地区陆路旅游交通压力。

近年来深圳市通过开展《光明新城绿色城市规划建设标准研究》，探索城市绿色交通实现途径和规划标准。研究表明，发展绿色交通应从宏观、中观及微观三个层面来实现。在宏观层面研究绿色交通发展战略，依托整体交通发展规划等上层次规划；中观层面研究从规划控制层面具体落实绿色交通理念，依托绿色交通规划导则；微观层面研究各类绿色交通设施的具体设计，主要依托各类交通设计规范（见图6）。

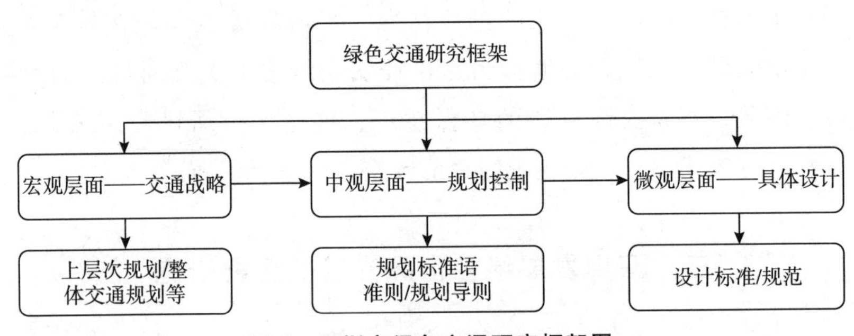

图6　深圳市绿色交通研究框架图

深圳已经在整体交通规划层面落实了绿色交通理念，目前正尝试在中观层面进行绿色交通规划导则的探索（见图7）。主要是按照梳理的绿色交通实现路径进行分类。以城市慢行交通为例，主要落实“城市单元”理念，关注慢行便捷性和舒适性（见图8），从限定各类慢行接驳换乘距离（见图9）等五个方面进行落实。

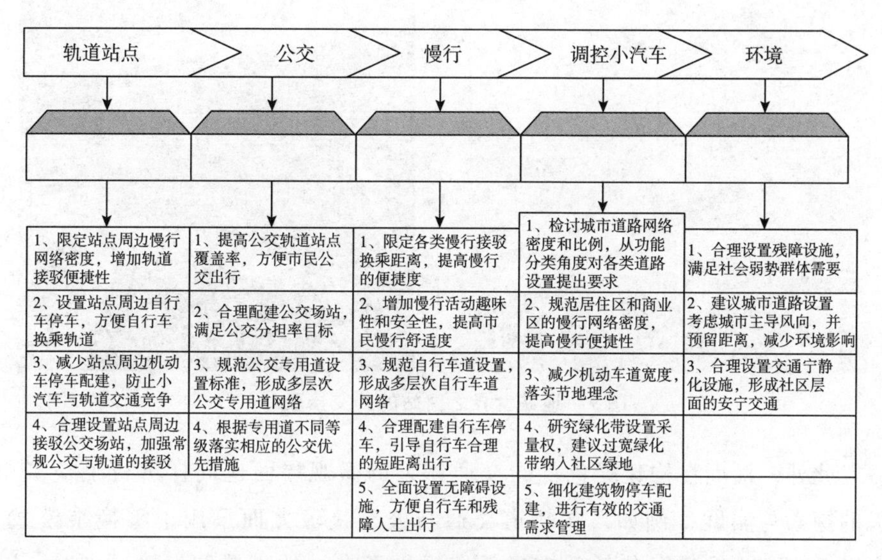

轨道站点	公交	慢行	调控小汽车	环境
1、限定站点周边慢行网络密度，增加轨道接驳便捷性	1、提高公交轨道站点覆盖率，方便市民公交出行	1、限定各类慢行接驳换乘距离，提高慢行的便捷度	1、检讨城市道路网络密度和比例，从功能分类角度对各类道路设置提出要求	1、合理设置残障设施，满足社会弱势群体需要
2、设置站点周边自行车停车，方便自行车换乘轨道	2、合理配建公交场站，满足公交分担率目标	2、增加慢行活动趣味性和安全性，提高市民慢行舒适度	2、规范居住区和商业区的慢行网络密度，提高慢行便捷性	2、建议城市道路设置考虑城市主导风向，并预留距离，减少环境影响
3、减少站点周边机动车停车配建，防止小汽车与轨道交通竞争	3、规范公交专用道设置标准，形成多层次公交专用道网络	3、规范自行车道设置，形成多层次自行车道网络	3、减少机动车道宽度，落实节地理念	3、合理设置交通宁静化设施，形成社区层面的安宁交通
4、合理设置站点周边接驳公交场站，加强常规公交与轨道的接驳	4、根据专用道不同等级落实相应的公交优先措施	4、合理配建自行车停车，引导自行车合理的短距离出行	4、研究绿化带设置采量权，建议过宽绿化带纳入社区绿地	
		5、全面设置无障碍设施，方便自行车和残障人士出行	5、细化建筑物停车配建，进行有效的交通需求管理	

图 7　深圳市绿色交通规划导则

图 8　深圳彩色自行车专用道和步行慢行道系统

图 9　地铁世界之窗站的公交接驳站

此外，深圳在构建绿色低碳交通体系的微观层面也同样进行了很多积极的探索与实践，例如，在轨道交通与公交接驳方面采用了零换乘模式，在微循环中为构建绿色低碳交通系统提供了有力的支撑和保障。同时，以构建绿色低碳交通体系和多类型交通方式换乘为依托，形成了许多城市绿色低碳交通节点区域，在满足城市交通基础设施建设的前提下也带动了城市的良性开发。例如，深圳前海地铁车辆段周边地区的开发中，围绕综合交通体系构建、绿色低碳交通方式接驳等打造了一个很好的示范案例（见图 10）。

（二）深圳采取的主要措施

1. 构建完善的公共交通体系

深圳推行城市公交行业特许经营改革，形成了三家公交特许经营企业专营全市公交业务的格局，加快推进了“快速公交——干线公交——支线公交”三层次公交网络模式。大幅提高了公交 500 米覆盖率，目前原特区达到了 100%，原特区外达到 80%，全市“以轨道交通为骨架、常规公交为网络、出租汽车为补充、慢行交通为延伸”的公交体系初步形成。公交客流方面，由 2005 年的 12.56 亿人次/年增长到 2010 年的 19.42 亿人次/年，年均增长 9.1%。至 2010 年，常规公交占机动化出行比例为 35.2%。

深圳市综合交通规划就鼓励公共交通的低碳出行理念：一是低碳快捷的轨道交通系统，构建区域城际轨道、城市轨道和中等运量三级衔接体系。二是便于慢生活的悠闲式内部公交网络，方便片区内部之间、片区与外部

图 10 深圳前海地铁车辆段方案

的交通联系，形成大运量骨干公交、社区巴士和穿梭巴士三级公交网络。三是构建宜人的骑行空间，建设公共自行车体系，差异化设置城旅两类自行车道系统。四是建设便捷、舒适的滨海栈道系统，为居民和游客提供安全、便捷、优美、舒适的步行环境。五是发展海上公共交通系统，可以有效分流地区陆路旅游交通压力。

2. 示范推广新能源汽车

深圳市利用国家开展节能减排财政政策综合示范试点的机会，发挥先锋城市示范引领作用，促进深圳市新能源汽车的推广应用，形成依托技术进步降低交通碳排放的基本框架。深圳市研究制定了提高新能源汽车购置补贴上限，扩大补贴范围，增强消费者信心，大幅提升销量；通过建立完善的新能源公交车考核体系和激励机制，以及更新和新增公交车原则上只能使用新能源汽车等措施，促进新能源公交车的推广和使用；通过政策引导，鼓励出租车经营企业在新增和更新出租车时采用纯电动出租车，实现新能源出租车推广目标。2012 ~ 2014 年，深圳市推广纯电动新能源公交车 4000 辆、新能源乘用车 30000 辆和纯电动出租车 2200 辆，使深圳市新能源汽车推广规模数量继续保持全国领先地位，成为全国乃至全球新能源汽车推广应用先导城市。

3. 配套基础设施网络化建设

为满足新能源公交车、私家车、公务车、出租车、教练车等车辆的充电需要，按照统一规划，分步实施的原则，深圳市大力推进新能源汽车配套基础设施建设。通过统一规划，构建充电设施网络化布局；通过合理配置，建立全市快速、中速、慢速充电体系；通过改造和新建，形成多层次充电架构；通过引导社会资本，加快新能源汽车维修和保养体系建设；通过公交场站管理的体制改革，加快公交场站（公交充电站）建设；应该从政府管理的公共道路入手，建设具有新能源汽车充电计费/停车计费功能的复合型路边充电设施。在主要住宅区和社会公共停车场，配套慢速充电桩；在大型商场、酒店、医院、公园等场所建设中速充电桩；在机场、交通枢纽、公交场站、体育场等场所建设公共快速充电站。

4. 实施低碳交通工程

根据《交通运输节能减排专项资金管理暂行办法》（财建［2011］374号），专项资金重点用于支持公路、水路交通运输行业推广应用节能减排新机制、新技术、新工艺、新产品的开发和应用。在道路基础设施建设和养护领域，大力推广旧水泥混凝土的回收利用，推进沥青面层再生利用项目，推广温拌沥青技术节能技术。这些技术已在北环大道、深南大道路面修缮及交通改善工程等交通基础设施建设项目中应用，在未来路网建设中继续加大运用此类新技术推动道路基础设施领域节能减排。2012～2014年，深圳完成EMC隧道照明节能改造工程、地铁罗宝线一期工程车站节能改造、低噪声透水沥青路面及温拌沥青混合料路面技术应用、雨水收集灌溉利用、低冲击开发模式（LID）在南坪三期工程设计中的应用等项目建设。

5. 实施低碳型交通组织管理

为改善交通出行环境，一方面，深圳市积极推进运输的信息化和智能化建设，加快现代信息技术在运输领域的研发应用，逐步实现智能化、数字化管理。深圳市提出加快推进智能交通建设，着力建设高效低碳的智能交通系统，以信息化、智能化引领交通运输行业现代化、国际化、一体化，促进行业高效运作，提高运输效率，减少能源消耗和碳排放。另一方面，加快区域和城市各类交通基础设施一体化建设，加大优先发展公共交通力度，改善步行和自行车出行环境，引导机动车合理使用，提升交通运行管理和安全管理水平，减少交通能耗和污染，为城市的运行提供可持续的交通支撑。同时，深圳市提出建设物流公共信息平台，充分利用物联网、云计算等技术手段，结合智能交通系统建设，依据先进性、开放性、实用性和安全性原则，改造提升公共物流信息平台，强化信息资源整合与共享，促进物流资源优化配置，提升物流服务整体水平。

四 香港发展绿色低碳交通的主要措施

（一）概述

香港是世界大城市气候领导联盟（Large Cities Climate Leadership Group，简称 C40 或 C40 Cities）成员，[①] 在发展绿色低碳交通方面有很多经验值得其他城市借鉴。香港是世界上道路交通最繁忙的城市之一，其道路使用率之高位居世界前列。然而，如此繁忙的交通系统，却处处显示出低碳、环保的意识和理念。香港政府一直致力于推行环境保护工作，秉承“清新空气约章”的信念，采取积极的措施缓解交通系统所产生的空气污染问题，以改善空气质量，确保香港的可持续发展。香港学者黄良会提出，总体而言，渐进式的规划手段、规划以交通先行观念、高效的市场运作机制和一体化的公共交通服务是香港绿色低碳交通发展蕴含的四项关键因素。[②]

谈到具体措施，首先要强调的是，香港在绿色 TOD 发展方面均取得了较大的成功，起到了很好的示范作用。在全球范围内，香港是轨道交通与土地利用良好结合的典范，取得了客流、经济、社会及环境等多重效益，充分发挥利用了轨道沿线的土地效能。

香港自 20 世纪七八十年代开始，在资源紧约束条件下，按照 TOD 模式进行城市用地更新和新城镇建设，沿着轨道进行珠链式开发，进行沿线的用地平衡；围绕轨道站点进行高密度、混合式的用地开发，站点和上盖物

---

① 世界大城市气候领导联盟是一个于 2005 年成立的国际大型城市间组织，旨在加强国际城市协作来共同应对气候变化、加快环境友好型科技和低碳城市的发展。

② 黄良会：《香港公交都市剖析》，中国建筑工业出版社，2014。

业乃至周边物业进行统一开发，并注意采用高度协调的设计，使得轨道车站、公交等各类交通接驳设施、步行系统、道路系统和建筑出入口连成一体，高度融合。香港采用地铁、上盖物业联合开发模式，使得政府、投资商和民众共同受益，达到多赢的目的。采用TOD模式开发的站点周边约需5万~8万居住或就业人口，站点200米半径以内为高强度开发，200~500米为中高强度开发（见图11、图12）。

图11　香港九龙站TOD案例

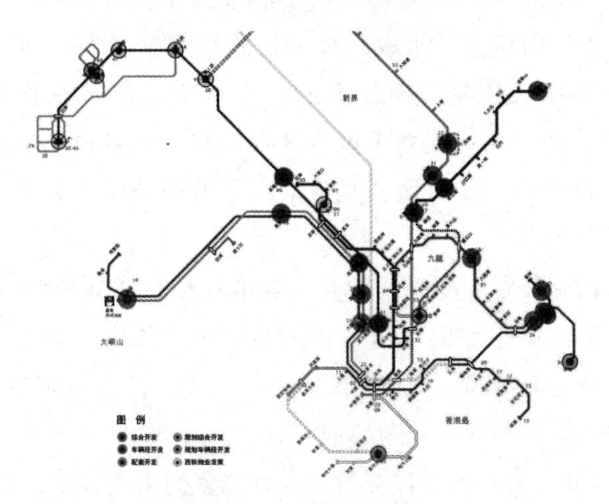

图12　香港地铁上盖物业分布图（含规划）

香港TOD的成功可归结为宏观和微观两方面：在宏观层面，《香港发展策略研究》强调所有的新发展地区都必须以轨道为前提，同时研究不同发展前景下新的轨道项目的必要性、时序安排及其与开发土地的交互作用。全港发展策略、次区域性规划及地区性规划中构建大规模的网络、节点型的城市结构，形成对轨道交通依赖的城市形态和市民生活方式，为轨道交通发展提供强大的客流支持。采用“行政措施+法定权力”混合式的管理方法，坚持“独立审慎的商业运作”模式，公共投资机构与开发商合作，将公共事业不断向市场化运作转变。通过技术规范鼓励车站周边地块的高密度发展，设置住宅发展密度分区，制定不同的最高住用地比率。在微观层面，《城市规划条例》规定在香港城市规划体系的土地分区计划大纲图、法定图则中，对于轨道交通沿线土地利用均结合轨道交通车站及其附属设施用地在规划上设置“综合发展区”（Comprehensive development area, CDA），为轨道交通周边土地的混合、高密度使用创造条件，为地铁物业整合沿线地区发展提供便利。

截至2014年6月底，香港各类公共交通工具（包括铁路、电车、巴士、小型巴士、的士和渡轮）每日载客约1240万人次。铁路是香港公共运输网络的骨干，对满足本港的运输需求十分重要。截至2013年8月底香港的公共运输有约39%是依靠铁路，而来往于香港与内地的陆路客运更有约59%使用铁路。由于铁路是无须占用路面的高速集体运输工具，因此，不但可以为市民提供快捷、可靠和舒适的服务，舒缓道路网的压力，更可避免许多因道路交通造成的环境问题。

整体上看，香港“公交为主、铁路为干”的交通运输系统模式极大地支撑了城市交通的低碳化发展，市民出行90%使用各种公共运输工具，尤其是铁路和专营巴士。同时，香港还十分重视促进城市规划与交通运输规划的互相融合，通过在轨道交通影响范围内的地区进行高密度发展，不仅优化了城市的空间结构、保障了铁路的客流量、提高了土地及集体运输系统的经济效益，也减少了对环境造成的不良影响。香港通过各类措施鼓励发展公共交通，例如，在火车站和地铁站设置P+R停车场，促进公共交通的无缝衔接以缩短出行时间，减少尾气排放。再如，香港地铁与公交、出租车、自行车等多种交通方式的接驳方面实现了体系化，为促进绿色低碳交通出行方式提供了空间保障（见图13）。同时，需要着重强调的是，香港对于步行专用道这一绿色低碳交通体系的最基本构成要素的考虑十分充分，着力打造安全、方便的步行网络，取得了全球瞩目的成绩（见图14）。

近年来，香港将发展绿色交通作为树立香港国际地位和竞争力的新起点，其中也包含了环保车研发与推广、发展城市快速交通系统、油气回收

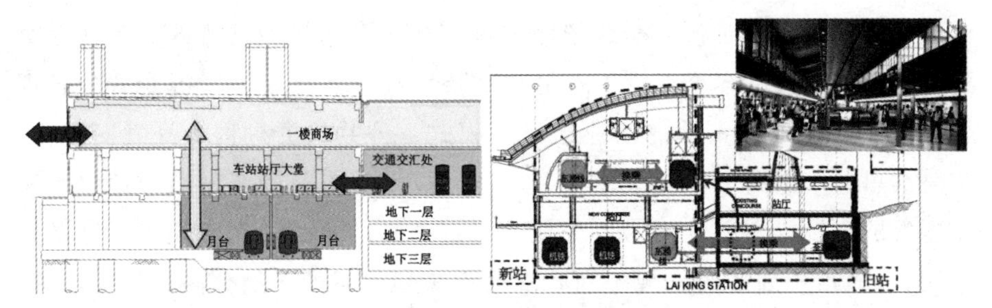

图 13　香港地铁无缝接驳示意图

图 14　香港中环的空中步行系统

综合治理、绿色交通的空间可达性、限制私人小汽车等方面。目前，香港已开始全面推动电动车辆使用。在 2009 年的财政预算案中，财政司司长决定将电动车辆首次登记税豁免政策延长至 2014 年。环境局已率先签署一项有关试行新一代电动车辆的谅解备忘录，使香港成为继日本后，首个试行最新型号电动车辆的亚洲地区。同时，香港政府积极推动在全港设立车辆电池充电设施，包括研究由政府设立多层停车场充电设施的可行性。此外，由财政司司长领导的一个包括商界、科技界、工业界、城市规划、环保、交通等专业界别的人士的督导委员会已开展工作，深入探讨各种相关的法律规则、配套设施及经济诱因等，积极推动电动车辆在香港的广泛使用。

同时，香港在控制车辆尾气排放和燃料标准方面也取得了很多成绩。世界上车辆排放标准主要有欧盟标准、美国标准和日本标准三种体系，其中以欧盟标准应用较广。欧盟Ⅳ期标准中，柴油中硫含量由350ppm大幅降低至50ppm，与汽油的硫含量相同。与欧Ⅲ标准相比，汽油、柴油硫含量分别相当于原标准的1/3和1/7。为改善空气质量，香港特别行政区政府自1999年开始实施一个全面计划，以减低车辆尾气排放，其中一项措施是与欧盟同步，不断收紧车辆燃料和尾气排放的标准。香港从2006年1月1日起，所有新登记的轻型车辆必须符合欧盟Ⅳ期标准，从2006年10月1日起，所有重量超过3.5吨的新登记车辆必须符合欧Ⅳ排放标准，从2007年1月1日起，所有新登记摩托车必须符合欧Ⅲ排放标准，而柴油私家车的排放标准将收紧至最严格的加州标准。与欧盟Ⅲ期标准的轻型车辆比较，符合欧盟Ⅳ期标准的轻型车辆所排放的污染物约减少50%。香港现在差不多所有出租车都已转用天然气作燃料，黑烟车辆数目也已减少约80%。

此外，香港还采用了“智能运输系统”，完善交通管理，提升道路交通效率。采用环保技术，减少道路交通污染等。

（二）香港采取的主要措施

1. 集约的土地使用与交通政策

为了更好地控制城市土地开发，香港政府谨慎地规划道路交通网络系统，有序引导土地开发方向和速度。控制向市场输送土地时序保证了土地价格的稳健上扬，缓解因为土地的快速开发而导致的交通瓶颈。严格控制和规范土地开发及交通建设是保证城市有序发展的有效手段，这一策略香港政府一直延续至今。土地开发布局为城市提供了交通网络的衔接空间，香港的土地使用布局也左右了交通网络的走向，香港政府在土地开发和交通规划上采取积极干预政策，使得香港的交通网络和土地开发紧密挂钩。土地使用和交通的紧密配合是香港城市规划的一大特色，正是由于该项策略的实施从根源上决定了香港城市的交通需求总量、交通出行分布情况等，奠定了绿色低碳交通出行结构。

2. 坚持不懈的公交优先策略

提高公共交通的出行比例是香港绿色低碳交通发展采取的一贯策略。香港的公共交通包括铁路、专营巴士、山顶缆车、铁路接驳巴士、居民巴士、轮渡、电车、的士以及公共小巴等多种方式。香港居民出行中使用公共交通的比例超过 90%，其中使用铁路、专营巴士的居民所占比例超过 60%，具有如此高的公共交通出行比例得益于香港政府坚持不懈地施行公交优先策略。通过合并、缩短和优化公交线路，调整公交站点以及公交发车班次等，使得公交线路及车辆能够及时满足乘客需求，避免资源重复浪费。同时，一体化公交是香港打造公交都市的基本原则，香港的常规大巴被要求配合地铁发展，香港的小巴也被要求配合大巴的发展并在线路上予以支持，比如，在火车站及地铁车站附近设置“P + R”换乘停车场，便于居民由小汽车出行转换为地铁出行，这样既缩短了居民的出行时间，又可以大量降低小汽车的尾气排放。

3. 严格的机动车与道路交通管理

为了降低小汽车的增长和使用，香港政府制定了灵活的策略和有效的管理手段。强化行动自由的香港社会并不采纳通过行政手段来限制小汽车的使用，而是坚持“用者自付”的杠杆原则，香港政府不限制市民购置小汽车，但是会通过增加小汽车购置税费的方法来调节小汽车的增长速度。香港运输署的不明文规定是保持小汽车的年增长率不超过 3%。另外，减少小汽车拥有量的措施是减少机动车停车空间。香港政府强化交通需求管理，多年来都刻意减少城市中心区的停车设施，该策略在一定程度上“强迫”居民转换公交出行。

香港目前通过推广智能交通运输系统、提供互联网公共服务、开展实时交通咨询以及使用区域交通控制系统，使得广大出行者能从多方面及时了解交通状况，寻找最优出行路径，提高运输网络的效率，缩短居民出行时间和距离，从而减少车辆的能耗和尾气排放。

4. 收紧对车辆废气管制，鼓励采用新能源

香港政府近年来不遗余力地制定管理条例，加强对车辆排放的管制，采取的主要措施：一是所有欧盟前期和欧盟Ⅰ期的巴士车辆已于 2003 年完成加装减少排放尾气的装置，以减少车辆尾气排放。同时，鼓励专营巴士经营商在技术可行的情况下为欧盟Ⅱ、Ⅲ期的巴士进行加装。所有私家车、的士、小巴和特别用途车辆年检时，必须通过烟雾测试或费用排放测试。香港政府从 2011 年开始执行《汽车引擎空转（定额罚款）条例》（香港法律第 611 章），规定驾驶员停车等候时必须关闭引擎以减少车辆尾气排放。

香港出租车中已完成石油气燃料替换，同时在交通便捷的地点设立石油气加气站。由于香港适合提供加气站的地点有限，香港政府已与运营商达成协议，到2018年将加气枪总数增加至500支。香港政府对购置环保汽车，如电动车、汽油和石油气双用车等有首次登记费优惠，鼓励居民选用污染比较少的车辆，政府部门带头选用电动车辆以期起到示范作用。

五　深港两地绿色低碳交通发展经验对珠三角城市发展的启示

香港和深圳在绿色低碳交通的发展模式上均具有明确的宏观层面的发展方向、中观层面的发展方式，从微观角度采取有效的发展途径，最终达到绿色低碳交通的发展目标（见图15）。

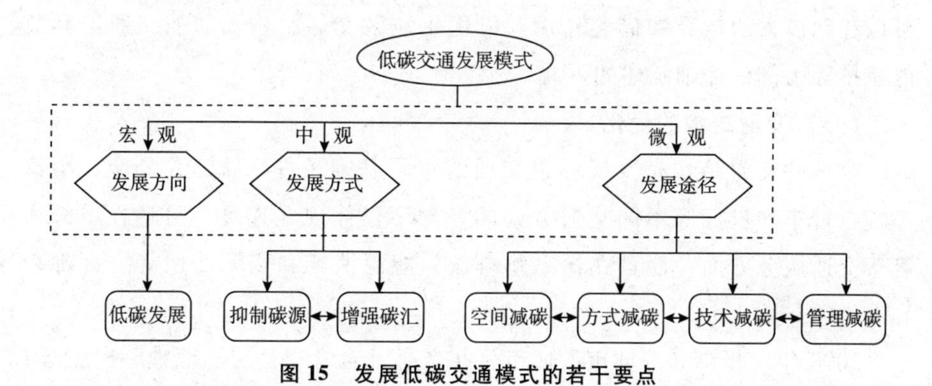

图15　发展低碳交通模式的若干要点

深入分析和总结深港两地绿色低碳交通发展经验和问题，其行动的核心是减少私人机动车交通（主要是小汽车交通）出行，引导采用“公交+慢行”的出行模式，同时注重构建以人为本的交通环境和交通工具的绿色化（见图16）。

深港两地的绿色低碳交通发展思路和经验，可以总结为以下六方面：第一，引导公众绿色出行，提升城市公共交通出行分担率，充分发挥大容量高效率运输方式在节能减排中的重要作用。第二，优化交通组织，实现交通基础设施畅通成网、无缝衔接。第三，加强交通运输装备排放控制，加大政策激励，积极探索参与碳排放交易机制。第四，推进交通运输信息化和智能化建设，建立综合运输公共信息平台。第五，大力推进技术创新，采用无污染或污染小的燃料，从污染产生的最源头着手，降低污染的排放。

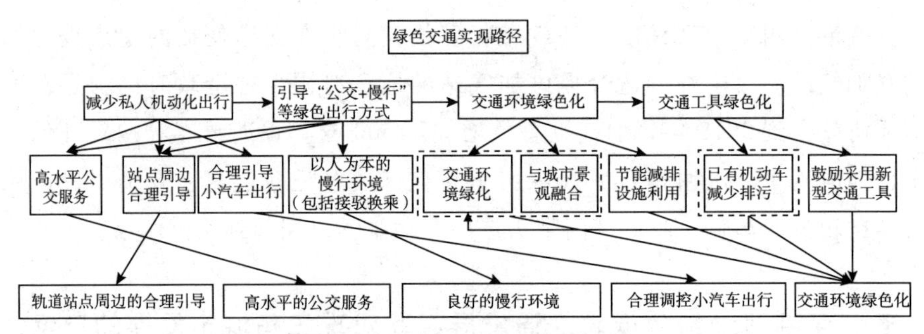

图 16 绿色交通实现路径梳理示意

第六，推进绿色走廊建设，包括在道路走廊沿线采用可促进生态系统良性循环的相关措施来改善道路走廊的大气状况等。

对深港绿色低碳交通的相关经验加以梳理、总结，对珠三角相关城市可以起到极大的指导和借鉴作用。以优化地区交通结构、加强交通工具节能减排等为例，详细阐述如下。

（一）交通结构的优化

合理的交通结构是发展绿色交通的重要基础条件。轨道、公交、小汽车、自行车和步行等不同交通方式的差异不仅体现在速度、可达性、舒适度等交通服务方面，而且在污染物排放、能源消耗和资源使用等方面都存在较大差异。①

2008 年广州市和深圳市的城市公共交通（含常规公交、地铁、出租车）占全方式出行的分担率分别为 27.25% 和 22.7%，佛山市的公交分担率不足 15%。香港的公交分担率超过 50%，轨道交通和地面公交均十分发达。与香港相比，珠三角地区城市的公共交通发展存在较大差距。近年珠三角各城市的小汽车保有量迅速增加，交通结构的优化和调整面临巨大压力。截至 2009 年 7 月，广东省机动车保有量已超过 1730 万辆，广州和深圳均超过 120 万辆，其中，小汽车保有量接近 100 万量，而且每年还在以超过 10% 的

① Energy conservation and emission reduction strategies. TDM Encyclopaedia. 引自 UITP's forthcoming publication, Ticket to the future: three steps to sustainable mobility. 注：1MJ = 10^6 焦耳，http://203.208.39.132/search? q = cache: 4HIX71AuJCwJ: www.vtpi.org/tdm/tdm59.htm + Energy + conservation + and + emission + reduction + strategies. + TDM + Encyclopaedia&cd = 1&hl = zh - CN&ct = clnk&gl = cn&st_ usg = ALhdy2 - zJKGm1dzdWuGSIfRJWhGAjp3ROw. Accessed in Oct. 2009.

速度递增。为提高交通效率和服务水平，减少交通对大气和生态环境的污染，减少对能源和土地资源的消耗和占用，应该在满足交通运输要求的前提下，鼓励公交和非机动化方式出行，加强对私人小汽车出行和使用的管理，提高公共交通方式在珠三角区域交通和城市交通中的分担率。具体来看，珠三角城市在今后的发展中，应当通过土地利用调整、交通投资倾斜、价格体系调整和提高公交服务水平等多种手段鼓励公共交通发展，减少私人机动车使用率，提高公共交通分担率。

1. 推动珠三角各城市公交发展，切实贯彻公交优先政策

珠三角各地市政府应协调发改、财政、物价、规划、国土和交通等部门，通过土地利用调整、交通投资倾斜、价格体系调整和提高公交服务水平等多种手段鼓励公共交通发展，减少私人机动车使用率，提高公共交通分担率。例如，珠三角各城市应当加强城市公共交通规划，明确公共交通发展目标和发展模式，制定公交设施及网络规划方案，提出近中期公共交通设施的建设计划，加强公交场站等各类公交设施的用地控制，等等。

2. 推动新交通方式的发展建设，促进多模式的绿色交通体系建设协调发展

随着城市交通发展，与地铁、常规公交、小汽车等传统交通方式相对应，现代有轨电车、快速公交系统（Bus Rapid Transit，BRT）等新型交通方式在城市交通系统中的地位和作用不断提升。广州、深圳等特大城市的轨道交通建设滞后，难以形成针对小汽车交通的竞争力。根据国内外城市交通的发展经验，一旦居民选择小汽车交通，则难以转换到公共交通方式。而中运量交通具有投资少、见效快、灵活和可扩展等优势。因此，珠三角城市应该大力推动中运量交通方式的发展建设，一方面，覆盖比轨道交通走廊次一级的客运交通走廊，满足1万～2万人次/小时的客运需求，弥补常规公交运能较低的不足；另一方面，可以加强轨道接驳，为轨道交通输送大量客流，从而提高公共交通服务水平和吸引力，避免更多的居民选择小汽车出行方式，尽快赢得公共交通的竞争优势，尽快优化交通结构。

3. 营造舒适的慢行交通环境，鼓励慢行交通方式

慢行交通是构建优质交通的必需条件，必须提高对慢行交通的重视程度。步行交通是最基本的交通方式，自行车是大众化、方便的简单交通工具，而且本身无污染，不消耗能源。慢行交通不仅具有交通功能，而且具有休闲健身功能。然而，珠三角城市在快速发展过程中，对慢行交通的重视不足，慢行交通设施建设相对滞后。因此，珠三角各城市应当制定慢行交通专项规划，按照以人为本的理念，构筑以人为本的慢行交通空间；完善轨道交通与配套交通设施的衔接，引导“公交 + 自行车”以及“公交 + 步行”的绿色出行方式。

4. 加强交通需求管理，引导小汽车使用，减少交通拥挤带来的空气污染

近年来，珠江三角洲迅速发展，城市大面积开展工程建设，加剧了交通拥堵，各城市均面临核心城区交通拥堵常态化等问题，交通拥堵面积和拥堵时长不断扩展。因此，各城市应该一方面加强交通运行管理，另一方面应采取缓解区域拥挤推行区域收费等交通管理政策和管理措施，缓解交通拥堵，减少小汽车使用，同时减少因交通拥堵造成车辆频繁减速、加速、怠速带来的尾气和污染物。

5. 交通环境绿色化建设

积极推动社区层面的交通宁静化设施设置，推进珠三角绿道建设工作。通过交通环境绿化、交通与城市景观融合以及节能减排的交通设施利用，建立以人为本的绿色出行环境。例如，以广州、深圳、珠海等城市进行试点，由各地市的规划、交通、城管、环保部门联合开展研究，并挑选条件成熟和适合的片区进行改善工程，推动交通环境绿色化工作。

（二）大力推进绿色 TOD 发展模式

通过轨道交通枢纽引导城镇和功能节点的土地利用开发，使城市规划、建设与发展同绿色低碳交通体系构建有机统筹。

1. 研究提出适合珠三角特点的城际轨道 TOD 发展模式

尽快启动专项研究，提出适合珠三角实际发展情况和现有管理体制机制的城际轨道 TOD 发展模式及其实施方案，明确实施 TOD 开发的主体、权益及相关程序。

2. 研究制定轨道站点 TOD 开发指引

根据轨道站点的交通功能及其在区域空间布局中的区位，明确划分城际轨道站点 TOD 开发类型，制定各类 TOD 开发规划的范围和规划编制要求，并提出 TOD 开发的用地功能、开发强度、建筑布局、交通设计、城市设计等指导性标准或技术准则。各城市也可结合自身特点开展城市轨道站点乃至其他公共交通枢纽站点 TOD 开发的类型引导及规划技术指引。

3. 研究完善 TOD 开发相关扶持政策

将 TOD 开发作为扶持中心镇发展和促进次区域级中心城市壮大的重要政策措施，明确与 TOD 开发相配套的公共交通激励政策等。完善配套的交通政策，如公交优先政策、拥挤收费政策、限制小汽车使用政策等，使得小汽车使用的外部成本内部化。

（三）推进交通工具节能减排

交通属于碳排放三大领域（建筑、交通和生产）之一，全球碳排放中有 28% 来自交通运输（其中 18% 来自陆路交通）。珠三角各大城市目前污染日趋严重，灰霾天数显著增加。其中，广州、深圳、东莞、佛山等城市的灰霾情况尤为严重。广州的年灰霾天数从 2001 年的 56 天逐年增加，2008 年达到 110 天。而深圳的年灰霾天数则从 2000 年的 73 天增加到 2008 年的 154 天，也呈增加趋势。因此，有必要制订和实施交通工具节能减排计划，具体措施包括：

1. 提高车辆尾气排放和燃料标准

要实现交通工具节能减排目标，必须从两方面进行改善，一方面，执行更严格的车辆尾气排放标准，进一步减少新增车辆的污染排放。在珠三角主要城市机动车数量每年递增超过 10% 的情况下，要实现机动车排污总量大幅削减的目标，粤港必须联合制订车辆排放和燃料标准的实施计划，推进区域环境标准与世界接轨，在 2015 年前，珠三角的车辆尾气排放和燃料标准达到国内领先水平，港澳地区达到国际先进水平。另一方面，改善已有车辆的污染排放水平。例如，推广清洁能源公交车辆的使用，各地市发改、交通部门适当推出资助计划，鼓励公交车、出租车等转为使用较环保的清洁燃料，以降低污染排放水平。此外，粤港还应当逐步深入实施交通环境监测和评估计划，制定交通工具能耗和排放统计标准，研究建立绿色交通和节能减排的评价体系，研究建立区域环境的监测和评估制度。

2. 推动环保车辆的应用及产业发展

研究制定政府对于天然气、电动及混合动力汽车的关键制造技术、标准体系及价格、税率等方面的支持措施，为新能源汽车在大珠三角地区的研发、生产、应用与普及和相关零部件产业发展提供可靠的政策保障。在城市建设方面，研究规划清洁能源汽车的配套站点，如加气站和充电站。通过能源价格补贴等手段鼓励对清洁能源汽车的使用。粤港双方应当通过提供政策诱导，鼓励发展电动或清洁能源公交车及出租车，其中香港、深圳、广州应当起到示范作用，通过率先引入电动车辆推动电动车在珠三角地区的普及。

（四）通过交通管理减少排放

在大珠三角当下的城市化进程中，交通拥堵已成为各大城市管理者都面临的难题，它不仅大大浪费人们的出行时间，并且汽车尾气的排放也日益严重地污染大气环境。机动车尾气已经成为城市空气污染的罪魁祸首之一，对于广州、深圳等大中城市，汽车的尾气量占城市尾气总量的60%以上，直接威胁当地居民的身体健康。因此，消除城市交通拥堵状况，对于减少尾气排放有着极其重要的意义。大珠三角各城市应进一步改善交通管理工作，通过交通管理减少排放。

1. 建立拥堵管理工作机制

建立拥堵管理系统。数据采集、评价、管理改善方案库，研究建立拥堵评价指标。形成工作机制，建立“监测——评估——发布——改善”工作流程，建立交通拥堵片区改善触发机制，每三年滚动进行系统性交通综合改善。深圳、广州在2015年前完成系统建设工作，2020年形成成熟的拥堵管理工作机制。珠三角其他城市可根据各城市交通发展阶段研究确定工作计划。

2. 交通拥堵收费

深圳、广州率先研究和试点交通需求管理政策和措施，2015年前试点开展拥堵收费工作，2020年系统地开展拥堵收费管理工作。珠三角其他城市在2015年完成前期研究，并逐步推广。

3. 优化客货运交通组织

可结合拥堵管理策略和措施，不断优化公交线网，灵活组织公交车辆运营，提高公交使用率。同时，优化货运交通组织，减少客货交通影响。

4. 研究设立低碳排放区

广州、深圳、佛山、东莞在2015年前开展试点工作。其他城市结合污染情况开展。专项研究内容应包括区域范围、限定车辆类型、车龄、技术，管理措施、实施计划、相关法律法规、舆论宣传方案。在此过程中，香港也应进一步深入研究低排放区方案,[1] 在全面评估可行性和相关影响的前提下,推动低排放区[2]设立工作。

5. 鼓励设立慢行交通专用道路和慢行交通专用街区

广州、深圳、珠海等部分珠三角城市已经设置部分步行专用道路,建议检讨现时各城市商业中心区道路交通情况,设立慢行专用道路,或在慢行交通专项规划中统筹规划和实施。交通性的慢行设施,即行人或自行车参与交通所利用的设施,包括人行道、人行横道、人行地道、人行天桥、非机动车道、专用的非机动车道等。非交通性的慢行空间大致可分为两类,包括休闲、旅游、健身性质的慢行空间以及商业性质的慢行空间。休闲、旅游的慢行空间包括独立的线状慢行空间(林间步道、山间道)、滨水道等,商业性慢行空间以地下商业街和商业步行街为主。

(五)推进交通稳静化

交通稳静化(traffic claming)是指用一系列物理上的措施来降低车速,减少机动车交通的负面影响的措施和技术,通常包括道路线型的变化,安装隔离设施,或其他的物理性交通工程手段。交通稳静化有利于减少交通事故,提高社区宜居性,减少噪声及空气污染,可以缓解因机动车总量不断增长带来的市内居民区街道的大量交通问题。大珠三角各城市在近期内选择社区进行试点,以"小街区、密路网、低车速、高可达、安全环保"为理念,分流过境交通,减少对社区内部交通的影响,采用机动交通稳静化手段,改造社区交通设施,适度控制社区内机动车行驶速度。

1. 通过交通安宁社区与慢行单元建设,增加慢行舒适度

舒适的慢行环境主要指慢行过程应有安全性、趣味性、舒适性。一方面,将穿越性交通移至社区外,并将剩余的社区内道路空间用作绿化、行人或静态交通使用,以保证居民步行安全。另一方面,针对大珠三角亚热带气候特点,应提供50%以上的遮阴率,提高慢行舒适度。

2. 确保慢行单元各类接驳均处于合理的换乘距离内

建设交通安宁社区与慢行单元,要尽可能确保慢行单元各类接驳均处

---

① http://www.info.gov.hk/gia/general/200811/12/P200811120178.htm. Accessed in Dec. 2009.

② 香港环保署:《检讨本港空气质素指标及制定长远空气质素管理策略》。

于合理的换乘距离内。根据深圳开展的“面向未来的绿色城市”公众调查，接近70%的受访者可接受的步行距离为400~600米，几乎所有的受访者均认为超过600米的步行距离不可接受，因此，应按200~300米半径划分慢行范围，采取各种措施，将社区步行最不利点、小区出入口、公交站点、人行过街设施有机衔接起来，使人们能够在步行可接受范围内搭乘公交、过街、换乘公交以及接驳轨道，全面方便市民的出行。

六　从深港经验看大珠三角区域绿色低碳交通发展中的粤港跨界合作

探讨香港与深圳的绿色低碳交通发展合作应当从粤港跨界合作的高度出发，纳入大珠三角区域绿色低碳交通发展的框架和体系内加以讨论。然而，就大珠三角区域而言，绿色交通方面的合作尚处于起步阶段。进入21世纪以来，面对环境需求、区域灰霾污染等种种压力，虽然粤港两地发展程度及侧重点各有不同，但是对于发展绿色交通的紧迫性及绿色交通合作的必要性双方已经初步达成共识。在此背景之下，应当以“构建通达、高效，绿色化、低能耗、低污染，安全、舒适的大珠三角绿色交通体系”为主线，大力推进大珠三角地区的绿色低碳交通发展合作。

虽然近年来珠三角地区的交通污染得到一定程度的重视和治理，但是由于小汽车交通出行的快速增长，交通污染在珠三角地区，特别是广州、深圳等大城市仍然较为严重，广州市2008年灰霾天数高达110天，[①] 深圳市2008年灰霾天数高达154天。[②] 粤港在发展绿色交通方面尚未开展系统性的合作，现有合作平台仅限于电动汽车、机动车排放等某一方面研究，缺少长远的发展策略研究和系统性的发展规划，在建立检测评估系统、跨部门合作、专业人才交流、城市间合作、提高区域交通可持续性的创新机制建立等方面，需要粤港澳三方尽快加强协调和统筹的工作力度。另外，由于在区域中环境保护发展阶段的不同，实施同步的污染控制标准和燃油标准尚有困难。

---

① http://www.gzepb.gov.cn/was40/detail? record = 3&channelid = 5785&searchword = % BB% D2% F6% B2% CC% EC% CA% FD . Accessed in Nov. 2009.

② 深圳市气象局：《2008年深圳市气候影响评价》。

实际上，香港在跨境合作方面也有相应的诉求，近期主要体现在以下几方面：继续完善香港内部交通设施与大珠三角交通网络的衔接，以此促进新区的开发，进一步强化香港的国际航运中心及区域物流枢纽地位，致力继续发展国际航运及物流等行业。进一步探讨将穗莞深城际线延伸至深圳机场、前海、福田，并尽可能与港深西部快速轨道等跨界交通设施接驳的可行性。提出逐步推进珠三角区域的环境标准与世界接轨，特别是跨境机动车及船舶的燃料与排放标准。率先在珠三角内主要城市全面引入电动车，共同促进电动车在大珠三角地区的生产、应用及普及。

2008 年 3 月，香港特别行政区行政长官曾荫权与广东省委书记汪洋会面时提出，两地共同研究打造一个以环保及可持续发展为基础的“绿色大珠三角地区优质生活圈”（the Green and Quality Living Area of the Greater Pearl River Delta Region），并将此构想纳入 2008 ~ 2009 年施政报告。2008 年年底出台的《珠江三角洲地区改革发展规划纲要（2008 ~ 2020 年）》（以下简称《珠三角纲要》）在“推进与港澳更紧密合作”的主题下提出“共建优质生活圈”，并明确“支持粤港澳三地在中央有关部门指导下，扩大就合作事宜进行自主协商的范围。鼓励在协商一致的前提下，与港澳共同编制区域合作规划”。其中，大珠三角区域绿色低碳交通发展中的粤港跨界合作成为摆在双方面前的重要任务之一，其中主要的行动方向应当包括推动区域绿色交通、运输系统优化、轨道交通引导城镇体系空间组织、完善交通合作协调机制等内容。实际上，在粤港合作框架协议关注的重点中，也凸显了香港需要发挥枢纽作用融入珠三角轨道交通建设的要求。

从粤港跨境合作出发积极推动绿色低碳交通发展，应力争实现以下目标：到 2020 年，区域交通结构中轨道作为骨干交通方式的地位逐渐形成，轨道等公共交通方式具有较强的竞争力，城市中心区基本形成“公交 + 慢行”模式；大珠区域机动车尾气排放和燃料标准达到世界发达国家水平，节能减排工作达到国际水平；重大区域交通基建与区域空间组织及功能节点开发协调发展，初步形成交通与土地利用协调发展模式，绿色 TOD 发展模式在大珠三角轨道交通网络中开始较为全面的推广与实施，慢行交通环境宜人、安全，交通稳静化措施得到较大范围的普及。

为实现大珠三角绿色交通发展目标，需要从优化区域交通结构、加强交通工具节能减排、改善交通安全、实施稳静化交通措施等四个方面构建绿色交通体系。其中，优化区域交通结构包括多方面的任务，前文已经做了相关阐述，这里补充一点，粤港双方在水上客运交通方式和内河货运发展方面同样有必要加强合作。基于广深港高铁、广珠轻轨和澳门轻轨、港深西部快速轨道及港珠澳大桥等近期陆路交通基建计划，研究未来水上客运的功能和需求，提出发展策略，统一各方在水运方面的发展思路和发展计划，系统推进水运交通发展；合理布局沿珠江和沿海码头以及轮渡线路，作为陆路交通的重要补充，近期可结合交通需求和区域水道网，联合推进大珠三角地区的水上客运航线和内河货运发展，并采取措施降低水运交通成本，提高水运交通竞争力，吸引更多的客货运输并有利于减少碳排放。

粤港在合作促进新能源汽车的推广和应用方面存在很大空间，包括：共同鼓励汽车生产业界与各地政府开展新能源汽车方面的合作，鼓励公共交通网络引入电动车等环保车辆；通过提供资助或税率优惠鼓励购买符合更高排放控制标准的车辆，完善与新能源汽车使用有关的基础设施建设；选择深圳、广州、香港等城市作为试点，通过粤港澳三地政府的积极合作，结合市场运作，推动新能源汽车的生产和使用，等等。

七　结语

绿色低碳交通既是一个理念，也是一个实践目标，与可持续发展概念一脉相承，其本质是建立支撑城市可持续发展的交通体系，满足交通需求，以最少的社会成本实现最大的交通效率。同时也需要指出，绿色低碳交通发展模式的真正实现，不能仅仅局限于单个城市内部，还应建立起发展绿色低碳交通的区域性合作机制，从区域协调的角度来加以推动。

参考文献

陆化普：《城市绿色交通的实现途径》，《城市交通》2009年第6期。

黄良会：《香港公交都市剖析》，中国建筑工业出版社，2014。

广东省住房和城乡建设厅、香港特别行政区政府环境局、澳门特别行政区政府运输工务司：《共建优质生活圈专项规划》，2012 年 6 月。

林正：《轨道交通可持续发展的历程——香港地铁》，第三届中国城市轨道交通可持续发展战略及建设论坛，2007。

《地铁前海湾车辆段上盖物业整体规划设计研究报告》，深圳市都市实践设计有限公司，2007。

深港绿色建筑现状、展望与借鉴

马　航　孙　瑶*

摘要： 通过回顾深圳和香港的绿色建筑发展现状，分别从配套政策、评价体系、发展趋势与展望等方面进行论述。最后，从绿色建筑的发展理念、评估方法、认证体系、政策法规与评价的推动主体四方面，对香港与深圳的绿色建筑进行比较，希望为我国的绿色建筑发展提供借鉴。

关键词： 绿色建筑　政策法规　评价体系　深圳　香港

一　前言

2012年4月27日国家财政部、住房和城乡建设部发布了《关于加快推动我国绿色建筑发展的实施意见》（财建〔2012〕167号），提出将推进绿色生态城区建设，规模化发展绿色建筑。根据《深圳市建筑节能与绿色建筑“十二五”规划》的要求，到2015年，深圳市建成绿色建筑面积2000万平方米。随着深港一体化进程的加快，总结深港发展绿色建筑的经验，探讨深港绿色建筑的发展趋势，将为深港绿色建筑发展提供科学指导和决策依据，也将为位于亚热带气候区的高密度城市的绿色建筑发展提供借鉴。

二　深圳篇

深圳市基于经济与科技发展水平，在国内率先开展绿色建筑工作，取

* 马航，哈尔滨工业大学深圳研究生院副教授，博士生导师；孙瑶，哈尔滨工业大学深圳研究生院博士生。

得了一定的成效，为大规模推广绿色建筑奠定了坚实的基础。在新一轮经济建设中，大力发展绿色建筑也是深圳市加快转型发展、建设低碳城市、实现节能减排的必然需求。2013 年 8 月 20 日，国内首部促进绿色建筑全面发展的政府规章《深圳市绿色建筑促进办法》正式实施，要求所有新建民用建筑 100% 执行绿色建筑标准。《深圳市绿色建筑促进办法》明确将全市新建民用建筑全部纳入执行绿色建筑标准范围，强制执行绿色建筑标准，要求新建民用建筑至少达到绿色建筑最低等级要求，即国家一星级或者深圳市铜级标准要求，这一规定在国内尚属首例。

（一）深圳绿色建筑发展现状

深圳以打造“绿色建筑之都”、建设“低碳生态城市”为核心战略，推动城市建设发展在全国率先转型，坚定不移地实施绿色建筑发展战略，在以下方面取得了阶段性进展。

加强制定地方性法规，逐步形成了较为完善的建筑节能与绿色建筑政策体系。出台了国内首部建筑节能地方法规《深圳经济特区建筑节能条例》和国内首部建筑节材地方法规《深圳市建筑废弃物减排与利用条例》，在这二法的基础上探索形成了一套行之有效的管理机制和管理模式、配套政策、财政补贴，率先在国内强制推行保障性住房按绿色建筑标准建设，并在光明新区试行绿色建筑全过程管理制度，基本形成了一套较完善的建筑节能和绿色建筑政策体系。重点推进本地适宜技术，逐步建立了建筑节能与绿色建筑标准体系。以综合反映深圳地域、经济和技术特点为原则，陆续发布了《深圳市居住建筑节能设计规范》《深圳市居住建筑节能设计标准实施细则》《公共建筑节能设计标准深圳市实施细则》《深圳市绿色建筑设计导则》《深圳市绿色住区规划设计导则》《深圳市绿色建筑评价规范》《深圳市绿色物业管理导则》等相关标准规范。

积极推进两大国家级示范城市和重点领域示范项目建设，有效提高了建筑节能与绿色建筑实施效果。截至 2012 年，全市新建节能建筑 7050 万平方米，已建和在建绿色建筑项目 110 个，总建筑面积 1265 万平方米，其中 72 个项目获得绿色建筑评价标识；建有 6 个绿色生态园区和 5 个建筑废弃物综合利用项目，建筑废弃物综合利用率达 35%，绿色建材发展迅猛；全市建筑领域节能减排对全社会的节能贡献率达 30%。同时已建成南方科技大学建设工地现场处理的建筑废弃物资源化综合利用项目，成为全国首个建筑废弃物“零排放”示范项目。

以政府投资为突破，推进绿色建筑项目规模化建设。目前启动建立6个绿色生态园区，其中包括国家绿色建筑示范区光明新区、龙华二线扩展区保障性住区、绿色生态校区南方科技大学、深圳大学西丽校区建设工程、桃源绿色生态新城和华侨城欢乐海岸。其中光明新区到目前为止，共有16个项目通过国家和深圳市绿色建筑设计认证，占深圳市通过绿色建筑双认证数量的30.2%，在建绿色建筑示范项目共31个。其中包括14个保障性住房项目、9个文教卫项目、4个工业园区、2个办公建筑、1个城市更新和1个房地产项目，是以政府投资项目为突破口，由点到线、到面推广绿色建筑的典范。

截至2013年年底，深圳市新建节能建筑面积累计已达8420万平方米，已建和在建绿色建筑总面积超过1500万平方米。深圳已成为目前国内绿色建筑建设规模、建设密度最大和获绿色建筑评价标识项目最多的城市之一，其中15个项目获得国家三星级、6个项目获得深圳市铂金级绿色建筑评价标识（均属最高等级）。其中建科大楼、华侨城体育中心、南海意库等3个项目获全国绿色建筑创新奖（最高奖）；坪山雷柏工业厂房项目获得国家二星级绿色建筑评价标识，实现深圳市工业绿色建筑项目“零的突破”。到2013年，深圳新建建筑综合节能总量累计已达357万吨标准煤，相当于节省用电110.4亿度，建筑综合节能减排对全社会的节能贡献率已超过30%。

（二）深圳绿色建筑配套政策

2006年，深圳率先在全国出台《深圳经济特区建筑节能条例》，2007年，制定了《深圳建筑节能“十一五”规划》《深圳市绿色建筑设计导则》；2008年3月，出台了《深圳生态文明建设行动纲领（2008~2010）》《关于打造绿色建筑之都的行动方案》，明确提出将深圳市打造为“绿色建筑之都”的目标，是国内第一个提出打造绿色建筑之都的目标并以政府文件形式加以明确的城市。2009年，又制定了专门的建筑节材地方性法规《深圳市建筑废弃物减排与利用条例》《深圳市预拌混凝土和预拌砂浆管理规定》《深圳市既有建筑节能改造实施方案》。2009年8月，制定了《深圳市绿色建筑评价规范》，并于2009年9月1日正式实施。2011年12月编制了《深圳市可再生能源建筑应用专项规划》，并经市政府批复颁布实施。

2013 年，深圳在城市建设领域掀起新一轮改革，绿色建筑实现跨越式发展。2013 年 7 月 19 日，《深圳市绿色建筑促进办法》颁布实施，这是国内首部要求新建建筑 100% 执行绿色建筑标准的政府立法，为绿色建筑规模化发展提供了法制保障。

（三）深圳绿色建筑评价标准

《深圳市绿色建筑评价规范》对深圳市新建建筑的绿色标准和既有建筑的绿色化改造提供了详细的技术支持和规范指导，是进行绿色建筑等级划分的基础依据。该规范是深圳市绿色建筑等级划分和质量评定的地方标准，是在国家标准的基础上结合深圳实际编制出来的。该规范提出深圳绿色建筑评价指标体系由节地与室外环境、节能与能源利用、节水与水资源利用、节材与材料资源利用、室内环境质量、运营管理等六类指标组成。每类指标包括控制项和得分项。控制项是绿色建筑的必备条件，得分项则是划分绿色建筑等级的可选条件。根据累加得分的方法，将深圳市的绿色建筑等级从高到低划分为铂金、金、银、铜四个级别。

（四）深圳绿色建筑发展趋势与展望

《深圳市国民经济和社会发展第十二个五年规划纲要》提出以建设国家低碳城市、国家生态市为契机，全面建设资源节约型和环境友好型的宜居宜业城市，提出到 2015 年的各项低碳目标：包括万元 GDP 二氧化碳排放量比 2010 年下降 15%，万元 GDP 能耗下降到 0.47 吨标准煤；推广绿色建筑，在新建公共建筑、市政工程实施太阳能光伏建筑一体化示范工程，推广太阳能光热应用建筑 1600 万平方米；非化石能源比例提高到 15% 左右，新建建筑 100% 达到节能标准；强化节能减排，推进工业、建筑、交通等重点领域节能减排，试点建设天然气冷热电三联供等分布式能源系统，提高能源利用效率；推广合同能源管理，促进节能服务业发展；鼓励资源再利用产业规模化发展，促进建筑废弃物资源化利用，建筑废弃物循环利用率达到 60%。

为达到以上目标，将从以下四方面进行落实。

1. 加强全市新建绿色建筑规模化建设

重点开发建设政府投资绿色建筑的高等级示范。加强打造国家二、三星级或深圳市铂金、金级绿色建筑示范，示范项目可包括公共设施中由政府投资的重点项目、交通干道旁的地标建筑和生态敏感区具有重要影响力的项目。

鼓励新建社会公共建筑提高绿色建筑等级标准。通过推行绿色建筑认证和建筑能耗标识制度，对绿色建筑的价值进行权威认证并为社会所认可，提升绿色建筑的市场需求，制定优惠政策激励开发商加大投入，扩大绿色建筑普及率。

深化绿色建筑适宜技术应用。突出深圳市的高新技术产业、现代服务业的城区特点，研究建立本土化、低成本、可推广的绿色建筑技术体系，在新建政府投资项目中强制应用，并逐步在其他新建社会项目中应用。

2. 推进全市既有建筑绿色化改造

城市更新工程中同步开展既有建筑绿色化改造。加强既有居住社区绿色化改造，尤其在综合整治、功能改变城市更新工程中推行绿色化改造试点建设。

继续推进不同类型既有公共建筑实行建筑节能改造。基于深圳市既有建筑能耗现状、深圳市能耗监测数据及深圳市已有公共建筑节能改造项目。用能水平在深圳市建设行政主管部门发布能耗限额标准以上的既有大型公共建筑和机关事业单位办公建筑，应采用合同能源管理方式进行节能改造。

3. 打造绿色建筑片区和示范园区

打造较高标准的绿色建筑片区。结合深圳市教育、旅游、高新技术产业的特色，打造绿色校园、绿色产业园、旅游区等示范区。

积极开展节约型校园建设。结合大学园区、科研院校、中小学校建设，通过节约型、绿色校园建设凸显深圳市特色。

制定绿色生态园区建设技术体系。研究制定绿色园区、绿色商业区、绿色社区的建设技术体系和指标体系，包括绿色建筑等级比例、生态环保、公共交通、可再生能源利用、土地集约利用、再生水利用、废弃物回收利用、用电标准等，并将其纳入规划中。

4. 促进可再生能源在建筑中的应用

加快推进可再生能源建筑应用实施方案。开展深圳市典型片区建筑可再生能源利用专项规划研究，评估区域建筑可再生能源实际开发利用潜力，绘制区域可再生能源建筑应用空间分布指引，明确各地块可再生能源建筑应用形式及可再生能源开发利用控制性指标，编制典型片区可再生能源建筑应用区域示范具体实施方案。

鼓励推行太阳能光伏建筑一体化。以政府机关办公建筑、办公楼、商场、医院、学校建筑为重点，开展太阳能光伏建筑应用示范，在新建公共设施中推广使用太阳能建筑一体化技术，制定太阳能光伏建筑一体化实施方案。

三 香港篇

香港在高密度的城市发展过程中特别注重环保理念，通过各方面的努力，现已形成了一套比较完善的绿色建筑发展体系。这个体系为政府、发展商、学术机构以及相关从业人员共同促进绿色建筑的发展提供了互动平台，在这个发展体系下涌现了一大批优秀的绿色建筑项目。

（一）香港绿色建筑发展现状

香港地区发展绿色建筑起步较早。在 1996 年就推出了第一个建筑环境评价标准体系 BEAM。随着香港特别行政区政府大力推行环保，近年香港绿色建筑物的数量与日俱增。截至 2013 年，香港已有 390 个项目被评为绿色建筑，预料将来会有越来越多的建筑朝着这个方向发展。

1. 低碳建筑示范——零碳天地

“零碳天地”绿色建筑示范区是香港绿色建筑运动的新里程碑，位于香港九龙湾常悦道。2010 年 10 月启动，2012 年 6 月竣工，2013 年 1 月 5 日正式开放，公众可预约参观。这块耗资 2.4 亿港元建成的城市绿洲，包括一栋集绿色与科技于一身的两层建筑，还有四周的原生林绿化区，功能包括室外展区、广场、绿色茶室及教育场地等，总占地面积 14700 平方米。这栋两层建筑被动式设计的奥妙主要体现在：屋顶北高南低，水平仰角 21 度，这是为了让屋顶的太阳能板尽可能多地接收光照，同时增加室内采光，屋檐向低处延伸，阻挡阳光直射，墙体上的低辐射玻璃窗不仅透光性能良好，还能减少热传递（见图 1）。

2. 绿色学校——圣言中学

2013 年 10 月 16 日，香港圣言中学被美国绿色建筑委员会（USGBC）评

图1　“零碳天地”建筑外观

为“全球最绿色学校”，环保理念体现在每个角落：有机农场、绿植屋顶、LED照明、太阳能板、风力发电装置、能吸收二氧化碳美化环境的翠竹园等。

“全球最绿色学校”是由美国绿色建筑议会下辖的绿色学校中心颁发，此次颁奖为第二届，以表扬善用资源，提供健康教学环境和大力推动环保及可持续发展教育的学校。受奖学校采用的主要技术手段包括：

（1）垂直风力发电机：能安静地把风力转化为电力，即使风速不高也能发电，适合市区使用。

（2）光纤太阳灯：以感光装置及内部处理器自动调校角度追踪阳光位置，再以透镜聚集并经由光纤直接将光线送入室内。

（3）太阳能板：太阳能板以不同倾斜角度摆放以尽量接收阳光，有部分则设于户外冷冻组件上保护组件，令冷冻效能发挥得更好，另有部分则装设于混合系统中加热用水。

（4）垂直太阳能板：将光能转化成电能，兼具遮阳功能，减少室外阳光及热力的影响，有效降低对冷气的需求。

（5）讲堂LED照明：除较省电外，在楼层较高的讲堂选用寿命较长的照明，也可节省频繁租用升降台等维修成本。

（二）香港绿色建筑配套政策

香港绿色建筑的政策和法规发展主要由环境局和发展局下设的机电工程署主导。发展内容主要集中在制定环保法例，可持续能源及节能技术的开发和利用，限制能源供应商的碳排放，鼓励各机构加入碳审计行列，以及推广以提高建筑设备和电器能效为主的节能减排措施。而与建筑和城市发展更为相关的部门如屋宇署、建筑署、规划署则相对在绿色建筑发展方面起到辅助的作用。以下开列的是香港的主要绿色建筑政策法规（见表1）。

表1　香港主要的绿色建筑政策法规

<table>
<tr><th>实施时间</th><th colspan="2">政策法规</th><th>方式</th></tr>
<tr><td>1995年7月</td><td colspan="2">《建筑物（能源效率）规例》</td><td>强制性</td></tr>
<tr><td>1998年</td><td rowspan="5">自愿性框架下的《建筑物能源效益守则》</td><td>《空调装置能源效益守则》</td><td rowspan="5">自愿性，2005年起对政府建筑强制实施</td></tr>
<tr><td>1998年</td><td>《照明装置能源效益守则》</td></tr>
<tr><td>1998年</td><td>《电力装置能源效益守则》</td></tr>
<tr><td>2000年</td><td>《升降机及自动梯装置能源效益守则》</td></tr>
<tr><td>2003年</td><td>《成效为本能源效益守则》</td></tr>
<tr><td>2008年</td><td colspan="2">《香港建筑物（商业、住宅或公共用途）的温室气体排放及减除的审计和报告指引》</td><td>自愿性</td></tr>
<tr><td>2009年</td><td colspan="2">《能源效益（产品标签）条例》</td><td>强制性</td></tr>
<tr><td>2012年</td><td colspan="2">强制性框架下的《建筑物能源效益守则》</td><td>强制性</td></tr>
</table>

资料来源：《香港台湾地区绿色建筑政策法规及评价体系》。

（三）香港绿色建筑评价标准

香港地区目前最主流的绿色建筑体系是BEAM Plus。BEAM Plus的早期版本为HK－BEAM，创建于1996年，全称是Hong Kong Building Environment AssessmentMethod（建筑环境评估法）。参加评估建筑包括“新建建筑”和“既有建筑”两类。BEAM Plus体系早期是以英国建筑研究所的《环境评估法》（BREEAM）为根据创建的，后期则吸收其他国家绿色建筑体系如LEED而逐步更新完善。作为较早的绿色建筑评估体系，香港建筑物环境评估方法（HK－BEAM）涵盖了安全、健康、舒适、功能、效率，同时也保持地域性、融合全球性的生态策略的设计、建造、运营。绿色建筑评估体系在六个方面对建筑进行评价：选址、材料、能源、水利用、室内环境、创新性等。绿建环评由2010年8月起正式推出至今，共有超过390个项目登记，目前已有超过70个项目完成设计阶段的暂定评估，其中16个项目取得最高的铂金评级（见表2）。有两个项目完成最终评估，获得最高的铂金评级，分别为香港苏豪智选假日酒店和希慎广场。

表2 绿建环评登记项目累计数字

年份	登记项目累计数字
2010	11
2011	120
2012	314
2013	390

注：数据截至2013年7月31日。

资料来源：香港绿色建筑议会网站，www. hkgbc. org. hk。

1. 评估机构

（1）香港绿色建筑议会。香港绿色建筑议会（Hong Kong Green Building Council）是BEAM Plus的主要评估机构。它是香港地区重要的非政府机构，旨在通过对设计、建设、试运行、管理、运营及维护各环节的改善而大力推广可持续的绿色建筑。该议会会员来自建筑项目的开发者、专业顾问、承建商、研发培训机构、行业工会、政府公务员等不同的岗位。具体来说，该绿色建筑议会由香港个重要机构共同支持组成，即建造业议会、商界环保协会、香港环保建筑协会、环保建筑专业议会。

（2）建造业议会。建造业议会（CIC）属于半政府组织，成员来自业内各界人士，包括专业人士、学者、承建商和政府官员等，主要是就长远的策略性适宜与业界达成共识、向政府反映建造业的需要，并为政府提供沟通渠道，取得与建造业事宜所有的相关意见。

（3）香港环保建筑协会。香港环保建筑协会（BEAM Society）是香港建筑物环境评估方法（HK - BEAM）的创始者和拥有者，并致力于推广此项绿色建筑评估体系，监督评估标准的运行与实施。

（4）商界环保协会。商界环保协会（BEC）最早由商界自发成立，是推广企业社会及环保责任的独立非营利机构。针对绿色建筑发展问题向政府提出建议，如绿色建筑标签计划、组织技术介绍和参观活动，分享有关可持续建筑的创新方法和技术方面的知识等。

（5）环保建筑专业议会。环保建筑专业议会（PGBC）由香港建筑师学会、香港工程师学会、香港园艺师学会、香港测量师学会及香港规划师学会等会员成立，代表了不同专业的工程师对绿色建筑的期冀和诉求。

（6）香港绿色建筑议会。香港绿色建筑议会创立于2009年，为非营利会员制组织，致力于推动和提升香港在可持续建筑方面的发展水平。目的是提高各界对绿色建筑的关注，并针对香港处于亚热带的高楼密集的城市建筑环境，制定各种可行策略。领导业界制定绿色建筑的行业标准和最佳守则，推广相关的教育及研究，与业界共同推动市场转化。

2. 发展历程

BEAM的发展大致经历了如下三个阶段。第一个阶段是发行试用版本HK-BEAM V3/99、1/96R和2/96R，分别为新建住宅建筑、新建办公建筑和既有办公建筑的标准，为全英文版本。第二个阶段为稳定发展阶段。从2004年起修订为HK-BEAM 4/04和HK-BEAM 5/04版本，分别是对“新建建筑”和“既有建筑”的相关规定。除了扩大评估建筑物的范围外，这两个版本还增加了评估内容的覆盖面，将那些对建筑质量和可持续性有影响的“额外”问题都纳入了评估内容。为了和国际上的其他绿建体系融合，BEAM正经历它的第三个阶段，即创新阶段。除更名为BEAM Plus、只发行英文版内容外，新版本还参考了LEED的一些做法，如对能耗模拟的参照、通风量的计算，都引入了ASHRAE标准作为得分依据等。从2010年4月提出改版为BEAM PlusV1.0版，经过近2年的更新和调整，目前版本为V1.2（见表3）。

表3　HK-BEAM发展演变过程

时间	事　　件
1996年	以英国的环保建筑标准（BREEAM）为蓝本制定“建筑环境评估法”（BEAM）
1999年	加入针对住宅高楼的新评审办法
2003年	评审涵盖所有建筑物种类的整个生命周期
2010年	推出升级版的“绿建环评”，由香港绿色建筑议会负责认证工作
2012年	推出“绿建环评”1.2版，加入被动式设计评分准则
2013年	推出“绿建环评”室内建筑，将“绿建环评”扩展至室内空间层面

资料来源：香港绿色建筑议会，www.hkgbc.org.hk。

3. 技术体系

以新建建筑为例，BEAM Plus 评估体系包含六大类认证内容：场址因素、材料因素、能源利用、节水、室内环境质量、创新和附加得分，每个部分得分所占的比例分别为 25%、8%、35%、12% 和 20%。

根据 BEAM Plus 新建建筑最新版 V1.2 的内容，将 BEAM Plus 的认证要点总结如表 4 所示。

表 4　BEAM Plus 新建建筑技术体系要点

技术体系	技术要点
场址因素	最小绿化面积、污染土地再利用、周边交通、邻近配套设施、现场设计评估、生态影响、文化遗产、景观及绿化种植、建筑物周边微气候、周边日光遮挡、施工环境管理计划、施工期内空气污染、施工期内噪声、施工期内水污染、冷却塔排放、建筑设备噪声、光污染
材料因素	临时作业所用木材、使用非氟利昂制冷剂、施工/拆除废弃物管理计划、废弃物回用设施、原有建筑再利用、模块化及标准化设计、非现场预制、适应性及解构性、围护结构的耐用性、可快速循环材料、可持续林业产品、再生材料、损害臭氧层物质、区域性材料、减少拆除废物、减少施工垃圾
能源利用	最低能源表现、减少 CO_2 排放或被动式设计、降低峰值用电需求、车库通风系统、车库照明系统、可再生能源系统、空调设备、晒衣系统、节能设备、检测与调试、测试与试运行、运行及维护、计量与监控、节能布局
节水	水质调查、最低节水表现、年用水量、监测与控制、节水灌溉、水再利用、节水设施及器具、下水道污水排放
室内环境质量	最低通风量、安全设施、管道工程与排水系统、生物污染、水处理设施、施工中室内空气质量管理、室外污染源、室内污染源、停车库室内空气质量、提高通风量、自然通风、局部通风、公共区通风、空调房屋内的舒适度、自然通风房屋内的舒适度、自然采光、常用区室内采光、非常用区室内照明、房间隔声、噪声隔离、背景噪声、室内振动、残疾人专用道、配套设施特征

资料来源：《香港绿色建筑认证体系 BEAM Plus 的综述及启示》。

4. 认证级别

BEAM Plus 认证分为四个级别，即铂金级、金级、银级和铜级。等级评估的依据是项目实际得分占可得总分（扣除不适用项）的百分比。由于考虑到场址因素、能源利用和室内环境质量这三类内容对绿色建筑的重要性，在进行整体等级评定时，除了要求项目的整体得分获得总得分的比例外，还要求在这三个评分类别的得分与创新和附加分应达到最低比例，才可以获得相应的级别（见表5）。

表5 BEAM Plus 认证评级标准

单位：%

认证级别	总得分比例	场址因素	能源利用	室内环境质量	创新分
铂金级	75	70	70	70	3
金　级	65	60	60	60	2
银　级	55	50	50	50	1
铜　级	45	40	40	40	

资料来源：《香港绿色建筑认证体系 BEAM Plus 的综述及启示》。

（四）香港绿色建筑发展趋势与展望

香港绿色建筑议会提出“香港2030”计划，以2005年用电量为基准，希望在2030年将建筑物耗电量降低三成。其中40%～60%的节能可以通过一些技术改造实现，如用节能灯、更新冷却系统、改造绿化系统等，其他可以通过生活习惯的改变等实现。计划针对现有楼宇、新建楼宇及公众教育三大范畴，“软硬兼施”对症下药，共提出25项建议。为了实现这一目标，香港计划在各栋建筑物逐一推广减排计划，对现有建筑物和新建建筑物提供减排标杆比照系统，让终端户了解到办公写字楼及民用建筑每年每平方米的最高能耗，比照该目标实施减排的举措。

四　比较与借鉴

绿色建筑不是单一的概念，分别体现在设计、建造、营运以及更新的全寿命周期。来自政府机构、民间团体、开发商等的共同努力，为全寿命周期的绿色建筑发展提供了一个公共平台。香港地区绿色建筑发展机构与组织、绿色建筑政策法规与评价体系，推动绿色建筑发展的经验值得借鉴。

香港高密度城市的发展模式让绿色建筑显得尤为重要，在这个发展过程中也积累了大量的绿色建筑发展经验。在1996年就推出了建筑环境评价标准体系BEAM。相对于深圳的绿色建筑发展，香港已经体现在建筑的全寿命周期过程。

1. 整体的绿色建筑发展理念

香港致力于打造一个“环保建筑城市”，现在形成了一套比较完善的绿色建筑发展体系。这个体系为政府、开发商、学术机构及相关从业人员共同促进绿色建筑的发展提供了一个互动的交流平台。

2. 系统的绿色建筑评估方法

《香港建筑环境评估方法》是香港本土推动的一套绿色建筑认证体系。它涵盖了安全、健康、舒适、功能、效率等因素。绿色建筑评估体系从六个方面对建筑物进行评价：选址、材料、能源、水利用、室内环境、创新性等。参加评估的建筑物包括“新建建筑”和“既有建筑”两类。

3. 全过程的绿色建筑认证体系

绿色建筑是全寿命周期内的持续发展，香港绿色建筑认证体系为全过程认证，完整的设计和施工阶段评审保证了绿色建筑实施的连贯性。

4. 政策法规与评价由政府和非政府机构共同推动

香港地区的绿色建筑政策法规和评价体系，按照政府和非政府机构两条主线同时发展，彼此之间相互独立，也相互影响。其中，政府机构主要开展政策法规的制定和执行，非政府机构主要开展评价体系的推广和应用。在自愿性执行和应用的背景下，政策法规和评估体系的普及需要依靠市场的支持。目前，香港特别行政区政府已开始采取一定的强制性措施，进一步促进和推动香港绿色建筑发展。

参考文献

《深圳市福田区绿色建筑发展规划（2015～2017年）》讨论稿。

《深圳市南山区绿色建筑发展规划（2013～2015年）》征求意见稿。

乌兰察夫主编《深圳低碳发展报告（2013）》，海天出版社，2013。

陈益明、徐小伟：《香港绿色建筑认证体系 BEAM Plus 的综述及启示》，《绿色建筑》2012年第6期。

方东平、杨杰：《香港台湾地区绿色建筑政策法规及评价体系》，《建设科技》2011年第6期。

深港屋顶绿化的现状与展望

邹冬方*

摘要： 深港两地，夏热冬暖，具有推行屋顶绿化的天然有利气候条件。深港两地屋顶绿化项目的推进，无论是技术层面还是政策法规的制定，对华南地区乃至全国的低碳生态城市建设都具有十分重要的意义。目前，香港政府大力推行屋顶绿化项目，在政策制定、施工设计和生态功能的科学评估上均已成熟。深圳是中国最早推行屋顶绿化的城市之一，当前正在建设低碳生态城市，全面推进屋顶绿化。本文以屋顶绿化这一营造低碳生态城市的技术作为切入点，探讨深港两地屋顶绿化的现状及未来发展前景。

关键词： 深港　屋顶绿化　低碳　生态城市

一　屋顶绿化简述

屋顶绿化的概念，从广义上讲，屋顶绿化是指在各类建筑物或构筑物以及阳台、天台等的外表面进行绿化，种植植物；从狭义上讲，是指在屋顶上运用地面绿化技术，营造园林景观，为人们提供适宜观光、游憩的环境空间。①

屋顶绿化的历史，可以追溯到公元前2000年左右，具有居住、娱乐功能的西亚皇家园林，如世界七大奇迹之一的巴比伦“空中花园”。近代的屋顶花园则被普遍认为是由欧美的风景建筑大师所开创。20世纪60～80年代，一些发达国家在新建筑的设计中，开始考虑建设屋顶花园的问题，此

---

* 邹冬方，香港理工大学土木工程系在读博士。

① 赵建民：《园林规划设计》，中国农业出版社，2001；冯驰、张宇峰、孟庆林：《植被屋顶热工性能研究现状》，《华中建筑》2010年第2期。

后，屋顶绿化技术和景观设计水平也日趋成熟。[①] 目前，德国是世界公认的屋顶绿化技术最先进、普及率最高、政策最完备的国家，加拿大、日本和美国等发达国家也开展了较为广泛的屋顶绿化事业，总结了很多有关施工工艺技术和管理机制方面的先进经验。

（一）屋顶绿化的分类

屋顶绿化按照技术难易程度可以分为开敞型、集约型和密集型三类（见表1）。

表1　屋顶绿化类型

类型	特点	应用范围	屋顶绿化形式
开敞型（粗绿化）	技术易，维护易	坡屋顶、平屋顶等	大面积简单铺设草坪、地被植物、攀缘植物。低养护，免灌溉
集约型	技术、维护中等	平屋顶	一般不种植大型乔木，可设置小路、座椅等。适时养护，及时灌溉
密集型（精绿化）	技术复杂，维护难	范围广	配置丰富的植物种类，可复层混交。经常养护，经常灌溉

资料来源：李科峰《关于我国城市屋顶绿化问题的现状分析及对策研究》，《北京建筑工程学院学报》2010年第26期，第44～48页；顾之远《屋顶绿化的功能及应用现状探讨》，《城市建设理论研究》2012年第22期。

（二）屋顶绿化的构造

屋顶绿化的基本构造层包括：植被层、种植基质层、隔离过滤层、排水蓄水层、隔根层和防渗漏层（见图1）。①植被层，即构成屋顶绿化的植物，其选择必须全面考虑局地气候、立地条件、基质层的特性、排水蓄水、大气污染等多种因素，植被层包括乔木、灌木、各类草本植物。②种植基质层，种植基质层是具有一定厚度、一定渗透性和蓄水能力的轻质材料层，多采用无土基质，以蛭石、珍珠岩、泥炭、草炭土、锯木屑等轻质材料，按一定比例混合配制而成。种植层的厚度根据植被的种类差别而有所不同。③隔离过滤层，其主要功能是不让种植基质层的土壤渗漏到排水层，防止

---

① 王军利：《屋顶绿化的简史、现状与发展对策》，《中国农学通报》2005年第12期。

土壤流失，同时使土壤层的多余水分排到排水蓄水层。过滤层材料的选择应该是既能透水又能隔绝种植土中的细小颗粒且耐腐的材料。④排水蓄水层，排水蓄水层的主要功能是调节屋顶绿化的含水量。将过滤层的水尽快排走，防止植物根系处于过分潮湿的环境中；干旱时把部分水贮存起来，当种植土干燥时，水通过毛细管作用返吸到种植基质层中。⑤隔根层，植物的根系具有很强的穿刺能力，根系可能穿过屋面防水层、导致防水层破裂漏水，为了有效保护屋面防水层保护层，就需要设置隔根层。⑥防渗漏层，又叫屋面防水层，应达到二级建筑防水标准要求，应至少设防两道。[①]

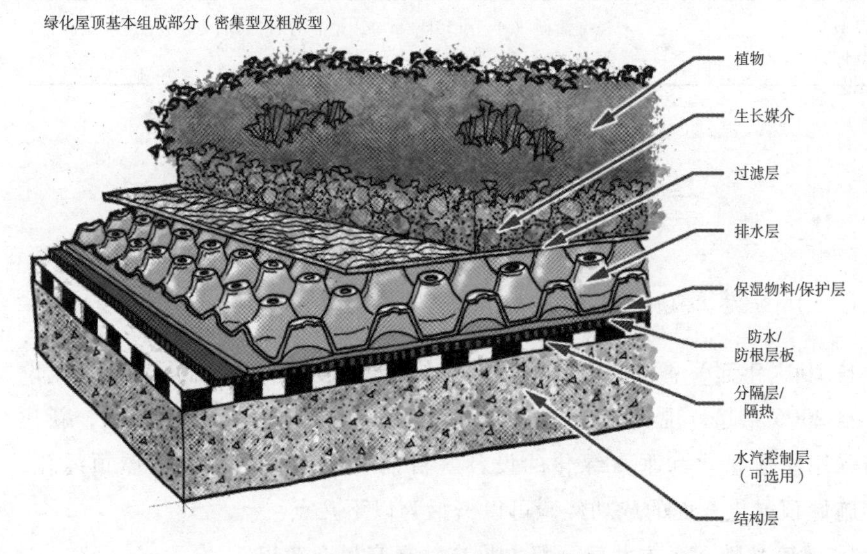

图 1　屋顶绿化分层构造图

资料来源：香港雅邦规划设计有限公司，2006。

（三）屋顶绿化的应用

目前，屋顶绿化主要应用重型屋顶绿化和轻型屋顶绿化两种工艺方式。[②] 一种是重型屋顶绿化，又叫屋顶花园，主要提供休闲娱乐的绿色空

---

① 刘浩洪：《屋顶绿化技术浅析》，《现代园艺》2012 年第 7 期，第 43～44 期；张驭：《屋顶绿化技术与设计》，《大科技》2013 年第 31 期，第 366～367 页。

② 杨渝兰、郑星、刘葆华、朱俊任、郑开丽、郑怀礼：《屋顶绿化的功能及应用现状》，《节能》2011 年第 30 期，第 4～6 页。

间，通常是集合了乔灌花草、景观小品和休闲设施；另一种是轻型屋顶绿化，又叫屋顶草坪，荷载相对较轻，主要种植一些可以粗放管理的地被型植被物种（见表2）。

表2 重型屋顶绿化和轻型屋顶绿化

类型	成本	管理	特 点
重型（花园）	高	难	荷载重（大于150kg/m^2），多功能花园式，对建筑物屋顶的可承担荷载有严格要求；植物配置多样化，强调景观协调与休憩功能；养护成本高，难度大；渗漏风险大，需配合一定的防渗工程工艺
轻型（草坪）	低	易	轻型简便（小于150kg/m^2），适合各种屋顶，成坪迅速。低养护，管理方便，渗漏风险小

二 深港屋顶绿化发展现状及展望

（一）香港屋顶绿化的实施现状及展望

自2001年起，香港政府开始在合适的新建政府建筑中引入屋顶绿化设计；自2006年起，现有政府建筑物普遍建设绿化屋顶；自2008年起，新建建筑采用屋顶绿化和垂直绿化的设计。目前香港多采用密集型屋顶绿化，在实施屋顶绿化方面的成功经验可以概括为以下几点。

1. 政府鼓励：多方共建，极力推广，提高民众意识

由于地少人多，土地集约利用一直是香港政府奉行的政策，屋顶绿化不但能提供额外的绿色空间，而且能改善城市风貌，提高隔热的效能，减轻市区的热岛效应。因此，屋顶绿化是香港“高空绿化”计划的两项内容（另一项是垂直绿化）之一，政府在公共场所、学校等建筑大力推行资助屋顶绿化项目。建筑署尽量在新建的政府建筑物屋顶上实施绿化工程，自2001年开始，政府已在可行的情况下在合适的新建政府建筑物工程项目中引入屋顶绿化设计。这些建筑物包括学校、火葬场、医院、办公大楼、小区中心等。此外，政府自2006年起在现有政府建筑物屋顶实施工程时，如情况许可，即进行屋顶绿化。除了屋顶绿化，政府亦不断寻求机会，在政府建筑物进行垂直绿化。自2008年开始，一些新建设的工程项目，包括学校及政府建筑物等，都采用了垂直绿化的设计。垂直绿化不但美化用地的景观，而且能改善空气质量，舒缓热岛效应。2010 年起，已在可行的情况下，把美化屋顶或平台的园景设计纳入新的政府建筑物工程计划内。具备这类绿化设施并已完工的工程超过 90 项，包括学校、办公大楼、医院、小区设施及政府宿舍。此外，自 2006 年起，建筑署已完成了超过 50 项备有绿化屋顶设施的政府建筑物翻新工程。目前，香港主要有 3 类屋顶绿化项目，第一类是政府出资建设的示范工程，第二类是由政府补贴建设的学校项目，第三类是私人项目，以减免税收、基金资助等手段鼓励私营建筑实施屋顶绿化，提高绿色形象。为了鼓励各机构及私人发展高空绿色项目，2012 年香港发展局首次设立了“高空绿化大奖”，旨在推动香港更广泛地采用高空绿化的设计模式。为了提高市民大众对屋顶绿化及技术要求的认识，建筑署已将 2007 年年初完成的《香港绿化屋顶应用研究》上传到网站，供市民大众了解绿化屋顶的最新概念、设计和技术，以便促进社会大众加深对绿化屋顶的认识，积极参与城市可持续发展（见图 2）。

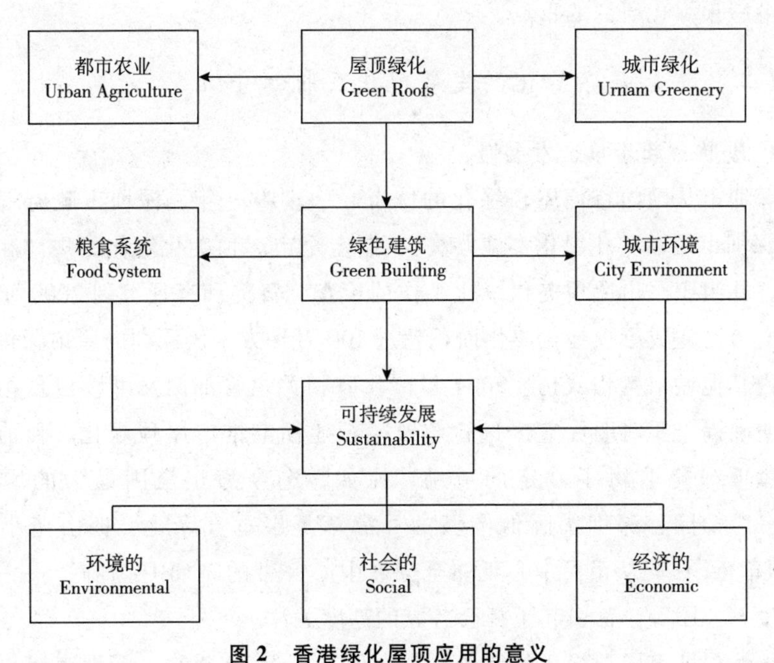

图 2　香港绿化屋顶应用的意义

资料来源：许俊民《屋顶绿化的设计与应用指引》，2013。

2. 科技领先：量化研究，本土物种，因地制宜营造美丽景观

香港的多个高校开展屋顶绿化生态功能的量化研究和科学评估，在屋顶绿化的施工工艺技术、成本效益分析和生态效果方面积累了很多量化成果。比如，香港大学、香港科技大学、香港理工大学主要依托土木工程系，侧重于评估屋顶绿化对建筑物的潜在影响、制定施工工程工艺的指引，对信息方面有很深入的研究，具体包括屋顶绿化系统的技术指南、屋顶绿化的全年节能性能量化、屋顶绿化和太阳能系统的整合、活生墙的热调节性能等。香港中文大学、香港大学和香港浸会大学主要依托生物系，侧重于评估屋顶绿化在降温、降噪方面的量化生态效果、都市农业的营造、学校屋顶绿化项目的推广，并在环境教育等方面有深入的研究。

香港的屋顶绿化因地制宜，针对不同的建筑物，考虑其土木结构和周围环境，采用不同的屋顶绿化施工工艺，尽量采用本土物种，符合科学的城市生态观。在景观设计上，尽量与周围景观相协调一致。目前，香港屋顶绿化的主要方向仍集中在密集型绿化项目，对于此类项目的全港 GIS 监测、定期维护成本的降低、社区生态服务功能的定量评估等方面，仍是未来香港屋顶绿化研究的重点。

（二）深圳屋顶绿化的发展现状及瓶颈分析

1. 现状：起步早，发展慢

深圳市是国内首倡屋顶绿化的城市之一。1999 年，深圳市政府就下发了《深圳市屋顶美化绿化实施办法》，制定全市屋顶美化绿化的规划和实施细则，并组织全市屋顶美化绿化工作的检查、督促和考评。到 2000 年 4 月底，全市已完成屋顶绿化美化面积超过 100 万平方米，深圳的屋顶绿化经验被国内其他城市竞相效仿。2004 年市政府相关主管部门又继续出台相关政策，明确提出要对旧住宅区进行整改，新建住宅推广屋顶绿化。目前，深圳的屋顶绿化取得了一定的成绩，比如，迄今为止全国最大的屋顶菜园——广桑园、深圳国际低碳城的乔灌草复层垂直绿化、梅山苑小区的“屋顶草莓园”、从市民中心延伸至会展中心一带的“CBD 绿肺”——屋顶绿化生态公园等，都引起了社会各界的高度关注。

虽然深圳市屋顶绿化的起步较早，但是，近 10 年来，深圳市屋顶绿化的整体工作已经明显落后于北京、上海等城市。虽然目前深圳的屋顶绿化总量在全国明显处在领先地位，尤其是福田区大力推行屋顶绿化，屋顶绿化面积占全市总面积的32%。[1] 但是统计显示，直到2010年5月，深圳市已绿化的屋顶面积也仅有140万平方米，整整10年里，深圳市新增的屋顶绿化面积仅为40万平方米。而且，深圳屋顶绿化率，相比发达国家的10%~15%，差距甚大；即使是按照研究表明的中心城市屋顶绿化率达6%可产生显著的生态效益来计算，深圳的屋顶绿化要达到800万平方米的水平，依然任重道远。

2. 发展瓶颈及其解决途径

深圳屋顶绿化的发展瓶颈及其解决途径主要有以下几个方面。

（1）建筑结构瓶颈：受房屋结构限制，粗放型绿化比例大

受已有建筑的屋顶建设标准较低等条件制约，目前深圳市建筑屋顶绿化以粗放式居多，应该在物种选择、景观提升等方面向精细型屋顶绿化发展。在2007年7月的试验中，吴艳艳等[2]得出结论，深圳市重型与轻型屋顶绿化降温增湿效果相比较而言，重型屋顶花园要明显优于轻型屋顶草块，但是二者均能在夏季有效降低建筑物高温、增加屋面相对湿度。以广桑园为例，在屋顶建菜园，每平方米需承受400公斤的压力，并不是所有深圳市的房屋都能符合这个标准，因此，虽然绿化效果卓著，但是推广难度比较大。目前新建建筑设计必须符合绿色建筑标准，绝大部分可以实施屋顶绿化，但是旧有建筑屋顶建设标准低，实施屋顶绿化，尤其是屋顶花园等精细型屋顶绿化，有一定的难度，必须有相应配套的整改工程先行实施才能满足精细型绿化的需要。另外，目前屋顶绿化的区域彼此分离，灌溉效率低下，后期养护不便。因此，深圳未来的屋顶绿化要加强区域规划，向着拓展型屋顶绿化发展。

（2）投入资金瓶颈：建设成本高，后期管护难

目前，深圳市推行屋顶绿化的建筑物，必须增设很多设施进行大规模改造，耗资巨大，屋顶绿化的成本较高，同时，后期管理和维护也需一笔不小的经费，每平方米一年需150~200元，如果在北方寒旱地区，管护费

---

① 邵天然：《城市屋顶绿化综合效益的经济价值评价——以深圳市福田区为例》，《广东农业科学》2012年第39期，第220~223页。

② 吴艳艳、庄雪影、雷江丽、钟炼：《深圳市重型与轻型屋顶绿化降温增湿效应研究》，《福建林业科技》2008年第35期，第124~129页。

用则更高。但是，即使这样，相比在深圳的中心城区建造1平方米普通绿地的成本达3000元，屋顶绿化的经济效益、社会效益仍是明显的。成本问题同样也是发达国家和地区推行屋顶绿化曾经遇到的难题，其解决途径在于[①]：①将屋顶绿化的建造和维护费，从一开始就计入城市的财政预算。如在德国，政府补贴25%的绿化经费，政府和业主共同出资进行屋顶绿化。[②] ②实施多种财政补助手段，如德国的一项调查显示，有的城市提供直接财政补助，有的城市提供雨水费减免等。③纳入立法和标准，将成本直接计入建筑物成本。如德国的很多城市，直接把屋顶绿化纳入城市发展规划的法规里；在美国，屋顶绿化的实施被纳入联保“绿色建筑”评估体系（LEED），获得此标准认证后，即可得到联邦基金或地方州政府的有关财政补贴。

（3）居民意识瓶颈：安全信任差，生态效益认同感低

目前深圳已实施屋顶绿化的面积，仅占可实施屋顶绿化面积（1.3万平方米）的不足2%。广大居民对屋顶绿化的认识不够，如很多住宅区的业主认为屋顶绿化会加重建筑承重，造成房屋漏水等安全隐患，对其生态效益，居民的认同感也很低。[③] 其实，轻型绿化的成本低，实施工艺简单，对建筑物结构的要求也不高，却可以达到很好的降温增湿效果，而且，有轻型绿化覆盖屋顶的建筑平均寿命（40~50年）比裸露屋顶的建筑平均寿命（25年）高。[④]深圳缺乏有关屋顶绿化生态效益的大力宣传，[④] 因此，应该通过持续的科学研究，积累资料，通过全民环境教育等手段来提高大众对屋顶绿化公共效益的认识，同时，相应的政策和法规也亟待进一步完善。此外，应该加强公共建筑和工业建筑等的屋顶绿化，设立示范试点，由政府在此方面给予资助。

（4）产业规管瓶颈：产业化发展不规范，缺乏统一准确的技术标准

1999年颁布的《深圳市屋顶美化绿化实施办法》，应该是全国第一个有

---

① 谭一凡：《欧美城市屋顶绿化政策研究及对深圳的启示》，节能型建筑规划、建造暨建筑物屋顶绿化交流研讨会，2008。

② 李佳：《德国屋顶绿化技术研究》，《城市建设理论研究》2013年第17期。

③ 喻圻亮：《深圳地区既有建筑屋顶的绿色节能改造研究》，《华中建筑》2008年第5期。

④ 唐亚娟：《发展屋顶绿化，开拓城市绿化空间——关于在深圳市推行屋顶绿化的建议》，《广东园林》2003年第4期，第45~48页。

关屋顶绿化的政府文件，深圳市积极推进屋顶绿化事业，《美丽深圳绿化提升行动工作方案》将建筑物屋顶绿化和垂直绿化纳入项目建设的前期规划，规定政府投资的新建项目应开展屋顶绿化建设。深圳还制定了量化指标：从2013年开始，每年各区（新区）至少建设1个屋顶绿化和垂直绿化的示范点，力争到2015年全市中心城区屋顶绿化率达到3%，到2020年达到5%。与此同时，屋顶绿化的产业化发展却因为施工技术，诸如节水灌溉等标准不确定、[①] 相关产业链不成熟而使屋顶绿化市场处于混乱状态，导致行业恶性竞争。因此，建立健全完善的法规和政策体系，是规范管理屋顶绿化产业和市场的有效途径，这也符合深圳市的法治化建设，亟须出台相应的优惠政策，给予一定的财政补贴，同时立法保护和扶持优秀的企业和项目，通过税收、减息等经济杠杆给予奖励，对于不规范的企业和项目，则利用法律手段，严厉惩处和取缔。

三 结论与讨论

根据香港屋顶绿化科研成果和成功经验的启示，深圳未来推行屋顶绿化项目应该根据建筑设计分类型进行不同方式的屋顶绿化，同时加强科学研究，找到适合旧有建筑的粗放型屋顶绿化方式和在新建建筑选择本土物种大量试行精细型屋顶绿化，在建立和健全法规、政策和技术标准的基础上，以示范项目为发端，完善全市的屋顶绿化系统。

① 欧钊明：《关于屋顶绿化技术的探讨》，《城市建设理论研究》2012年第33期。

生态环境保护

香港生态环境保护规划管理和经验借鉴

邓洁华　杜　放*

摘要： 通过研究分析目前香港生态环境保护现状、政府制定的各种环保法律法规、民间环保组织的基本情况、特点、经验，为中国内地今后开展生态环境保护提供一些经验借鉴。

关键词： 香港　生态环境保护　规划管理　经验借鉴

香港是世界人口最稠密的地区之一，香港总面积约为 $2755.03km^2$，其中陆地面积为 $1104.39km^2$，水域面积为 $1650.64km^2$，水域率为 59.92%，总人口数为 723 万人，① 然而在这地窄人稠地方，香港不仅是经济发达城市，而且是生态自然环境保护较好的城市之一。据统计，香港人口 723 万人居住生活工作仅占用香港土地面积的 24%，其余 70% 多均为原生态林地、公园、草地、湿地等。香港拥有 1180km 海岸线、绵延的山脉以及风景怡人的 24 个郊野公园、22 个特别地区（共占地约 44239 公顷）、4 个海岸公园和 1 个海岸保护区。另有约 6600 公顷的土地为法定规划图则上划定的自然保育地带，受严格的规划和发展管制，其中包括具特殊科学价值地点、自然保育区和海岸保护区。香港的土地范围中，总共约 43% 受法定保护。② 无论从保护区所占的比例，还是从生物多样性来看，香港都有自己的独特的一面。

本文通过研究与分析香港在生态环境保护规划管理方面的做法与成就，为内地今后开展生态环境保护提供一些经验借鉴。

---

* 邓洁华、杜放，深圳职业技术学院。

① 香港政府一站通网站，http：//www. censtatd. gov. hk/hkstat/sub/so150_ tc. jsp。

② 香港渔农自然护理署官方网站，http：//www. afcd. gov. hk/tc_ chi/whatsnew/whatsnew. html。

一 生态环境相关概念界定

当代环境的含义分为广义和狭义两类，狭义环境仅指地理环境或自然环境，广义环境是指自然生态与人类的共处自然现象总体，可以分为自然环境、经济环境和社会文化环境。当代环境科学是专门研究环境与人类和谐共处、相互影响的综合性科学。生态是指原核生物、原生生物、动物、真菌、植物等五大类生物与周围环境之间的相互联系、相互作用。从这两个概念来看，似乎生物与环境是两个独立的概念，但是事实上，这两个概念之间皆因为"人类"这个因素的存在而建立起相互联系，因为人类与生物是需要和谐相处、生生不息的。生态环境不仅是指自然环境中各种生物之间系统平衡，而且，生态环境是指影响人类生存与发展的水资源、土地资源、生物资源以及气候资源数量与质量的总称，是关系到社会和经济持续发展的复合生态系统。

二 香港生态环境保护规划管理发展历程

（一）香港环境保护管理架构

纵观历史，香港环境保护发展历程和绝大多数国家的情况一样，都经历过从严重污染到开始重视，再到高度重视的过程。经历多年的环境污染之后，直到1977年环保问题才引起香港政府重视。最早于1977年成立环境保护组，1981年改组成立环保处，1986年环保处升格为署级部门，即今香港环境保护署，简称环保署，是香港政府主管环境保护政策的部门。环境保护署的职责包括构思环境保护、自然保育及能源效益等政策，执行香港各环保法例，环保署亦负责监察环境质素，为家居、工业等各种废弃物提供收集、转运、处理和处置设施，并就城市规划及新政策对环境的影响提供意见。环保署还负责处理市民对各类污染的投诉，通过宣传提高市民的环保意识，以及鼓励市民支持环境保护工作。环境保护署的工作涉及空气、环境评估及规划、环境保育、噪声、废物及水质等，共涉及6个纲领。[①]

---

① 香港环保署官方网站，http：//www. epd. gov. hk/epd/sc_ chi/top. html。

香港渔农自然护理署是香港特别行政区政府管理渔业及农业的部门，提供与渔农业、自然存护、动植物及渔业监管有关的服务。目前香港渔护署管理24个郊野公园及7个位于郊野公园范围外的特别地区、5个海岸公园及海岸保护区、各区的康乐或烧烤地区、37个露营地点及10个经由许可证制度批准容许的越野自行车活动地点。渔农自然护理署的工作包括提供发展建议、规划策略、环境影响评估等工作，提供有关自然保育方面的意见、执行法例、进行研究及推行生物多样性保育计划和认定具特殊科学价值的地点等工作以保育香港的动植物及自然环境；亦会定期进行生态调查，并建立香港的生态数据库；同时监察米埔内后海湾国际重要湿地的生态，并发展及管理湿地公园；监管濒危动植物的国际贸易；通过宣传和教育，加强香港市民对自然保护的认识。①

（二）香港环境保护条例基本情况

通过近半个世纪的努力，香港政府制定和完善了涉及各个方面的环境保护条例（见表1）。

表1　香港历年有关环境保护条例、行动或计划

序号	条例法规、行动或计划	主要内容
1	《保持空气清洁条例》	首次设立条例管制燃烧燃料所产生的排放物
2	《水污染管制条例》	立法最为鲜明的特点是通过加大惩治力度来遏制环境污染，采取了将环境违法行为全面刑事化的做法
3	《废物处置条例》	该条例规定，违反该条例的行为，不论情节轻微还是严重，都是犯罪行为。其中对违反化学废物及进出口废物管制条款的行为，刑罚最重，前者最高刑罚是罚款20万港元及监禁6个月，后者则是罚款50万港元及监禁2年
4	《空气污染管制条例》同时配套5个规例：《空气污染管制（尘埃及沙砾散发）规例》《空气污染管制（燃料限制）规例》《空气污染管制（烟雾）规例》《空气污染管制（指定工序）规例》《建筑物（拆卸工程）规例》	该条例取代1959年的《保持空气清洁条例》，管制燃烧以外的空气污染源头，并于1991年加大管制范围，包括汽车废气等。其后，环保署于1995年6月开始每天发布空气污染指数。本地传媒每天也在天气报告时段发布空气污染指数

① 香港渔农自然护理署官方网站，http：//www.afcd.gov.hk/tc_chi/whatsnew/whatsnew.html。

续表

序号	条例法规、行动或计划	主要内容
5	《噪音管制条例》	
6	《环境影响评估条例》	
7	展开“蓝天行动”计划	集中向市民宣传减低空气污染策略
8	《珠江三角洲火力发电厂排污交易试验计划》	香港政府与广东省政府两地环保机关共同公布《珠江三角洲火力发电厂排污交易试验计划》实施方案，利用排污交易模式（emissions trading）达至共同减少排污效果
9	《产品环保责任条例》	该条例规定，对塑料购物袋征收环保费，旨在提供经济诱因，以降低市民使用塑料购物袋的动机
10	推出“香港建筑物能源效益资助计划”	鼓励私人物业业主为其建筑物进行能源及二氧化碳排放综合审计和能源效益项目
11	提出强制实施《建筑物能源效益守则》的法案	通过法案提高建筑物能源效益，提高现有及新建楼宇的能源效益并减少电力消耗
12	《2009年空气污染管制（汽车燃料）（修订）规例》	以立法管制汽车使用生化柴油的燃料规格
13	推出全新的“减碳开步走”网页	向市民介绍各项减排措施，方便市民分享并交流减排经验，提高公众的环保意识
14	《香港应对气候变化策略及行动纲领》	行动纲领提出从五大范畴将香港构建为“低碳绿色城市”，目标是2020年“碳强度”较2005年减少50%～60%
15	《基因改造生物（管制释出）条例》	该条例的目的是保护本地的生物多样性，使其免受拟向环境释出（例如进行商业耕作或为科学研究而进行的田间试验）的基因改造生物可能带来的潜在不利影响
16	《海上倾倒物料条例》	
17	《郊野公园条例》	
18	《野生保护条例》	
19	《林区及郊区条例》	
20	《动植物濒临绝种生物保护条例》	
21	《保护臭氧层条例》	
22	《海岸公园及海岸保护区规例》	

资料来源：香港环保署官方网站，http://www.epd.gov.hk/epd/sc_chi/top.html。

除以上香港政府所制定的有关环境保护法律法规之外，香港特别行政区政府根据《基本法》以“中国香港”身份加入了多个国际环保公约、条约（见表2）。

表2　香港特区政府参加国际环保公约

适用于香港的部分国际环保公约	
全球气候变化	《联合国气候变化框架公约》及议定书
保护臭氧层	《保护臭氧层维也纳公约》及议定书
环境保育	《国际捕鲸公约》《亚洲和太平洋地区植物保护协定》《关于特别是作为水禽栖息地的国际重要湿地公约》《保护世界文化及自然遗产公约》《濒危野生动植物种国际贸易公约》《保护迁徙野生动物公约》《生物多样性公约》及《卡塔赫纳生物安全议定书》
有害废物	《控制危险废物越境转移及其处置巴塞尔公约》
海洋污染	《国际干预公海油污事故公约》、《国际油污损害民事责任公约》议定书、《设立国际油污损害赔偿基金国际公约》议定书、《防止船舶造成污染国际公约》、《关于防止倾倒废弃物及其他物质污染海洋的公约》、《国际油污防备、反应和合作公约》
持久性有机污染物	《关于持久性有机污染物的公约》

资料来源：香港环保署官方网站，http：//www. epd. gov. hk/epd/sc_ chi/top. html。

（三）香港民间环保组织基本情况

香港环境保护体系中有一个重要组织机构起到非常重要的带头作用。目前香港环保组织有十多个，涉及范畴和领域较为广泛，这些民间组织在环境保护过程中起到非常重要的领头和典范作用（见表3）。

表3　香港主要民间环保组织基本情况一览

序号	组织名称	主要工作职责及活动
1	世界自然基金会香港分会（WWF Hong Kong）	成立于1981年，属世界自然基金会国际网络的一分子，于香港湾仔、中环、大埔元洲仔、米埔及海下湾五地设有办事处。成立初时致力筹募经费保护大熊猫及其他濒危物种。20世纪80年代在米埔发展教育中心及自然保护区，同时为学校开展各项环境教育活动。1984年开始管理米埔自然保护区，同年举办首届“香港观鸟大赛”。20世纪90年代开始致力于推行多样化的环境保护工作，重点项目有湿地存护政策工作及海洋存护政策工作，1992年在米埔首次举行“步走大自然”的前身“米埔环保行”筹款活动。主要工作包括：保育、生态足印、教育三大项目

续表

序号	组织名称	主要工作职责及活动
2	保护海港协会	保护海港协会是非营利机构，于1995年11月成立。成立目的是反对香港政府不断大规模填海，尤其是在维多利亚港一带的工程。宗旨是保护维港，使其免受填海造地及城市发展的破坏，并促进维港两岸优良的城市规划，使香港人视为“最珍贵的资产”的维港得以永久保存，并让后世居民得享其好处。自成立以来，该会成功反对政府实行青洲及旧启德机场等地填海计划，使政府重新检讨。此外，该会于1996~1997年推动《保护海港条例》草案以私人法案形式呈交当时之立法局，于1997年4月获立法局通过，成为香港法例
3	嘉道理农场暨植物园	嘉道理农场为非营利机构，重点工作为自然保护及教育方面。虽然是一所公众公司，但其资金和管理由私人经营，经由“嘉道理基金”信托人委任的董事局独立管理。嘉道理农场与多个政府组织、大学和非政府机构进行多个合作项目。工作范围为：1. 农业部致力推广永续农业和永续生活，以及提倡农作物本地产、本地销的基本理念。2. 永续农业的生产示范：有机耕种、花盆蚯蚓堆肥、“果园复生计划”。3. 推广具永续性的食物系统、健康食物及营养
4	争气行动	争气行动（Clear the Air），是香港的一个环保组织，成立于1997年12月10日，致力协助香港政府及各有关机构颁布和推行减低空气污染之法例，以改善香港的空气质素。该组织奋斗目标：进行推广及宣传活动，以争取社会大众的支持；向政府及有关机构提出切实而有效的解决方案；向普罗大众灌输有关空气污染的知识，让他们体会此问题对健康及生活的影响
5	环保触觉	环保触觉是香港的环境保护团体，成立于2004年，通过调查及监察香港社会上违反环境保护的现象，提出改善建议，旨在提高香港市民的环境保护意识及“触觉”。 环保触觉主要关注环境问题，而关注的绝大部分问题都与都市发展有关。其关注项目包括：1. 屏风楼效应及城市规划；2. 保护海洋；3. 节日浪费资源；4. 光污染；5. 善用空调；6. 关注楼市销情及会所设施；7. 关注公屋单位的空置，反对偏远地区增建公屋；8. 关注酒店房间兴建窗台；9. 反对污水处理厂搬迁入岩洞，认为腾出土地作用不大；10. 应暂缓建设中九龙干线工程，以免对市民生活和环境造成破坏；11. 应减少各种大型基建及工程，减少建筑废料
6	绿田园	绿田园基金（Produce Green Foundation）是非营利慈善团体。创立于1988年，积极推广环境保护及绿色社会的思想。自1989年开始，绿田园基金在粉岭鹤薮有面积约39000平方呎的田地，供市民体验有机耕种之用。目前绿田园基金所管理的农场面积已由39000平方呎扩展至209000平方呎，所服务的团体平均每年接近400个，至今曾参加绿田园基金举办的活动的总人次约50万

续表

序号	组织名称	主要工作职责及活动
7	绿色力量	绿色力量是一个香港的志愿团体，成立于1988年，关注香港的环境事务及相关问题。该组织经费来源是市民捐献、会费、赞助及筹款活动的收入。绿色力量致力于环境教育，他们认为教育是改变观念和行为最根本的办法。相关工作有： 2001年，成立了香港第一个绿色学校网络。与学校合作发展环境教育资源中心。制作跨学科环保教材。在网络上设立了环保教室。 2005年，成立幼儿绿校网。 2006~2007年，与中电合作，在多个商场举行展览，推介天然气发电的好处。 绿色力量以蝴蝶作为生态保育工作重点
8	绿领行动	绿领行动（Greeners Action）；原名绿色学生联会（Green Student Council）是香港的一个以学生为主的环保团体。1993年8月，当时参加地球之友举办的“绿色希望计划”活动的中学生，在其鼓励下成立了第一届绿色中学生联会（后改名为“绿色学生联会”）。绿领行动定时举办联谊活动，如远足、考察、例会、绿色大食会、露营等，并且协助“地球之友”举办“绿色新希望计划”，培养学生对环保的兴趣。2007年7月，绿色学生联会正式改名为“绿领行动”，并于2008年元旦至4月1日开展首届“全港回收电话簿”大行动
9	长春社	长春社，香港的民间环保组织，成立于1968年，为香港最早成立的环保团体。该组织以积极倡议可持续发展的理念、保育自然、保护环境和文化遗产为使命。该组织主张倡导合适的政策、监察政府工作、推动环境教育和带头实践公众参与，以达致可持续的发展。工作范围：1. 举办各类环保教育活动；2. 在香港和内地进行自然保育计划；3. 倡议湿地、树木的保育工作；4. 对政府制定政策提出意见；5. 保护历史文物；6. 其他：为旅游业人士而设的自然导赏员课程
10	香港两栖及爬虫协会	香港两栖及爬虫协会（Hong Kong Society of Herpetology Foundation，HKHerp），成立于2005年，是香港一家以两栖类及爬行类动物命名的慈善机构。其宗旨为提倡爱护动物、防止动物受虐待、关注对野生动物及其生存环境的保护
11	香港地球之友	香港地球之友［Friends of the Earth（HK）］，成立于1983年的慈善团体，是香港主要的环境保护团体之一。旨在通过推动政府、企业和公众，共建可持续发展的环保政策、营商方式和生活形态，以保护香港及邻近地区的环境为目标。该会自负盈亏，无政府资助，有赖企业机构和“善长仁翁”的捐助、团体及个别义工的亲身参与和支持。 近年来推出的主要运动项目，包括促请超市捐赠卖剩食物，设立“救食平台－食物回收捐助联盟”促请企业捐赠食物，并通过联盟成员再分发予有需要人士、推广珍惜食物的一系列“惜饮惜食”教育活动；关注邮轮污染、路边空气污染等空气污染议题、关注废物问题如源头减废、促请政府完善回收设施方考虑扩建推填区、“生

续表

序号	组织名称	主要工作职责及活动
11	香港地球之友	产者责任运动”，以及关注光污染议题的“够照”“冻感之都——举报城市雪房运动”、“绿野先锋”植树计划和“常哦行动”等项目。香港地球之友自2006年起举行“知悭惜电”节能比赛，推动全城悭电节能，至2012年共为香港节省超过1亿4千度电
12	香港爱护动物协会	香港爱护动物协会（Society for the Prevention of Cruelty to Animals Hong Kong，HKSPCA）成立于1903年，是一家非营利组织。其宗旨为提倡爱护动物和防止动物受虐待，是大陆与港台地区首家保护动物的非政府组织，也是由华人建立的、历史最悠久的动物福利组织
13	香港观鸟会	香港观鸟会（Hong Kong Bird Watching Society），是香港一个旨在欣赏及保育香港鸟类及其自然生态的民间组织。观鸟会成立于1957年，于2002年被认可成为公共性质慈善机构，在国际鸟盟于1994年成立后，便成为其香港支会
14	绿色大屿山协会	成立于1989年，旨在反对在大屿山郊野公园兴建发电厂
15	香港海洋环境保护协会	成立于1991年，专门处理保护海洋事务

综上所述，香港特别行政区在如何进行生态环境保护方面，无论是香港特别行政区政府，还是民间自发成立的环保组织等，对香港自然生态环境和居住环境的保护方面都不遗余力，采取的措施和手段多种多样，涉及方方面面。一方面，通过出台正式的法律法规整体规划管理生态环境保护；另一方面，还有社会各阶层自发的民间组织通过自发开展各种各样民间环保活动对居民普及推广环保意识。通过对香港行政特区在生态环境保护方面所取得成就和经验分析，对我们内地如何开展生态环境保护起到一定的典范和带头作用。

三　香港生态环境保护管理经验借鉴

（一）全民践行可持续发展观念

人类历史上第一次阐述了“可持续发展”概念的时间为1987年，是世界环境与发展委员会在题为《我们共同的未来》的报告中提出的。在可持续发展思想形成的历程中，最具国际化意义的是1992年6月在巴西里约热内卢举行的联合国环境与发展大会。在这次大会上，来自世界178个国家和地区的领导人通过了《21世纪议程》《气候变化框架公约》等一系列文件，明确把发展与环境密切联系在一起，使可持续发展走出了仅仅在理论上探索的初期阶段，响亮地提出了可持续发展的战略，并付诸全球的行动。可持续发展理论是指既满足当代人的需要，又不对后代人满足其需要构成危害的发展理论。香港作为一个发达城市，与其他大城市一样，均要面对噪声、繁忙的人流和交通以及过度消耗能源和商品的问题。香港在践行可持续发展理论过程中，亦属于一座先锋模范的城市。笔者认为，香港践行可持续发展观念的经验和做法可以概括为三个方面。

1. 提出符合香港特色的可持续发展观念

香港特别行政区政府在《1999年施政报告》中对可持续发展定义为：在追求经济富裕、生活改善的同时，减少污染和浪费；在满足我们自己各种需要与期望的同时，不损害子孙后代的幸福；减少对邻近区域造成环保负担，竭力保护共同拥有的资源。对可持续发展的定义意味着香港自此将努力践行可持续发展理论。

2. 成立相关机构与部门，践行可持续发展观念

2001年4月，香港特别行政区政府成立可持续发展科（前身为隶属政务司司长办公室行政署的持续发展组），负责向政府内部和市民推广可持续发展的概念。其主要任务之一，是监察在政府内部实施的可持续发展评估制度，把可持续发展的原则融入决策过程之中。所有决策局和部门均须将管辖下的主要措施及重大计划，进行可持续发展评估，并在向政府委员会及行政会议提交的文件中，解释有关措施及计划对可持续发展方面的影响。

2003年3月，香港特别行政区政府成立可持续发展委员会，负责促进香港的可持续发展。委员会的职权范围是：就推动可持续发展的优先范畴，向政府提供意见；就为香港筹划一套融合经济、社会及环境因素的可持续发展策略，提供意见；通过包括可持续基金的拨款在内的不同渠道，鼓励社区参与，以推动香港的可持续发展；增进大众对可持续发展原则的认识和了解。成立“可持续发展基金会”，投入1亿元用于资助一些有助于加深市民认识可持续发展概念的活动，以鼓励市民在香港实践可持续发展原则。

3. 民间环保组织努力践行可持续发展观念

香港有不少民间环保组织，这些组织通过开展各种各样的环保宣传和教育活动，对香港市民对可持续发展从认识到行动的转变起到非常重要的催化和推动作用。

"香港可持续传讯协会"就是一家非营利机构，由志愿人士组成，旨在提供沟通渠道，加强各界联系，共同推广可持续发展，缔造绿色未来。该组织较成功的活动有免费发行与赠送10000本《环保录页》，该录页收录有140多个国家的7500多家环保机构资源，把这录页免费赠送给相关政府机构部门和环保组织。"香港地球之友"自2006年起举行"知慳惜电"节能比赛，推动全城慳电节能，至2012年已经为香港节电超过1.4亿度。"长春社"主张倡导合适的政策、监察政府工作、推动环境教育和带头实践公众参与，以达致可持续的发展。"绿色力量"于2001年成立了香港第一个绿色学校网络，与学校合作发展环境教育资源中心，制作跨学科环保教材，在网络上设立了环保教室。"绿田园基金"在粉岭鹤薮有面积约39000平方呎的田地，自1989年开始利用这片田地供市民体验有机耕种之用。目前"绿田园基金"管理的农场面积已扩展至209000平方呎，接受服务的团体年平均接近400个，曾参加"绿田园基金"举办的活动的总人次约50万。"争气行动"的三大目标：进行推广及宣传活动，以争取社会大众的支持；向政府及有关机构提供切实而有效的解决问题的方案；向普罗大众灌输有关空气污染的知识，让他们体会污染问题对健康及生活的影响。"世界自然基金会香港分会"的主要工作包括：保育、生态足印、教育三大项目。

（二）重视立法，依法治理，为生态保护提供法律依据

20世纪70年代，由于环境质量迅速恶化，香港特别行政区政府开始高度重视环境治理，并着手制定相关法律。最早的法律法规为1959年出台的《保持空气清洁条例》，该条例的出台意味着香港特别行政区政府依法治理环保问题的开始。1980年香港特别行政区政府先后颁布了《废物处置条例》和《水污染管制条例》。立法亮点在于事后控制，通过加大惩罚力度遏制环境污染，将环境违法行为上升为全面刑事化，即在所制定的环境法例中均有刑事惩罚的规定，将环境污染行为上升到刑事犯罪的高度，发挥了非常有效的警示和震慑作用。政府后续出台的一系列法律法规，通过较全面较系统的立法治理环境污染问题。立法的指导思想由"污染后治理"转变为"污染前治理"，由"局部治理"转变为"全局治理"，由"单一治理"转变为"系统治理"，由"区域内部治理"转变为"区域之间治理"。

（三）政府机构职责明确，合理分工，各司其职

香港环境保护管理机构主要有两个：香港环保署和香港渔农自然护理署。香港环保署是环境保护政策的部门，出台相关法律法规，系统规划与管理香港整个环境保护问题。香港渔农自然护理署是专门负责自然生态环境保护规划和解决问题，专门应对生态自然环境的问题。

（四）系统规划，分类管理，出台相关法规

生态环境是指影响人类生存与发展的水资源、土地资源、生物资源以及气候资源数量与质量的总称，是关系到社会和经济持续发展的复合生态系统。香港的水资源、生物资源、空气资源三方面保护是依靠三方面管制力量实现的：一是制定符合本地特色的法律法规，通过立法规范行为；二是参加国际公约，与邻近区域政府机构合作共同治理；三是依靠民间环保组织的推动力量，共同治理和保护生态环境。

1. 水资源管理

香港地理环境不同于内地，主要由陆地面积和水域面积构成，其中水域面积为1650.64km²，水域率为59.92%。① 因此水资源是香港生态环境系统重点保护的资源之一（见表4）。

表4　香港水资源管理相关措施

	本地条例	参加的国际公约	民间环保组织
水资源	1980年出台《水污染管制条例》《废物处置条例》《海上倾倒物料条例》	《国际干预公海油污事故公约》、《国际油污损害民事责任公约》议定书、《设立国际油污损害赔偿基金国际公约》议定书、《防止船舶造成污染国际公约》、《关于防止倾倒废弃物及其他物质污染海洋的公约》、《国际油污防备、反应和合作公约》	《保护海港协会》《香港海洋环境保护协会》

香港政府为有效应对水污染问题，针对污染根源铺设污水渠，收集及处理污水。

2013年香港泳滩水质报表数据显示（见图1），2010～2013年，香港共

① 香港政府一站通网站，http://www.censtatd.gov.hk/hkstat/sub/so150_tc.jsp。

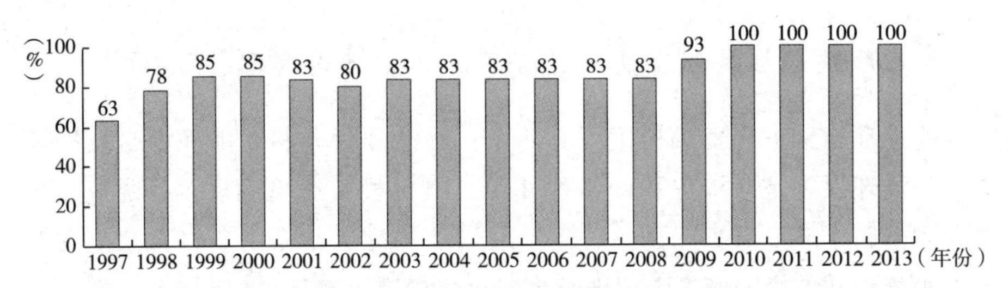

图 1　香港特别行政区政府宪报公布的泳滩 1997～2013 年水质达标占比情况

有 41 个泳滩全部达到水质指标，比 1997 年的 26 个增加 15 个。关于水质欠佳或极差的河溪，监测的结果显示，其占比亦从 1988 年的 52% 下降至近年的 15% 以下。这说明香港水污染治理是非常成功的。①

2. 空气资源管理

香港对空气污染的治理行动较早，而且出台的各种相关法规条例较多。民间环保组织对空气污染的宣传也较为广泛（见表 5）。

表 5　香港空气资源管理相关措施

	本地条例	参加的国际公约	民间环保组织
空气资源	《保持空气清洁条例》《空气污染管制条例》同时配套 5 个规例：《空气污染管制（尘埃及沙砾散发）规例》《空气污染管制（燃料限制）规例》《空气污染管制（烟雾）规例》《空气污染管制（指定工序）规例》《建筑物（拆卸工程）规例》《2009 年空气污染管制（汽车燃料）（修订）规例》《保护臭氧层条例》，展开“蓝天行动”计划、《珠江三角洲火力发电厂排污交易试验计划》、提出强制实施《建筑物能源效益守则》等法案	《保护臭氧层维也纳公约》及议定书	“争气行动”

2010 年 3 月 10 日新华网数据显示，香港每年有 4700 万吨碳排放，约占世界总碳排放的千分之一，和香港人口所占比例基本相符。香港每年人均碳排放量为 6 吨左右，略低于全球平均 7 吨的水平，而新加坡为 9 吨，日本和英国均为 10 吨，美国为 23 吨。②

经过多年对空气污染的治理，香港特别行政区取得的效果是显著的。

① 香港环保署官方网站，http://www.epd.gov.hk/epd/sc_chi/top.html。

② 新华网，2010－03－10。

香港环保署官方网站公布的历年空气质素指数显示，香港人口最密集的地区——中环，1999～2013年年均空气质素指数，PM_{10}、$PM_{2.5}$的指数数值在不断地下降（见图2）。①

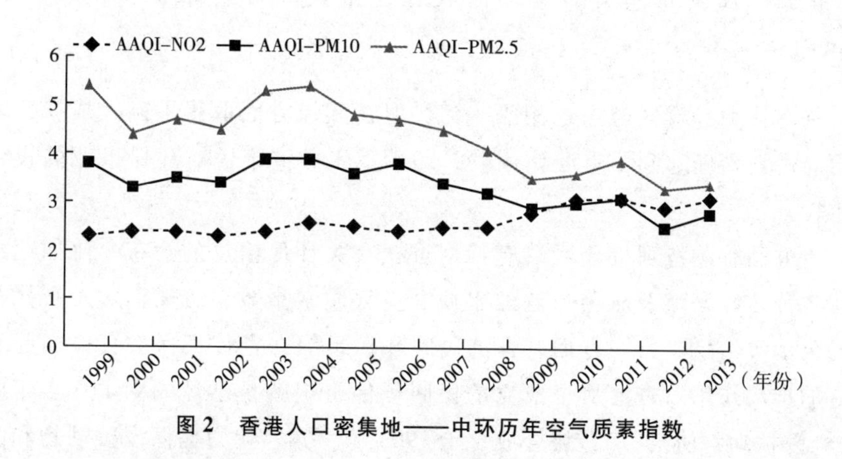

图2　香港人口密集地——中环历年空气质素指数

3. 生物资源管理

香港对生物资源的保护与治理意识较强行动最早，而且出台的各种相关法规条例最多。民间环保组织对于防治空气污染的宣传也极其广泛（见表6）。

表6　香港生物资源管理相关措施

	本地条例	参加的国际公约	民间环保组织
生物资源	《环境影响评估条例》《郊野公园条例》《野生保护条例》《林区及郊区条例》《动植物濒临绝种生物保护条例》	《国际捕鲸公约》《亚洲和太平洋地区植物保护协定》《关于特别是作为水禽栖息地的国际重要湿地公约》《保护世界文化及自然遗产公约》《濒危野生动植物种国际贸易公约》《保护迁徙野生动物公约》	“世界自然基金会香港分会”“嘉道理农场暨植物园”“环保触觉”“绿田园”“绿色力量”“绿领行动”“长春社”“香港两栖及爬虫协会”“香港地球之友”“香港爱护动物协会”“香港观鸟会”“绿色大屿山协会”

目前香港郊野公园面积占香港总面积的39%，全港绿化覆盖率约达70%，在人口密集区，人均也有1平方米的休憩绿地。香港自然生态环境拥有3000种开花植物，包括120种兰花和超过300种本地树木，以及超过2000种飞蛾、110种蜻蜓、230种蝴蝶及相当于内地全境的鸟类品种、众多

① 香港环保署官方网站，http：//www. epd. gov. hk/epd/sc_ chi/top. html.

种类的鱼及动物。这些数据无一不在说明香港的生态环境保护工作取得了巨大成就。[①]

（五）注重信息公布和环保教育，市民环保、维护权、知情权意识超前

香港特别行政区与内地相隔一河，但在环保方面取得了巨大成就，除了政府规划管理起到了重要作用外，还少不了香港市民对环保事业的投入和重视。

一方面香港特别行政区政府特别重视有关环保信息的公布，比如通过利用各种传媒渠道及时公布泳滩水质、空气质素指数、法规正式发布执行前的公示等信息。另一方面，香港民间环保组织在宣传环保教育方面起到很好的推动作用。香港最早成立的民间环保组织就是已经成立 110 多年的“香港爱护动物协会”，该协会成立于 1903 年，其宗旨为提倡爱护动物和防止动物受虐待，是“两岸”首家保护动物的非政府组织，也是由华人建立的、历史最悠久的动物福利组织。成立历史近 50 年的香港民间环保组织还有两家，一家是“长春社”，成立于 1968 年，该组织以积极倡议可持续发展理念、保育自然、保护环境和文化遗产为使命。该组织主张倡导合适的政策、监察政府工作、推动环境教育和带头实践公众参与，以达致可持续的发展。另一家为“香港观鸟会”，成立于 1957 年，于 2002 年被认可成为公共性质慈善机构。从这些环保组织的工作职责及活动中，我们可以得知香港市民在环保方面的意识从整体看远远超前于内地。正是有了香港市民的超前环保意识和可持续发展观念，香港特别行政区政府出台的很多环保法规才能得到市民的支持及执行，执行力度大大加强。

（六）香港政府与其他区域齐走“共同治理，携手创造”环保之路

一个地方的环境保护绝不是孤立的自然环境领域的治理问题，往往涉及不同管辖区域间的通力合作，例如，香港与珠三角区域之间对环境保护的共同治理力度越来越大。香港特别行政区政府在处理解决经济、社会、

---

① 香港渔农自然护理署官方网站，http：//www. afcd. gov. hk/tc_ chi/whatsnew/whatsnew. html。

环境可持续发展三方面的关系时，就意识到一个区域某一方面的污染治理不仅要治标，更要治本，从源头抓起才能真正做到彻底治理污染，还给后代一个绿色未来。因此，香港特别行政区政府一方面积极参加各种国际环保公约，另一方面与广东省政府共同发起了“粤港区域环境合作与低碳发展”活动。

结　语

综上所述，香港在生态环境保护方面确实取得很多成功的经验，非常值得一提的是，香港在经济发展过程中还能保持70% 原生态地貌，保持生物的多样性存在。归纳总结其成功因素主要有两点：一是全方位地立法立规，用法治理；二是环保教育到位，多方力量合作加强环保宣传，极大程度地提高了市民素质。正是有了各种各样的相关法律法规和管理机构的完善，以及民间环保组织的作用，造成了香港全民对生态环境保护的高度重视并认真落实在行动中。

香港郊野公园现状与经验启示

李　璐*

摘要： 通过总结香港郊野公园的发展历程、景观特点、管理模式、生态保护、人文资源、休闲康乐和环境教育等方面的先进经验，本文提出深圳市郊野公园建设应该立足于景观生态安全，进行保护性开发，科学释放生态服务功能，其具体实施路径包括，由保育基地等亮点树立生态旅游的品牌，用各种“自然生态之旅”的旅游线和绿道支撑全局发展，以此为契机，带动郊野公园所在的客家屋村社区的绿色发展，形成生态屏障，保障深圳市的低碳生态建设。

关键词： 香港　深圳　郊野公园

一　引言

香港位于珠江口东南侧，北与深圳市接壤，南临中国南海，陆地面积 1100km²，包括九龙半岛、新界及香港岛、大屿山、南丫岛等200多个岛屿。香港地处亚热带季风气候带，常年平均气温为23.1℃，年均降雨量为2387.7mm，分为干季（11月到次年4月）和雨季（5月到10月）。如此的气候和地形条件，孕育了丰富多彩的海岸地貌和生态景观。香港严格控制土地的城市化，约3/4的土地仍是郊野，从而创造了国际大都市发展史上的奇迹——地少人多的国际金融中心，却拥有多姿多彩的自然景观，种类繁多的野生生物，是远足和观鸟的胜地，这一切得益于香港的生态环境保育。环境保育（Environmental Conservation），是指对环境有计划的经营、保护与

---

* 李璐，深圳市坪山新区发展研究中心，博士。

利用，以保护生态多样性和人类的可持续发展。香港人一直秉承“香港愈趋都市化，自然资产也愈加重要”的先进理念进行环境保育。

香港郊野公园于20世纪60～70年代开始分批次建设，目前已形成了一个独特的系统，总结了一整套管理经验，其运行模式科学合理。借鉴香港郊野公园在建设管理、资源保护、环境教育方面的成功经验，对于深圳郊野公园和低碳生态城市建设具有非常重要的意义。

二 香港郊野公园发展现状

（一）香港郊野公园的发展历程

香港郊野公园的历史可追溯到20世纪50年代，二战期间，香港的植被遭到严重破坏，原始森林几乎消失。二战后，城市急剧发展，香港政府严格控制土地城市化，大力进行植树造林，这就是目前我们在香港看到的大面积的原始次生林和人工林的由来。二战后香港政府推行的植被恢复行动，为香港郊野公园系统的建设打下了基础。

早在1965年香港政府就开始研究香港郊野公园规划，当时港英政府邀请美国专家戴氏夫妇研究香港的自然生态保护工作。1966年戴氏夫妇完成《香港郊野保育》的报告，提出成立专责的自然护理组织，管理郊区；成立法定的保护地区，防止人为破坏山野；进行植林工作，营造一个多样性的生态系统；展开科学研究，加强对香港生态环境的认识等，勾画了未来郊野公园建设的蓝图。1967年香港郊野存护及使用管理局成立，该局建议在郊野划定区域开设市民的户外活动场地，其后，香港政府在城门附近地区实施郊野公园试验计划。1971年香港政府开始实施第一个“郊野公园发展五年计划”，1976年政府立法实施《郊野公园条例》，对建设、发展及管理郊野公园和特别地区做了具体规定。1977年，政府划定了首批郊野公园，随后分批次建设郊野公园，迄今已有24个郊野公园，约占香港土地总面积的40%，其比例处于国际领先地位。

（二）香港郊野公园的景观特点

目前，郊野公园遍布全港，对保存生态、保护景观和为市民提供休闲康乐以及环境教育发挥了极为重要的作用。郊野公园是香港独具魅力的旅游资源，其范围广阔，包含丰富的天然地貌和动植物景观，让市民欣赏到怡人的海陆自然风光，是广受欢迎的周末好去处，2013 年前往郊野公园游玩的超过 1140 万人次。香港郊野公园的景观特点包括：①滨海。香港三面环海，因海水与淡水的互动作用，使各海区在不同季节呈现不同颜色，正常潮汐涨幅为 1～2 米，适合海岸休憩活动；同时，独特的海岸地貌成为游览的胜景。②地质。香港具有典型而独特的地质遗迹，观赏价值极高，已经以香港部分郊野公园和海岸公园为基础成立了中国香港国家地质公园。③生物。经多年培育和保护，香港郊野公园的植被恢复对改善城市环境起到了重要的作用，植物有本土和外来品种，如樟树、楠树、木荷、台湾相思、爱氏松及红胶木等。动物则有猕猴、野猪、豹猫、穿山甲、箭猪及松鼠等。鸟类有毛鸡、大拟啄木鸟、白头翁、八哥、珠颈斑鸠及黑耳鸢等。此外，还有种类繁多的昆虫，其中蝴蝶多达 240 种。[①]

（三）香港郊野公园的多方管理

香港郊野公园的管理（见图 1），包含行政决策、立法、教育 3 个内部层次。同时，香港郊野公园的管理还存在多种外部模式：全程多方参与、社会力量共建、当地伙伴共赢，香港政府、NGO（非政府组织）以及当地居民结成伙伴关系，共同管理和建设郊野公园。政府的任务在于明确郊野公园作为公共产品和提供民生福利的属性，从环境保护和可持续发展方面提供长远规划及长期监督。NGO，比如郊野公园之友会、WWF（世界自然基金会）香港分会、长青社等，在鼓励市民善用自然资源、募集资金和义工、宣传出版等方面起到了重要的作用。郊野公园在规划初期就听取当地居民建议，确保原住民利益。香港大力推广有机农业和开设生态农场，惠及当地居民。

（四）香港郊野公园的生态保护

香港的多个郊野公园具有良好的自然生态基础，并且由生态廊道所连接，具备可持续的生态系统。香港郊野公园生态环境保存完好，珍稀动植物资源丰富，生物多样性高。在划定不同生态敏感区的基础上，适度开发，

---

① 胡卫华：《香港郊野公园环境保护的经验与启示》，《林业实用技术》2010 年第 3 期，第 20～23 页。

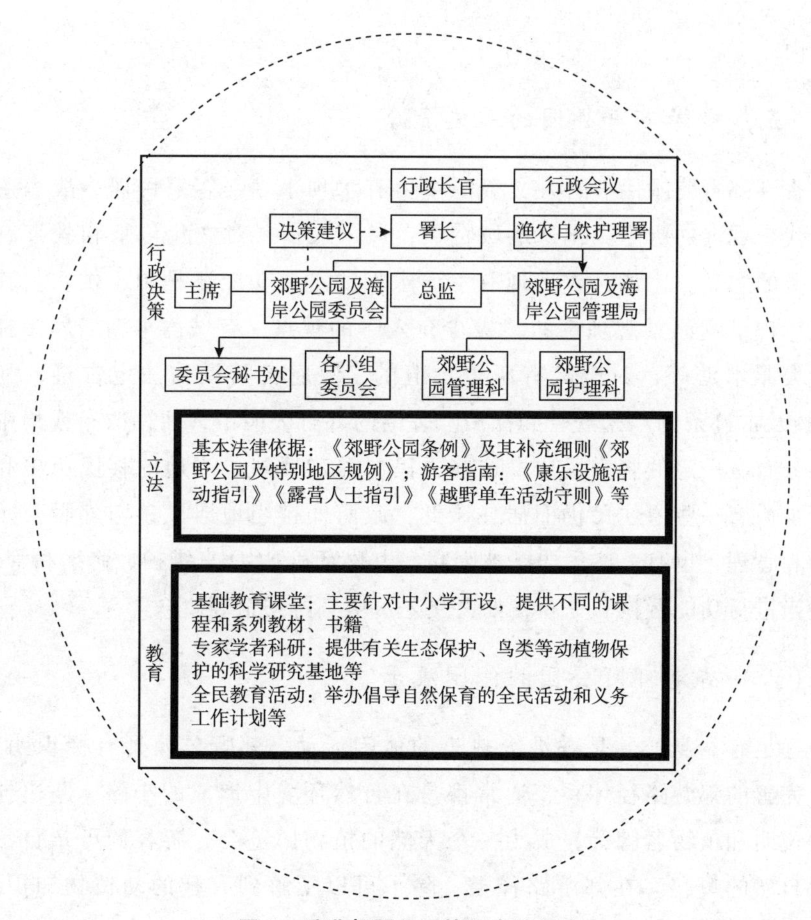

图1　香港郊野公园管理内外层次

设置空间节点，以保障生态安全。香港郊野公园在发展过程中，始终将生态环境保育置于首位，即使在公园公共设施、道路等的施工和修缮过程中发生对植被的破坏，都会在最短的时间内进行生态修复。而且，香港的郊野公园，在建设过程中，极力保持原有的自然风貌，在进行必需的道路、小径、边坡防护等混凝土工程施工时，也尽力在设计上与自然融为一体。长期的生态保育为香港郊野公园带来了卓著的效果：现在全港的森林覆盖率达到了17%，其中的64%就是郊野公园提供的，而灌丛和草地也分别占全港的56%和41%。[①] 在生物物种方面，95%的珍稀动植物都分布在郊野

① 黄东光、周先叶、昝启杰、王勇军、廖文波：《香港郊野公园薇甘菊的化学防除研究》，《华南师范大学学报》（自然科学版）2007年第3期，第109~131页。

公园内。

（五）香港郊野公园的人文资源

香港郊野公园保护的人文资源主要有水坝水塘、客家民居、战争遗迹等，代表香港的历史文化、地域特色、风土人情，对文化传承和教育有着很重要的意义。比如，香港现有水塘水坝的主要功能还是用于供水，其设计上体现了欧洲景观理论的“极少介入”的观点，有城门水塘、薄福林水塘、大潭水塘等，对于具有历史价值的，政府将其设为法定古迹，利用《古物及古迹条例》来规管和保护。香港的郊野公园中，往往散布或集中在边界分布有一定的客家民居，这些古民居深刻反映了当地的移民历史和文化传承。有一些原住民仍旧居住于此，政府安排当地居民参与郊野公园的保护和管理，也有一些民居已被废弃，由政府和NGO来维护、修缮和管理，并适当进行功能置换和更新，如设立艺术坊、博物馆等。

（六）香港郊野公园的休闲康乐

远足有益身心，是香港人热衷的休闲活动。郊野公园具有标识明确、安全完善的郊游路径体系，通常都是在自然环境中形成的小路，路边挂有科普说明和植物名牌等，成为一个天然的植物博览会，游客们可亲自参与探寻自然的奥秘。在郊游路径上，除了可以了解到有趣的动植物知识外，还可学习到林地成层、生物风化等生态学知识、观察地质现象。通常，在郊游路径入口都设有自然教育中心和多种展览馆，供科普宣传和自然导赏。

在郊野公园中，游客还可以开展各种符合生态保育的休闲活动，体味“城市自然两栖生活”：郊野全接触、越野、骑游、烧烤、露营等。在自然工作坊中体验用废弃物品制作各种动植物模型和居家摆设；摄影比赛传递自然保育信息；有机小农夫计划，展示农作物和水果的种植技巧等，鼓励小学生参与生态农场的种植和收获活动；香港湿地公园观鸟节和香港蝴蝶节，向公众宣传关注珍稀动植物。

（七）香港郊野公园的环境教育

郊野公园为学校学生提供了科普教育的自然课堂，并辅以完备的远程教材，同时郊野公园为广大市民提供了科普宣传、自然导赏和生态研习的场所，使学生在野生动植物保护、海洋保育等方面获得实践机会。郊野公园还长期推出义工计划，向所有市民宣传身体力行的环保行动。

学生与大自然互动，郊野公园提供了拓宽想象空间的“第二课堂”。郊野公园为幼儿园、小学、中学学生分别制定了一系列远程教材和实践活动，针对不同年龄，以游戏、野外研习、论坛等多种方式引导学生善用郊野公园这个多元化的学习平台，探索香港珍贵的野生动植物等大自然资源，从而提高他们对生物多样性、动植物保护和气候变化等知识的学习兴趣，鼓励学生积极推动自然保育活动。

郊野公园义工计划由香港政府与 NGO 合作推行，由渔农自然护理署和郊野公园之友会负责实施。这个计划向大自然爱好者提供一个服务社会的机会——通过亲身参与郊野公园的管理、教育及自然护理工作，提高市民保护香港郊野公园的意识。义工的具体工作包括巡逻郊野公园、清洁远足路径及设施、清除外来入侵植物等。部分义工成为“郊野公园生态导赏员”，担任各专题解说工作，带领各类教育工作坊，向市民推广自然生态保育信息。

三　香港郊野公园相关经验对深圳市的启示

根据香港郊野公园的经验，深圳郊野公园的建设应该以“生境为本”，根据不同生态敏感度，依照“斑块——廊道——基质”的景观生态格局，优先保护生态系统，进行保护性开发，释放生态服务功能，发展生态旅游、科普教育和休闲农业。加强立法，规范环境保护制度，建立多层次、多方面的管理机制是最基本和最重要的任务，这也符合深圳市法治化城市建设的需要。同时，完善基础配套设施，建设绿色社区，促进当地低碳生态建设，保障原住民的利益和融入郊野公园的保育工作，也是深圳市未来发展郊野公园的主要思路。其具体实施途径如下。

（一）打造“亮点”的品牌效应

建立保育基地，保护处于濒危状态又极具观赏价值的植物。比如，在山沟谷区，乔木类、兰科、百合科及蕨类珍稀濒危保护植物在此区均有分布，生态敏感度较高，建议在马峦山、七娘山等受人类活动干扰较少的沟谷区建立兰科植物的保育基地，同时在周边社区建设兰花导赏园，人工引种培育观赏类兰花品种。开展导赏活动，适度保护性开发优势群落的生态资源。比如，在郊野公园的多座水库周边，有大头茶、石笔木、桃金娘、假苹婆等本土观赏植物的成林地带，可以在此设立导赏中心，让市民体验山、瀑、湖（水库）、花、果、古树、古村等多种景观纷呈的原生态美景。加大环保宣传，开展全民科普和环境教育，申请在郊野公园创建深圳市环境教育基地。结合已有景点的品牌效应，大力宣传生态保护，设立大自然课堂、中小学环境教育基地、客家民俗博物馆等，定期开展低碳生态讲座和各种与生态保护相关的工作坊、沙龙等活动。

（二）发挥“游线”的支撑作用

完善慢行绿道和规范单车骑游径。随着郊野公园和滨海绿道登山远足和单车骑游活动的兴起，慢行绿道和单车骑游径亟待统一规范，在已有绿道（省立绿道）和景点自然形成的登山径的基础上，以保障生态环境和地质安全为原则，加强基础设施建设，完善郊野公园“游线”，开展生态休闲旅游项目和体育竞技比赛，比如，山地越野、山地马拉松和山地自行车比赛等。建设自然教育径和设立自然体验课程。建议为绿道两边的植物命名挂牌，开展结合生物、地理等学校教材，以科普为主的自然教育，为学生现场解释地质地貌现象和讲授生物学知识。同时，可以开设“倾听自然之声”的户外音乐课堂和“发现生态之美”的美术写生课等自然体验式课程，让学生体验大自然，亲身视、听、闻、感大自然的水声、鸟语、美景、花香。建议在生态敏感度低、环境优美的适建区开辟短途小径，在游客欣赏原生态美景的同时，开展以生态养生和休闲旅游为主的活动。比如，以健康养生为主题：结合森林植物精气治疗和客家保健饮食的“SPA之旅”、结合瀑布导赏和森林冥想的“山地瑜伽之旅”以及“太极拳户外培训之旅”等。

（三）开创绿色社区

建议郊野公园周边社区以保育基地和生态旅游为契机，转变经济发展方式，探索科学发展新路，在点、线的带动下，开创绿色社区。多方协调共管。政府、NGO和当地组织联合行动，鼓励当地居民加入，以公私合营等方式，实现共建共赢。政府在生态规划、地质安全、公共设施建设等方面发挥作用，保障公共产品和民生福利。市民参与式体验。建议以当前的远足、骑游、露营、农家乐和民宿等项目为基础，深入开展以保育为主题的生态休闲活动，同时发挥 NGO 的作用，号召市民积极参与当地的生态保育活动。比如，号召市民积极参与生态恢复种植，开展亲子活动；由政府开展废弃采石场的生态修复前期工作，后期由市民自愿参与，选择本土物种进行种植体验和绿化树认领等；号召市民注册成为义工，参与拔除外来生态入侵植物①和保护珍稀植物兰花等；开展与生态保育有关的工作坊，比如，彩绘自然美景的陶艺工作坊、天然植物拓染工作坊、利用植物凋落物和秸秆等制作手工艺品、客家传统的野姜花等天然食材制作等活动。传承弘扬客家文化。在生态旅游的同时，开展客家屋村导赏结合风水林自然体验，品尝原生态山水豆腐花、艾粿等，体验节庆活动等独特的客家文化，促进当地客家屋村的绿色经济。建议以部分已有一定生态旅游基础的客家屋村作为示范社区先行建设，进一步带动郊野公园其他社区的绿色发展。

---

① 曾绮微、陈桂珠、黄超弘：《香港郊野公园森林群落结构和物种多样性》，《中国城市林业》2008 年第 3 期，第 20 ~ 23 页。

深圳福田和香港米埔红树林生态保护研究报告

李瑞利　柴民伟　沈小雪　程珊珊　赵云霞*

摘要：本文介绍了深圳福田和香港米埔红树林自然保护区的现状，并就管理措施、湿地保护、环境科普教育和生态旅游方面进行了比较研究。最后，归纳出3点值得福田保护区管理者借鉴的管理模式和方法，包括拓宽经费渠道、改进管理模式和申请加入国际湿地组织。

关键词：红树林　生态保护　福田保护区　米埔保护区

一　前言

红树林是分布于热带、亚热带海岸潮间带特有的植物群落，主要由红树科树种组成，是陆地向海洋过渡的一种独特的生态系统。① 红树林特有的经济和生态价值使其成为生物多样性和湿地生态学研究的热点。全世界共有红树植物约24科83种，其中我国分布有20科37种。② 在我国，红树林主要分布于海南、广西、广东、福建和浙江，形成南部和东部海岸的绿色保护带。作为海岸湿地生态系统的主体，红树林在防浪护岸、维持海岸生物多样性和渔业资源、修复环境等方面具有重要的生态功能。③

* 李瑞利、柴民伟、沈小雪、程珊珊、赵云霞，北京大学深圳研究生院环境与能源学院。

① 李庆芳、章家恩、刘金苓等：《红树林生态系统服务功能》，《生态科学》2006年第25期，第472～475页；韩淑梅、吕春艳、罗文杰等：《我国红树林群落生态学研究进展》，《海南大学学报》（自然科学版）2009年第27期，第91～95页。

② 林鹏、傅勤：《中国红树林环境生态及经济利用》，高等教育出版社，1995。

③ 段舜山、徐景亮：《红树林湿地在海岸生态系统维护中的功能》，《生态科学》2004年第23期，第65～69页；黄晓林、彭欣、仇建标等：《浙南红树林现状分析及开发前景》，《浙江林学院学报》2009年第26期，第427～433页。

（一）抗风消浪，促淤造陆

沿海防护林在缓解沿海地区风沙水旱潮等自然灾害中起着重要作用，被称为沿海地区人民赖以生存的“生命林”。红树植物枝叶繁茂，通过胎生方式产生的幼苗会从母株上脱落下来，在红树林带的前沿定植生长、成熟，产生的胎生苗继续定植和生长，逐渐扩大红树林群落的面积。红树植物纵横交错的支柱根、呼吸根、板状根、气生根和表面根等能够在滩涂上形成一个稳定的支持系统，使红树植物能够牢牢地扎根生长，并且盘根错节地形成严密的栅栏，不仅增加了海滩面的摩擦力，减缓海浪的速度，起到防风消浪的作用，而且沉降水体中的悬浮颗粒，加快潮水和陆地径流带来的泥沙和悬浮物的沉积，促进土壤的形成，缓解温室效应带来的海平面上升而淹没陆地的威胁。[①] 有研究发现，在红树林堤岸边的海水所含的泥沙量是无红树林堤岸的1/7，而且红树林较高的凋落物量，以及海洋生物排泄物和遗骸等促进了红树林海岸的快速淤积。[②] 例如，海南省东寨港发育较好的红海榄林淤泥升高的平均速度为 $4.1 mm \cdot a^{-1}$。[③] 红树林可使海浪的波能衰减92%，波高降低80%以上，并且使涨落潮速度减少66%～75%，在消减海浪对海岸的冲击，防止或减缓海岸侵蚀，巩固堤岸和防灾减灾方面具有十分重要的作用。[④] 2004年，红树林在东南亚海啸中显示出突出的防护作用，最大程度上降低了灾难损失。[⑤]

（二）净化污染物

红树林能够通过物理作用、化学作用及生物作用等对多重污染物进行吸收、积累而起到防止污染的作用，并且能过滤陆源的入海污染物，减少

① 林鹏：《中国红树林湿地与生态工程的几个问题》，《中国工程科学》2003年第5期，第33～38页；林鹏、张宜辉、杨志伟：《厦门海岸红树林的保护与生态恢复》，《厦门大学学报》（自然科学版）2005年第44期，第1～6页。

② 林鹏：《中国红树林论文集（Ⅱ）（1990－1992）》，科学出版社，1993。

③ 范航清、梁士楚：《中国红树林研究与管理》，科学出版社，1995。

④ 于笑云：《深圳福田红树林资源保护与生态旅游开发》，《贵州林业科技》2008年第36期，第61～65页。

⑤ 高吉喜、于勇：《海啸过后谈红树林保护》，《绿叶》2005年第1期，第14～15页。

海洋赤潮的发生。[①] 目前，有关红树林对污染物净化作用的研究主要集中于重金属、石油、人工合成有机物等污染物。[②] 有研究表明红树林植物及其沉积物都有吸收多重污染物的能力，对污染物有较强的净化效果。[③] 此外，红树林还对 SO_2、HF、C_{l2}、CO_2和其他有害气体有一定吸收能力，[④] 甚至能够吸收一定量的放射性物质。Breaux 等研究发现，红树植物木榄、老鼠筋、秋茄和桐花树幼苗的根，能大量富集^{90}Sr且桐花树幼苗根部的^{90}Sr吸收量占全部^{90}Sr吸收量的97.7%。[⑤] 红树林能够接受来自潮汐、河水、地表径流所携带的重金属污染物，并将其滞留，固定在红树林生态系统中，缓解重金属对近海生态环境的影响。[⑥] 红树林能够通过多种机制来抵御各种污染物，[⑦] 包括：根部富集重金属，根际微环境调节，细胞调节和基因调控，盐腺分泌重金属，有效的生理调节。其中很重要的一方面是红树植物体内富含的丹宁能够与吸收的重金属离子发生化学反应，降低甚至使其失去毒性。红树林不仅能够通过吸附沉降、植物吸收等降解和转化污染物，而且红树林林下的各种微生物能够分解污水中的有机物，吸收有毒的重金属，并且将营养物质释放出来供给红树林内的各种生物。[⑧]

（三）维护生物物种多样性

作为一种特殊的生态交错带，红树林中的物质循环周期短，能量流

---

① 张忠华、胡刚、梁士楚：《我国红树林的分布现状、保护及生态价值》，《生物学通报》2006年第41期，第9~11页。

② 薛志勇：《福建九龙江口红树林生存现状分析》，《福建林业科技》2005年第32期，第190~193页。

③ Peters EC etal., "Ecotoxicology of tropical marine ecosystems." *Environmental Toxicology and Chemistry*, 1997, 16 (1): 12-40.

④ 林鹏：《中国红树林生态系统》，科学出版社，1997。

⑤ Breaux A, Farber S, Day J. "Using natural coastal wetland systems for waste water treatment: an economic benefit analysis", *Journal of Environmental Management*, 1995, 44 (3): 285-291.

⑥ 程皓、陈桂珠、叶志鸿：《红树林重金属污染生态学研究进展》，《生态学报》2009年第29期，第3893~3900页；宋南、翁林捷、关煜航等：《红树林生态系统对重金属污染的净化作用研究》，《中国农学通报》2009年第25期，第305~309页；李瑞利、柴民伟、邱国玉等：《近50年来深圳湾红树林湿地Hg、Cu累积及其生态危害评价》，《环境科学》2012年第33期，第4271~4278页。

⑦ 程皓、陈桂珠、叶志鸿：《红树林重金属污染生态学研究进展》，《生态学报》2009年第29期，第3893~3900页。

⑧ 于笑云：《深圳福田红树林资源保护与生态旅游开发》，《贵州林业科技》2008年第36期，第61~65页。

动快，生物生产效率高，是世界四大高生产力的海洋生态系统之一（包括红树林、珊瑚礁、上升流和海洋湿地），孕育着特殊的动植物群落。红树林中的红树植物有多种生长型和不同的生态幅，并各自占据着一定的空间，能够为各种生物群落中的各级消费者提供重要的栖息和觅食场所，在维护海岸带水生生物物种多样性方面具有重要作用。[①] 红树林中的凋落物以及近岸的富营养水体为近海藻类、无脊椎海洋动物和鱼类提供了丰富的饵料，成为动植物、微生物丰富的基因库。[②] 有研究发现，我国红树林生态系统中至少包括55种大型藻类、96种浮游植物、26种浮游动物、300种底栖动物、142种昆虫、10种哺乳动物和7种爬行动物。[③] 对广西英罗港红树林区林缘和潮沟潮水中鱼类多样性的调查共发现了76种鱼类，隶属36科59属。[④] 另外，作为鸟类理想的栖息地，红树林能够满足迁徙鸟类落脚歇息、觅食和恢复体力等多种需求，在红树林的分布区域往往保持有较多的鸟类种群。从1992年冬到1993年2月的调查发现，深圳福田红树林保护区冬季有鸟类119种，其中冬候鸟62种，留鸟52种，其他鸟类5种。[⑤] 广西沿海红树林为115种水鸟提供了繁殖、越冬和迁徙中途歇息的场所，包括来越冬的世界上最濒危的鸟类之一黑脸琵鹭（*Platalea minor*）。[⑥]

二　深圳福田与香港米埔红树林现状比较

深圳福田红树林自然保护区地处深圳湾东北岸（东经113°45′，北纬22°32′），毗邻拉姆萨尔国际重要湿地香港米埔保护区，是我国唯一地处城市腹

---

① 李庆芳、章家恩、刘金苓等：《红树林生态系统服务功能》，《生态科学》2006年第25期，第472~475页。

② 韩淑梅、吕春艳、罗文杰等：《我国红树林群落生态学研究进展》，《海南大学学报》（自然科学版）2009年第27期，第91~95页。

③ 林鹏：《中国红树林生态系统》，科学出版社，1997。

④ 何斌源、范航清、莫竹承：《广西英罗港红树林区鱼类多样性研究》，《热带海洋学报》2001年第20期，第74~79页；何斌源、范航清：《广西英罗港红树林潮沟鱼类多样性季节动态研究》，《生物多样性》2002年第10期，第175~180页。

⑤ 王勇军、刘治平、陈相如：《深圳福田红树林冬季鸟类调查》，《生态科学》1993年第2期，第74~84页。

⑥ 周放、房慧伶、张红星等：《广西沿海红树林区的水鸟》，《广西农业生物科学》2002年第21期，第145~150页。

地的国家级自然保护区，东起深圳河口，西至车公庙，呈带状分布，长约9km。1984年，该保护区由广东省批准，深圳市创建，1988年晋升为国家级自然保护区，1993年加入我国人与生物圈保护区网络，成为全国唯一加入该网络的红树林自然保护区。经过三次对保护区的红线范围界定后（1986年、1989年和1997年），最终界定保护区面积为367.64hm^2，其中陆域面积为139.92hm^2，滩涂面积为227.72hm^2。保护区划定了核心区（占总面积46.0%）、缓冲区（占13.8%）、实验区（占38.7%）和行政管理区（1.5%）。保护区共有高等植物41科98种，其中红树植物12科22种；列入我国重点保护的鸟类有23种；两栖爬行动物31种；哺乳动物15种；大型底栖动物86种；昆虫96种；藻类117种。福田红树林内主要的红树植物种类包括秋茄（*Kandelia obovata*）、白骨壤（*Aricennia marina*）、桐花树（*Aegiceras corniculata*）、老鼠簕（*Acanthus ilicifolius*）、海漆（*Excoecaria agallocha*）、木榄（*Bruguiera gymnorrhiza*）和黄槿（*Hibiscus tiliaceus*），其中秋茄（*Kandelia obovata*）白骨壤（*Aricennia marina*）和桐花树（*Aegiceras corniculata*）是优势种。保护区中的人工林面积为23.9hm^2，天然林面积为56.2hm^2，按优势树种分为秋茄（*Kandelia obovata*）+桐花树（*Aegiceras corniculata*）13.6hm^2，秋茄（*Kandelia obovata*）5.0hm^2，白骨壤（*Aricennia marina*）28.4hm^2，秋茄（*Kandelia obovata*）+桐花树（*Aegiceras corniculata*）10.7hm^2，秋茄（*Kandelia obovata*）+桐花树（*Aegiceras corniculata*）+白骨壤（*Aricennia marina*）12.1hm^2，海桑（*Sonneratia caseolaris*）+无瓣海桑（*Sonneratia apetala*）10.3hm^2。福田红树林有鸟类194种，包括卷羽鹈鹕（*Pelecanus crispus*）、白肩雕（*Aquila heliaco*）、黑脸琵鹭（*Platalea minor*）、黑嘴鸥（*Larus saunderis*）等23种珍惜濒危物种。

近30年来，深圳经济特区快速建设和发展，伴随而来的是城市地域的快速扩张和一系列的生态环境问题，使地处深圳腹地的福田红树林面临多种已有或者潜在的干扰和胁迫，包括：土地利用方式的改变，水体污染、大气污染、噪声污染和人类的直接干扰等。在1984年，深圳市城市规划设计管理局划定的福田红树林保护区面积为304hm^2。然而几十年来，大量陆地和基围鱼塘不断被城市建设占用。年调整红树林保护区红线范围后，保护区总面积增加为367.64hm^2，但陆域面积却只有139.9hm^2，减少了39.8%，仅占总面积的38%，成为最小的国家级自然保护区，也被称为

“袖珍型的保护区”。在1999年开通的滨海大道横贯深圳市区，其中的一段就从福田红树林保护区通过。福田区环境监测站2001年的监测数据显示，滨海大道红树林段平均每天有10万余车辆来往行驶，其中白天为6414辆/h，夜间为2106辆/h。机动车排放的废气及产生的交通噪声不可避免地影响了红树林清新、宁静的自然环境。近年来，随着沿海房地产热的兴起，福田红树林保护区周边的福荣路一带陆续盖起了大量楼盘，其中不少是高度近百米的高楼，这些近距离的楼盘大大破坏了红树林的自然景观，缩小了鸟类的活动空间，严重损害了自然保护区的环境质量，威胁到红树林的生存环境。调查发现，福田红树林湿地周边居民对深圳湾湿地的依赖程度较高，环保意识观念强烈，他们反对在湿地周围建太多的高楼建筑，认为城市化对福田保护区环境生态有一定影响，会导致生物种类和数量的减少。[①] 另外，随着经济和人口的增长，大量的工业及生活污水通过深圳河、新洲河、凤塘河等进入深圳市，深圳湾成为城市污水的主要集纳区，而遭到污染首当其冲的就是深圳湾的红树林湿地。据《2005年深圳市海洋环境质量公报》显示，在沙井红树林区、福永红树林区、西乡红树林区、福田红树林及内伶仃岛猕猴自然保护区，由于受到陆源入海污染物的影响，水体出现富营养化趋势，其中无机氮含量较高，已经超过四类海水水质标准。

香港米埔保护区位于香港新界西北角深圳湾的东南端，隔深圳河和深圳湾与深圳市福田区相望，总面积约380hm^2，拥有330hm^2红树林，约占全港红树林总面积的48%。分布有6种湿地，包括鱼塘、基围、潮间带泥滩、红树林、芦苇和淡水池塘。根据不同的管理目标，米埔保护区划分为核心区、生物多样性管理区、公众参与区、资源善用区和私人土地区。保护区具有很高的生物多样性，拥有丰富的动植物物种。主要植物包括木榄（*Bruguiera gymno－rrhiza*）、桐花树（*Aegiceras corniculatum*）、秋茄（*Kandelia candel*）等。据统计，每年有上万只候鸟来米埔过冬，包括括勺嘴鹬（*Eurynorhynchus pygmeus*）、小青脚鹬（*Tringa guttifer*）、半蹼鹬（*Limnodromus semipalmatus*）、灰尾鹬（*Heteroscelus brevipes*）、黑嘴鸥（*Larus saundersi*）和黑脸琵鹭（*Platalea minor*）。其中珍稀鸟类黑脸琵鹭的数目约占全球的30%。此

① 周福芳、史秀华、邱国玉：《城市化社会认同度及湿地资源环境评估研究——从深圳居民感知视角》，《生态城市》2012年第19期，第77～81页。

外，保护区内已记录的昆虫达400多种、海洋无脊椎动物90多种、蝶类50多种以及香港独特物种米埔双手蟹和鸭背蛤等。香港米埔红树林的保护工作起步较早。早在1950年，包括米埔在内的香港边境被划为禁区，极大地保存了其红树林的原生态特征。1975年，港府设置了"限制进入地区"，包括米埔沼泽区、与之毗连的红树林沼泽以及内深圳湾的潮间带泥滩及浅水水域。1976年，米埔被列为具特殊科学价值地点。1984年，世界自然（香港）基金会（WWF）开始接手管理米埔保护区，推行环境教育和保护工作，并形成了一整套高效、成熟的管理模式。1995年，米埔及深圳湾共1500 hm^2的湿地根据《拉姆萨尔公约》正式被列为国际重要湿地。经过几十年的探索和发展，香港米埔红树林自然保护区在湿地保护、科普教育和生态旅游等方面取得了长足的进步，积累了丰富的保护和发展经验，值得内地的其他保护区借鉴和学习。

三 深圳福田和香港米埔红树林的管理经验比较

（一）严格的管理措施

为了加强福田红树林保护区的科学管理，保护红树林的自然环境和自然资源，福田红树林保护区按照福田国家级自然保护区管理规定进行严格管理。保护区划分为核心区、缓冲区和实验区三部分。其中，核心区实行封闭管理，除边防公务活动和依照法律、法规的规定经批准进行的科研观测外，禁止任何单位和个人进入，最大程度上保护了红树林的原生态特征。缓冲区和实验区的科学管理保证了保护区科研及科普教育功能的正常开展。保护区管理规定详述了保护区的管理办法和与之相应的处罚办法。保护区内的凤塘河避风港及其航道和其他设施要维持现有规模，禁止再进行改建、扩建或新建任何设施。在红树林保护区内及其外围地带严禁排放废气、废水、废渣和其他污染物以及其他污染环境的行为，违者须接受深圳市环境保护行政主管部门的处罚。不得擅自砍伐红树林保护区内的红树林和其他林木，对违反规定的，责令其停止违法行为，限期恢复原状或者采取其他补救措施，并可由市林业行政主管部门对其处以罚款。处罚标准为：砍伐红树林高1.5m以上的，每株罚款3000元；1m以上不足1.5m的每株罚款

2000元；1m以下的，每株罚款1000元。砍伐其他林木的，按照林木价值三倍以上十倍以下进行罚款。另外，对于在红树林保护区狩猎、捡挖沙和捞蟹等一系列破坏野生动物栖息、觅食和繁殖的行为，没收其违法所得，责令停止违法行为，限期恢复原状或者采取其他补救措施；对红树林保护区造成破坏的，由市林业行政主管部门对其处以300元以上3000元以下罚款；情节严重的，处3000元以上10000元以下罚款；构成犯罪的，依法追究刑事责任。通过认真落实保护区管理规定，在处理有关保护区生态保护的问题时能够做到科学化、法制化和规范化，切实保护好福田红树林的自然环境。

香港米埔红树林保护区坚持以妥善管理、保持及尽可能增加保护区内湿地生境及原生野生生物多元化及种类为目标。米埔自然生态环境良好，是候鸟越冬的重要场所，在英国殖民地期间曾是重要的冬季捕猎野鸭场所，缺乏合理的保护。1950年，香港政府将包括米埔在内的香港边境划为禁区，限制其发展，最大程度上保存了红树林原生态的特征。1962年，英国环保人士斯科特爵士前来参观并提出建立米埔保护区。根据香港《野生动物保护条例》规定，只有经渔护署发给“进入米埔沼泽区许可证”者，才能进入保护区，违者可被定罪及罚款5万元。前往浮桥或深圳湾观鸟屋的访客，还必须持有粉岭警察许可证办事处发出的“边境禁区通行证”。渔护署的自然护理员负责在“限制进入区”（禁区）执行法例，所有进入该地区的人员须持有《许可证》，并到自然护理员办公室登记。对于违反规定者，渔护署可对其提出诉讼，并在必要时可联系警署警员给予协助，最后由法院对其作出处罚。严格的管理有效地保护了米埔保护区内各种珍贵野生动植物。

（二）保护和恢复红树林

作为深圳市的一块生态资源宝地，福田红树林不仅有巨大的物质生产功能和优美的景观美学功能，而且在维护生物多样性、抗风护岸、促淤造陆以及净化近海环境方面起到了积极的作用。[①] 因此，对退化的红树林进行

① 于笑云：《深圳福田红树林资源保护与生态旅游开发》，《贵州林业科技》2008年第36期，第61～65页；李跃林、宁天竹、徐华林等：《深圳湾福田保护区红树林生态系统服务功能价值评估》，《中南林业科技大学学报》2011年第31期，第41～49页。

恢复和重建必将受到普遍重视。[①]《深圳市城市林业发展“十一五”规划》提出了以中部为重点，东、西部两翼齐飞的红树林保护和发展总体布局。具体做法为：在保护好现有红树林的基础上，以中部福田红树林自然保护区及其附近的滨海大道南侧海滩为重点（西起蛇口，东至深圳河口），在沿海滩涂种植红树林 125hm^2，营造滨海大道南侧的红树林滨海景观林；在葵涌街道建坝光古银叶树群落，在南澳街道建东冲村入海口湿地和沙岗滨海湿地，种植红树林 100hm^2；在宝安区沙井街道海上田园风景区建设鱼塘红树林生态养殖工程，种植红树林 150hm^2。[②] 另外，在 2006 年启动的福田凤塘河口红树林修复示范工程，包括湿地及红树林恢复工程，水污染控制，水动力控导、河道堤岸生态改造等，通过水污染控制系统、水动力控导及生态修复三方面的建设，已经在海陆路交错带上构建了红树林—水体及红树植物—半红树植物—陆生植物/植被—隔离植被带大格局。[③] 在保护区的陆地边缘建立乔灌林绿化隔离带，使保护区内各种生境与城市绿化带巧妙连接起来，成为鸟类的生态通道，同时还可缓冲滨海大道及广深高速公路上车辆产生的噪声和废气对保护区的影响。在保护和恢复红树林的同时，采取有效措施防止外来有害物种的入侵，一方面，针对薇甘菊，可以通过药物防除、人工防除及生物防除的方法进行防治；另一方面，限制引进种海桑和无瓣海桑的扩张趋势。此外，要及时监测防治白骨壤的病虫害，通过采取生物导弹技术和引进鳞翅目昆虫的天敌入住红树林，阻止虫害的蔓延扩散。对于红树林周边地区的新建项目，必须建设完善的排污管道，确保其接入西部污水排海工程；对于未纳入排海工程的已建项目，在技术经济上可行的，要完善排污管道并纳入排海工程；在目前技术经济条件下不可行的，必须进行深度处理，在达到广东省地方标准《水污染物排放限值》中的二级标准后才可排放，并引入总量控制的管理办法。

---

① 徐华林、彭逸生、葛仙梅等：《基于红树林种植的滨海湿地恢复效果研究》，《湿地科学与管理》2012 年第 8 期，第 36 ~ 40 页。

② 胡卫华：《深圳红树林湿地的现状及生态旅游开发对策》，《湿地科学与管理》2007 年第 3 期，第 52 ~ 55 页。

③ 刘畅：《深启动红树林修复工程，投资高达 8505 万元》，《广州日报》2006 年 8 月 4 日；沈凌云、宁天竹、吴小明等：《深圳湾凤塘河口红树林修复工程》，《价值工程》2010 年第 14 期，第 55 ~ 57 页；庄毅璇、梁媚：《深圳福田凤塘河口红树林修复工程生态影响评价》，《绿色科技》2010 年第 10 期，第 56 ~ 59 页。

米埔红树林保护区地处深圳河入海的深圳湾地区，来自陆源的泥沙在深圳湾地区的大量沉积导致该地区的自然演替活动频繁。保护区内的基围、鱼塘等湿地类型必须在适度的人为干预和调节下才能得以有效的保护。因此，为了维持保护区的原生境和生物多样性，保护区采取了定期恢复淤塞的基围和进行一定生境管理的环境管理措施。传统的基围是用挖出的泥土筑成基堤，包围水和植物，面积约 $10hm^2$。在基围的近海处设置人工调控的水闸，利用潮汐涨落让海水进出基围。基围为野生生物提供了合适的栖身场所和繁殖地点。秋季，虾苗随潮水自然引入，并以基围塘底的沉积的红树林枯落物为食，形成了一个功能健全的小型生态系统。然而，淤泥会随着每月的换水冲进基围并沉积在塘底，沉积速率为每年约 1.3cm。因此为了避免淤塞，确保基围内的鱼虾有足够的活动空间，需要每隔 10 年进行一次清淤。另外，生境管理措施包括乔木管理，主要是控制基堤上树木的高度和数量，保存传统的自然景观及水鸟的天然生境，并且对访客行走的基堤区域进行适当除草，为野鸭类提供栖息地。定期防治外来攀援植物薇甘菊和马缨丹等，确保本地红树植物的正常生长。通过调整基围内的水位，维持和保护多种特有的湿地类型，包括红树林、光滩、基围、开阔的水面、人工沼泽湿地和荒草地等。

（三）环境科普教育

作为一个长期的学习过程，环境科普宣传教育让人们在意识到环境存在的同时，关注环境所面临的问题，并推动个人和社会群体积极寻找解决环境问题的方法，是提高我国公民环保素质和环保意识的重要举措。[①] 自然保护区则是对社会公众开展环境科普教育的最理想场所之一。深圳福田红树林保护区是我国唯一地处城市腹地的国家级自然保护区，对保护全球的鸟类具有重要作用，每年有 100 多种 10 万只以上从西伯利亚至澳大利亚南北迁徙的候鸟在此停歇和过冬。此外，保护区具有极高的生物多样性，且由于被海水周期性淹没，红树林中的红树植物多具有奇特的生态特征（包括胎生现象、泌盐现象以及特殊的根系等），具有极高的科研价值，是大自然

---

① 邓泽华：《我国环保科普工作现状及对策》，《法制与社会》2010 年第 30 期，第 179 ~ 180 页；秦卫华、邱启文、张晔等：《香港米埔自然的管理和保护》，《湿地科学与管理》2010 年第 6 期，第 34 ~ 37 页。

无私赋予的一笔巨大的宝贵财富。因此，通过福田红树林保护区的环境科普教育，可以充分展示深圳经济特区在追求经济高速发展的同时，落实环境保护的科学发展观，坚持保护生态环境的可持续发展，为构建人与生态环境和谐相处的深圳，做出积极的贡献。[①] 深圳福田红树林保护区在环境科普教育方面取得了较大的成效，[②] 主要包括以下 5 方面。

1. 完善的科普教育场所及设施

福田红树林保护区共建有 3 处环境科普教育场所，包括红树林海滨生态公园、红树林观赏园和观鸟屋、展览馆。红树林滨海生态公园位于福田红树林保护区外围，由保护区管理局统一管理，是深圳市政府将原规划穿过红树林的滨海大道向北移 200 多米，并在红树林西面的路基改造建设而成，总面积约 21 hm^2。公园内东侧观光道上设有由 9 个橱窗式宣传栏组成的科普教育长廊，橱窗内可张贴宣传海报等对公众进行环境科普教育宣传。红树林观赏园和观鸟屋位于福田红树林保护区的实验区。公众可在红树林观赏园内近距离接触多种常见的红树植物，包括秋茄（*Kandelia obovata*）、木榄（*Bruguiera gymno - rrhiza*）、桐花树（*Aegiceras corniculatum*）、海桑（*Sonneratia caseolaris*）等，了解红树林奇特的生态特点，如胎生现象、泌盐现象和特殊的根系等。位于红树林最前沿的观鸟屋是通过架设在滩涂上近 150m 的浮桥与陆地相连的。冬季，数万只来自西伯利亚的候鸟来此停歇或过冬，游客可以近距离地欣赏万鸟齐飞的壮丽美景。福田红树林保护区办公区内的展览馆，建筑面积为 800m^2。展览馆除了展示国内外红树林及自然保护区的基本状况，以及各种珍贵的红树林植物及鸟类标本、图片、展板外，还寓教于乐，组织各种丰富有趣的互动游戏，体现红树林自然保护区的特色和生态保护与环境科普教育的理念。

2. 设计制作宣传资料，开展环境科普宣传活动

为了进一步宣传红树林保护的重要性和满足来保护区参观群众的基本需要，保护区制作了画册《深圳福田红树林》，折页《保护区概述》《走进红树林》《自然保护区法律问答》《福田红树林常见鸟类》《自然保护区法

① 张宏达、陈桂珠、刘治平等：《深圳福田红树林湿地生态系统研究》，广东科技出版社，1997。

② 徐华林、王森强、吴苑玲等：《福田红树林保护区科普教育模式探讨》，《湿地科学与管理》2008 年第 4 期，第 52 ~ 55 页。

律法规规章制度汇编》和光盘《保护区风光欣赏》等宣传资料。此外保护区还通过沿周边红线架设的多个宣传牌以及宣传栏，宣传介绍保护区以及相关的法律和管理规定等。保护区利用“世界湿地日”“爱鸟周”“世界环境日”“全国科普日”等主题环保节日，在游客众多的生态公园举办大型宣传活动，通过举办启动仪式、悬挂彩旗横幅、张贴海报、提供咨询服务、派发宣传资料、新闻媒体报道等多种宣传形式，加深广大市民群众对环保工作的认识。

3. 组织参观福田红树林保护区

对参观红树林的团体及个人实行参观预约制度。目前申请进入保护区参观的对象主要是学校的师生和社区的群众。保护区工作人员首先派发宣传资料，带领他们参观红树林展览馆，进行必要的科普宣传教育，然后进入红树林观赏园区参观，并对其进行相关的讲解和咨询服务。在鸟类较多的秋冬季节，进入观鸟屋进行水鸟的鉴别和观赏是深受欢迎的科普教育项目。目前每年来保护区参观的师生人数一般在3000人左右，数量较少，仅仅局限于福田区的部分中小学校。因此，为了在更多的学生中进行红树林的环境科普教育，保护区应该积极同深圳市教育局协商，并联系深圳各区的中小学，组织更多的学生到保护区接受环保科普教育。香港米埔的成功经验值得借鉴，在香港，教育署会出资组织全港中小学校分批到米埔保护区接受环保科普教育，并取得了很好的环境科普教育宣传效果。

4. 开展志愿者服务

福田红树林作为深圳市的城市生态名片，引起了许多高素质的环保人士，以及愿意为红树林保护和宣传工作尽一份力的有志之士的关注。在周末及节假日期间，公众愿意到红树林保护区及生态公园等地参观游览。然而保护区的工作人员数量不足，无法提供足够的科普导游服务。为了解决节假日期间科普教育工作者不足的问题，同时让公众能够真正认识红树林、走进红树林、自发地意识到保护身边的环境，福田红树林保护区构建了红树林保护区志愿者服务体系，面向社会招募红树林志愿者，对其进行系统的培训、考核，并颁发有关证书，培养出一批有知识、有热情、有能力的志愿者。这些志愿者能够灵活运用讲解等服务形式，使公众在游玩散步之余，了解身边红树林的重要生态价值和经济价值，感受自然之美，取得了很好的社会效益。

5. 通过信息网站传播科普知识

为了紧跟互联网时代的步伐，满足人们的信息需求，提高公众的环保意识，保护区依靠广大公众媒体进行宣传，包括报纸、刊物、电视台、广播电台和网络等。其中，保护区网站（www. szmangrove. com）从 2004 年年底开始策划，并于 2005 年正式推出使用。网站设立了保护区概述、新闻动态、科普园地、学校教育、办事指南等栏目，与国内各自然保护区建立了友情链接，并定期更新保护区的最新通知、新闻动态和工作动态。这不仅宣传了红树林湿地科普知识，还可以有效促进保护区的保护管理、对外宣传以及组织机构建设等方面的工作，提高保护区的知名度。

虽然有着丰富多样的动植物资源及原生态的自然环境，但米埔保护区却没有大力开发生态旅游，而是坚持将生态教育与环境保护放在第一位。米埔保护区的管理计划规定中包括：成为学生及公众环境教育的媒介；定期举办湿地管理培训项目，为从事湿地管理及保护工作的人员，尤其大陆的官员，举办湿地培训课程，鼓励科学研究，推广及支持能够减低保护区受外界威胁的措施等。米埔红树林保护区推行在环境中学习的教育理念，鼓励公众支持环保工作，并取得了较好的成效，主要包括以下 4 个方面。

1. 开办湿地管理培训班

为了扩大保护区的知名度，提高对湿地价值的认识和对湿地保护区的管理技术，由香港上海汇丰银行有限公司赞助开办了湿地管理培训班。该培训班每年组织 12 期湿地管理研讨班，受训人员约 130 名，主要面向中国内地的湿地自然保护区管理层，以及一些亚洲国家或地区的湿地保护区经理和政府官员。该培训班也成为交流各自湿地管理和保护经验、技术和知识的平台。

2. 组织公众和学生团体参观保护区

为了让更多的公众有机会接触并认识红树林，更好地开展环境科普教育工作，米埔红树林保护区组织公众和学生团体参观保护区。1985 年推出了中学参观项目，1986 年推出公众参观项目，1993 年推出小学参观项目。目前，每年来米埔参观的学生团约 400 个（其中 300 个中学生团、100 个小学生团），约 16000 人，公众团约 25 000 人。将公众团安排在周末和公众假期，学生团安排在平日（周一到周五），这样合理地安排参观时间能够最大限度利用保护区的环境容量，让尽可能多的公众接受环境教育。基金会采取借出许可证的方式，让少数未经预约的海外游客能够顺利参观保护区，并鼓励他们当一天的会员。另外，在港府的资助下，每年有超过12000名学生到保护区学习湿地保育知识。

3. 完善的环境科普教育设施

保护区内用于科普教育的场地主要包括斯科特野外研习中心和野生生物教育中心。建于1990年的斯科特野外研习中心，设有多功能会议室，配有图书资料与视听器材，对访客开放使用。作为公众团和学生团的登记处，访客中心陈列基金会及保护区的海报，用来介绍保护区情况，并出售纪念品及相关资料。1986年建成的野生生物教育中心，设有一个两层楼的展览厅，陈列有活动展板和展品，并有视听设施供访客使用。区内修建了4km长的自然教育长廊贯穿区内的鱼塘和基围，沿途架设路标，并在鸟类经常出没的地点设有11间观鸟屋，以减少对鸟类的干扰。在边境禁区围栏旁，建有一条450m长的穿越红树林到达海湾滩涂的浮桥，使访客能够在滩涂观鸟屋内观察滩涂鸟类。此外，用于生态环境教育的还有水禽饲养池和蝴蝶园等。

4. 完备的网络宣传途径

米埔保护区充分利用各类活动和媒体的力量，特别是互联网，对公众进行红树林宣传教育，寓教于乐，令公众在轻松的氛围中获得生态环保方面的知识与教育。香港渔农署设立了多个网页介绍香港生态资源的数量、分布、生活习性等，具有较强的趣味性，且内容丰富、知识性强。这些网站包括香港在线生态地图、环境局网页、香港生物多样性网页、香港欲望、香港自然网、人工鱼礁网、红潮资讯网和香港植物标本室网页等。同时，为了便于公众获取相关信息及提出建议，香港渔农署在相关的主页上，定期更新保护区的最新消息，并提供保护区正在推进或者已经完成的相关环保报告、科研成果等信息。

（四）生态旅游开发

作为一种热带海岸特有的自然生态系统，红树林与其他海岸风光相比具有截然不同的别样风情，有着独特的生态旅游价值。红树林有奇特的胎生现象，适应潮汐，在潮涨潮落间，展示出不同的色彩美和动态美，虾蟹成群，白鹭齐飞，呈现出一幅生机勃勃的自然景象。与其他自然景色相比，红树林的旅游功能体现出新、奇、旷、野等特点。国际上开展红树林生态旅游项目的国家和地区主要包括：美国的佛罗里达、泰国的普吉岛、新西兰的北奥克兰半岛、孟加拉的申达本。[①] 目前，我国初具规模的红树林生态旅游有香港米埔、海南东寨港和台湾的淡水河口，而深圳福田、广西山口、珠海淇澳岛、广东湛江等地的开发较晚，有较大的开发潜力和价值。[②]

在强调保护和恢复红树林的基础上，合理开发红树林，体现出其自身的经济价值，真正融入深圳的社会经济发展中，才能使红树林的开发和保护更具有生命力和可持续性。目前，深圳红树林湿地已经开展生态旅游的仅有福田区红树林自然保护区外围的生态公园和宝安区的海上田园，生态旅游还有很大的发展空间。在保护区内建有几千米长的木质观赏栈道，并修筑有观鸟亭。这让游客在欣赏美丽红树林景色的同时有机会亲近各种珍稀鸟类。让社区居民积极参与并能够从中获利，是推动当地生态旅游可持续发展的重要保障。肯尼亚的红树林生态旅游值得借鉴：在肯尼亚，红树林生态旅游业采取培训当地居民充当导游的措施，并把当地社区也列入生态旅游的活动中，不仅丰富了红树林生态旅游内容，而且较好地维护了景点的旅游设施，并保护了当地的红树林。红树林作为一种珍贵的自然资源，在保护的前提下，开发一系列人工种植的红树林药品、材料和食品，也能增强红树林生态旅游的吸引力。据调查，我国有 19 种红树植物和半红树植物具有珍贵的药用价值，开发潜力巨大。[③] 在哥伦比亚，用浸泡红树皮制成治疗咽喉痛的漱口剂；在印度尼西亚和泰国，用木果楝果实榨出的油与淀粉做成的面膜对治疗粉刺效果良好。另外，参照香港米埔的成功经验，合理利用福田保护区内传统的基围养殖开展一系列生态旅游项目，可以让游客亲自参与到趣味盎然的活动中，提升红树林的生态旅游品位。

香港米埔湿地是我国拉姆萨尔湿地之一，动植物资源丰富，具有突出的生物多样性特征。米埔自然保护区坚持保护优先的原则，开展发展与保

---

① 郑德璋、郑松发、廖宝文等：《红树林湿地的利用及保护与造林》，《林业科学研究》1995 年第 8 期，第 322 ~ 328 页。

② 李枚、章金鸿、郑松发：《试论我国的红树林生态旅游》，《防护林科技》2004 年第 4 期，第 33 ~ 34 页。

③ 赵魁义：《地球之肾——湿地》，化学工业出版社，2002。

护相协调的生态旅游，并努力将环境科普教育的理念贯彻到生态旅游中。[①] 为开展生态旅游，米埔建立了多种设施，包括野生生物教育中心、居民郊野学习中心、水鸟馆、观鸟小屋、浮动木板路等。在周末及节假日，保护区组织香港市民参观保护区，并将全年人数控制在25万人以内。米埔自然保护区的主要项目就是观鸟，该项目具有占用空间小，只需要携带望远镜即可，对自然的影响小等特点，非常适合在保护区开展。米埔建设的观鸟屋和木桥，不仅方便了观鸟，使公众能够在指定的位置观赏鸟类，同时也减少了对鸟类的干扰。此外，米埔还定期举办观鸟大赛，以大型赛事的形式，对公众进行鸟类保护的宣传。养殖基围是香港沿岸的传统之一，如今只有米埔保护区的基围仍运用这种传统方式养虾。利用米埔天然的优势，保护区开展的基围养殖地活动，能够让游客亲身体验到这种传统作业的乐趣。在每年4月至10月的基围虾塘作业期，虾苗从后海湾随着海水冲入基围，以塘内的浮游生物和红树林枯落物为食。到了每年11月至次年3月，基围虾塘会被轮流将水放干，塘内的鱼类吸引了大量以捕食鱼类为生的鸟类，包括苍鹭（*Ardea cinerea*）、白鹭（*Egretta garzetta*）和黑脸琵鹭（*Platalea minor*）。这种生态管理模式是人工湿地与自然生态环境和谐共存，相互补充，既有利于米埔的生态价值，使米埔的湿地资源得以可持续发展，又能够充分利用米埔的天然生产能力，实现湿地资源的保护和合理利用。[②]

四 对深圳福田红树林生态保护建议

深圳福田和香港米埔红树林自然保护区同处深圳湾，有着相似的生态环境，共同面临着合理保护和管理方面的问题，在红树林保护和管理与环境科普教育上都有各自的特点，并取得了一定的成功。香港米埔保护区成

---

① 秦卫华、邱启文、张晔等：《香港米埔自然的管理和保护》，《湿地科学与管理》2010年第6期，第34～37页；陆明：《香港湿地生态旅游对广西红树林湿地生态旅游的启示》，《旅游市场》2008年第2期，第93～95页；李怡婉：《香港米埔自然保护区保护与发展经验借鉴》，《城市规划和科学发展——2009中国城市规划年华论文集》。

② 吕咏、陈克林：《国内外湿地保护与利用案例分析及其对镜湖国家湿地公园生态旅游的启示》，《湿地科学》2006年第4期，第268～273页。

立较早，在自然保护、公众科普教育、经费募集、事务管理和生态旅游方面积累了丰富的实践经验。福田红树林保护区的保护和管理工作起步较晚，但发展很快，不仅通过一系列工程及措施切实保护和恢复了红树林的原生态，完善了保护区的各种法律法规，而且通过各种科普宣传教育工作，收到了很好的效果。参考香港米埔保护区的保护和管理措施，笔者认为福田红树林保护区的工作可以从以下三方面进行改进。

（一）拓宽经费渠道

充足的经费一直是自然保护区能够可持续发展的重要保障。自建保护区以来，福田红树林保护区管理所需经费被列入深圳市的财政预算，一直由市财政部门承担。据统计，2000～2005年，深圳市投入保护区管理局的经费达6633万元，省财政及省林业局补贴经费540万元。如何在争取政策和经费支持的前提下，通过其他途径募集资金增加保护区的经费，是保护区可持续发展面临的重要问题。因此，保护区应该多渠道引进外资，并鼓励社会各方面投资建设交通服务等设施，丰富旅游项目，积极探索生态旅游经营管理的新模式。与福田红树林保护区毗邻的香港米埔保护区采取了灵活多样的筹款途径，值得借鉴。米埔自然保护区的资金除了香港政府每年超过100万港币的拨款外，大部分由保护区通过多渠道筹措资金，包括来自世界自然基金香港分会的支持；国内外社团、组织、企业的资助；保护区内出售基围虾的收入；保护区的参观门票费用。这些资金大部分用于米埔保护区设施的建设和维护，其余主要用于科学研究及生态环境保护教育。

（二）改进管理模式

自然保护区内需设立专门的管理机构负责自然保护区的具体管理工作。福田红树林保护区的管理机构是广东内伶仃岛——福田国家级自然保护区管理局，并在深圳市林业行政主管部门的领导下，接受广东省林业行政部门的业务指导。单纯由政府机构进行管理的模式，在遇到设计生态旅游开发等问题时，就会显得不太适应，存在一定的弊端。因此，在确保政府在福田红树林保护与开发的主导地位的同时，应该积极鼓励当地社区和有关利益团体共同参与福田红树林的管理。国际上大多数保护区的管理模式正从单一由政府管理向“公司加政府”的模式转变。以香港米埔自然保护区为例，在机构分工与管理上，世界自然基金会开始与香港渔农署通力合作，各司其职，使香港米埔自然保护区的管理严谨科学、井井有条。香港渔农署主要开展与管理相关的行政事务，包括核发“进入自然保护区准许证”。作为一个非营利组织，世界自然基金会（香港分会）负责保护区的日常管理、教育培训和项目开展。

（三）申请加入国际湿地组织

香港米埔自然保护区已于1997年与国际湿地组织签订了《拉姆萨尔公约》，成为我国第七块列入国际重要湿地名录的湿地。深圳福田红树林自然保护区与香港米埔保护区同处深圳湾，虽然是融为一体的红树林生态系统，但至今没有参加该组织。因此，福田红树林自然保护区应该在有效恢复和保护福田红树林的同时，积极申请加入《拉姆萨尔公约》，分享国际湿地组织对深圳红树林湿地的关注、支持和保护。

深港两地外来植物入侵现状及防治对策研究

柴民伟　李瑞利　沈小雪　程珊珊　赵云霞*

摘要： 深圳和香港是中国经济发展最活跃的两个地区。随着经济的不断发展，深港两地对外商品贸易发展迅速，人员交流日益频繁。大量的人员流动和货物进出深港两地，难以避免地会有意或无意引入外来植物物种。其中，具有较强生长和繁殖能力的外来植物具有较强的入侵性。目前，外来植物的入侵已经成为危害深港两地生物多样性、生态环境安全和经济可持续增长的重要问题，亟须解决。为了认识深港两地外来植物的入侵现状，并提出科学合理的防治策略，本文从以下三方面进行阐述：外来入侵植物及其防治对策概述；深港两地外来植物入侵现状、防治对策及面临的问题；香港外来入侵植物防治对深圳的启示。

关键词： 外来植物　防治　对策　深圳　香港

一　外来入侵植物及其防治对策研究

（一）外来入侵植物概述

外来种，是指那些出现在其过去或现在的自然分布范围及扩散潜力可及范围以外的物种（或种以下的分类单元），包括其所有可能存活、继而繁殖的部分、配子体或繁殖体；当外来物种在自然或半自然的生态系统或生境中建立了种群时，称为归化种，而改变并威胁本地生物多样性并造成经

* 柴民伟、李瑞利、沈小雪、程珊珊、赵云霞，北京大学深圳研究生院环境与能源学院。

济损失和生态损失，就称为外来入侵种。[①] 外来入侵植物是指在非原生态系统进化出来的植物，由于自然或人为的因素而被引入新生态环境的植物，并且会对新生态环境或其中的植物生长和繁衍构成一定威胁。[②]

随着全球化的快速推进，各国各地区之间的联系日趋紧密，彼此间经贸的发展使各地区间物种的流通日益频繁，不可避免地引起了越来越多的外来植物入侵的问题。中国是遭受外来植物入侵危害最严重的国家之一。自20世纪90年代中期开始，我国就对外来入侵植物进行了系统的基础调查，获得了宝贵的基础资料。截至2012年，在中国境内发现的迁徙时间较长并能完成生活周期的外来植物共计151科486属827种。[③] 中国的不少南部省份环境适宜，与国外的经贸往来频繁，发现的外来入侵植物较多，入侵现状严峻。在广东省，经发现并确认的外来入侵植物有93种，隶属于27科72属，所含植物种类数量较多的有菊科21种，禾本科15种，豆科13种，苋科8种，这4个科所含种类共计57种，约占整个广东省外来入侵植物总种数的61%。其中薇甘菊、美洲蟛蜞菊、银合欢、凤眼莲、仙人掌和马缨丹属于世界范围内100种恶性外来入侵植物，需要特别关注。[④]

（二）外来入侵植物的防治对策

外来入侵植物一旦侵入新的生态环境，就有可能进行大量繁衍，与当地植物竞争阳光和营养，对新生态环境中的物种构成一定的潜在威胁，降低生境的安全性。由于缺少原系统中其他物种和天敌的制约，外来入侵植物表现出快速繁殖生长的趋势，甚至会蔓延成灾，这会降低当地生物多样

---

① Richardson DM, Pysek P, Rejmanek M, Barbour MG, Panetta FD, "West CJ. Naturalization and invasion of alien plants: concepts and definitions." *Diversity and Distributions*, 2000, 6 (2): 93 - 107.

李振宇、解焱：《中国外来入侵种》，中国林业出版社，2002，第1~211页。

Jiang H, Fan Q, Li JT, Shi S, Li SP, Liao WB, Shu WS. "Naturalization of alien plants in China." *Biodiversity and Conservation*, 2011, 20 (7): 1545 - 1556.

② 万方浩、郭建英、王德辉：《中国外来入侵生物的危害与管理对策》，《生物多样性》2002年第10期，第119~125页。

Reichard SH, White P., "Horticulture as a pathway of invasive plant introductions in the United States." *BioScience*, 2001, 51: 103 - 113.

③ 何家庆：《中国外来植物》，上海科技出版社，2012，第1~724页。

④ 王芳、王瑞江、庄平弟、郭强、李振荣：《广东外来入侵植物现状和防治策略》，《生态学杂志》2009年第28期，第2088~2093页。

性，并影响农林牧渔生产和环境生态安全。因此，关于外来植物入侵的防治已经受到世界各国和地区越来越多的重视。

1. 国外防治外来入侵植物的经验

加强植物检疫。植物检疫是通过科学的方法，运用一些设备、仪器和技术，对携带、调运的植物及植物产品等进行有害生物检疫，[①] 并依靠国家制定的法律法规保障实施的行为。在世界范围内，植物检疫都被认为是一种国家需求和国家利益的体现，是一种非常受重视的国家职能。然而在发达国家和发展中国家，植物检疫的具体实施效果并不相同。一方面，以美国为例，国会在每年的财政预算中拨出大量有关植物检疫的经费，用于外来植物有害生物风险分析、疫情调查、监测和封锁控制扑灭工作。美国农业部会与各州政府联合执行“农业有害生物调查合作计划”，并且建立“全国农业有害生物信息系统”，开展相关的疫情监测、风险分析和除治行动。另一方面，在 2000 ~ 2001 年，联合国粮农组织从机构建设等方面对南美洲、非洲和亚洲 20 多个欠发达国家的植物检疫能力进行了评估，发现有待改进的方面：①机构职权不够集中，各个部门之间、农业部门内部、国家和地方政府之间均存在不同程度的职权不清、管理分散等问题；②植物检疫的相关人员配备普遍不足，甚至存在一人承担多种工作的现象。针对上述问题，联合国粮农组织已经开始从技术方面提供援助，促进这些发展中国家改进植物检疫的管理体制。

世界各国均重视建立大范围疫情调查收集和风险分析机制，建立疫情数据库信息管理系统并随时更新，建立快速的信息沟通和反应机制。另外，检疫机构通过加强国际合作和国内的交流，借助掌握的信息资源，调查监测国内突发和新发、定植未稳的外来植物，并对其进行封锁控制和扑灭。[②]

2. 国内对外来植物防治策略

我国对外来植物入侵的防治非常重视，通过多年的探索和实践，已经在外来植物入侵防治和管理方面取得了显著成效。在防治方面，总结出一整套做法：人工清除；通过化学和生物防治相结合进行控制；谨慎引种外来植物；

---

① 喻法金：《加强植物检疫管理工作　保护农业生产安全》，《湖北植保》，2005，第 5 ~ 8 页；闫俊杰、成杰群、贾乾涛：《我国植物检疫现状及除害处理研究进展》，《农业灾害研究》2011 年第 1 期，第 63 ~ 67 页。

② 王春林、张宗益、黄幼玲：《外来植物有害生物入侵及其对策》，《植物保护学报》2005 年第 32 期，第 104 ~ 108 页。

建立国家防灾体系的对策。[①] 在管理方面，主要采取的措施包括：完善植物检疫立法，改革植物检疫体制，加强对外合作交流，加大检疫设施建设投资力度，加快技术标准研制与国际化，重新确定检疫性有害生物名录，开展有害生物风险分析，建立非疫区和非疫生产点，设立植物检疫专项基金。[②]

二 深港两地的外来植物入侵现状、防治对策及面临的问题

（一）深港两地外来植物的入侵现状

深圳位于北回归线以南，113°46′~114°37′E，22°27′~22°52′N；香港位于115°52′~114°30′E，22°09′N以北。深港两地同属亚热带海洋性季风气候，四季温和，雨量充沛，动植物种类丰富多样。近年来，随着全球国际贸易、旅游和交通的迅速发展，深港两地外来植物入侵问题越来越严重，并且已对深港两地生态安全带来严重影响，成为当下最突显的非传统安全问题之一。目前，深港两地的人类活动频繁，造成的外来植物入侵问题可能会波及广东省或者华南地区，甚至整个内地。[③]

深圳较大危害的外来植物有空心莲子草（*Alternanthera philoxeroides*）、白花鬼针草（*Herba bidentis*）、阔叶丰花草（*Spermacoce latifolia*）、水葫芦（*Eichharnia crassipes*）、假臭草（*Eupatorium catarium*）、五爪金龙（*Ipomoea cairica*）、马缨丹（*Lantana camara*）、银合欢（*Leucaena leucocephala*）、薇甘菊（*Mikania micrantha*）、光荚含羞草（*Mimosa sepiaria*）、仙人掌（*Opuntia stricta*）、红花酢浆草（*Oxalis corymbosa*）、墨苜蓿（*Richardia brasiliensis*）、无瓣海桑（*Sonneratia apetala*）、美洲蟛蜞菊（*Wedelia trilobata*）等，总数约占深圳外来植物种类总数的15%。[④] 据统计，在深圳102种外来植物中，草

---

① 徐正浩、王一平：《外来入侵植物承载的机制及防除对策》，《生态学杂志》2004年第23期，第124~127页。

② 王春林、张宗益、黄幼玲：《外来植物有害生物入侵及其对策》，《植物保护学报》2005年第32期，第104~108页。

③ 李一农、李芳荣、娄定风、张青汉：《深圳香港两地外来植物有害生物入侵现状》，《植物检疫》2007年第21期，第29~31页。

④ 严岳鸿、邢福武、黄向旭、付强、秦新生、陈红锋：《深圳的外来植物》，《广西植物》2004年第24期，第232~238页。

本植物75种，约占外来植物种类总数的73.53%；其次为灌木（15种）和攀缘植物（9种）；乔木和小乔木的种类最少。其中，藤本、草本和灌木类的外来入侵植物对深圳本地的生态环境危害较大，而生长速度较低的乔木类外来入侵植物引起的危害较小。外来植物的适应能力强弱决定了其入侵性的大小。一般而言，草本、藤本和灌木类的外来入侵植物生长较快，属于进化类型，具有较强的适应能力；而乔木类外来入侵植物的生长缓慢，属于较原始的类型，适应能力相对较低。另外，大多数外来入侵植物容易侵入人为干扰严重、群落结构比较简单的灌丛、草丛、疏林和人工林。这是因为外来植物入侵的植物群落结构简单，各物种间的关系相对较松散，抑制干扰的能力较低；外来入侵植物在入侵的生境中天敌数量少，资源利用不充分，使外来植物有较大的发展空间，能够在短时间内大量繁殖，入侵当地植物群落，破坏当地生态环境的稳定。[①]

香港记录并研究外来植物入侵的时间可以追溯到19世纪中叶。迄今为止，香港地区已发现约238种已归化的外来或怀疑为外来的植物。其中，常见外来入侵植物有：薇甘菊（*Mikania micrantha*）、五爪金龙（*Ipomoea cairica*）、马缨丹（*Lantana camara*）、假臭草（*Eupatorium catarium*）、大黍（*Panicum maximum*）、银合欢（*Leucaena leucocephala*）、白千层（*Melaleuca leucadendron*）、巴拉草（*Urochloa mutica*）、象草（*Pennisetum purpureum*）、凤眼莲（*Eichhornia crassipes*）、互花米草（*Spartina alterniflora*）、无瓣海桑（*Sonneratia apetala*）。这些外来入侵植物大量分布于近期或长期受人为干扰的市区或农地生境，包括植被经常被修剪的路旁、荒废的农田、荒地、鱼塘以及公路和人行道边缘。在香港未受干扰的天然或半天然生境中，已经开始发现有外来植物的入侵，如木麻黄、羽芒菊和假臭草入侵海滩边缘；在泥滩和红树林中，发现有互花米草及无瓣海桑的分布。尽管如此，在香港分布最广、由山火维系的灌草丛生境及较少受干扰的林地生境并未受到外来植物的显著影响。而在上述生境边缘受人为干扰的地方，外来植物才

① 严岳鸿、邢福武、黄向旭、付强、秦新生、陈红锋：《深圳的外来植物》，《广西植物》2004年第24期，第232～238页；邵志芳、赵厚本、邱少松、杨义标、彭少麟、陆宠芳、陈卓全：《深圳市主要外来入侵植物调查及治理状况》，《生态环境》2006年第15期，第587～593页；明珠、招康赛、杨立君：《深圳市外来植物入侵与城市生态安全研究》，《环境与可持续发展》2010年第5期，第37～39页。

有机会定植、生长和繁衍。外来入侵植物在香港的分布特点说明，天然林地生境中激烈的竞争和阴暗环境以及灌草丛贫瘠的生境非常稳定，没有给外来入侵植物提供可乘之机。另外，由于香港位于热带北端，受大陆性季风气候影响显著，会出现较为寒冷的冬天，使得源自热带的外来植物只能分布在香港有限的低地环境中（此类植物包括马缨丹、五爪金龙及薇甘菊等）。而一些源自温带的植物（如庭菖蒲及蒲公英），则分布在气温较低的高海拔地区。①

（二）香港外来入侵植物的防治对策

目前，由于对外经贸的发展，很多外来植物都在香港野外生长蔓延。在其他地区产生严重入侵问题的外来植物暂未在香港地区发现，但当它们成功蔓延后就有可能带来一系列严重后果。香港提倡自由贸易，很难通过实施边境管制的方法来防止引入外来植物。因此，只有在外来植物到达香港，而且尚未广泛扩散之前，尽快鉴定并评估其入侵性，以及对本地生态及原生物种的影响，并对其进行有效管理和防控，以免广泛蔓延。下面以外来入侵植物薇甘菊为例，介绍香港对外来入侵植物的防治对策。

早在1884年，薇甘菊已在香港出现并被记录。近年来，薇甘菊在香港已成功定植，并在荒废农地等生境中呈现逐渐蔓延的趋势。② 香港对港区存在的薇甘菊清除和管理进行了详细的责任划分。香港渔护署是负责管理外来植物入侵的政府部门，主要负责清除生长在郊野公园和特别地区的薇甘菊；路政署主要负责清除快速公路和斜坡上的薇甘菊；康乐及文化事务署主要负责清除在公园、休憩用地和街道旁生长的薇甘菊；各区的地政处负责清除生长在未拨用、未批租而并无政府部门负责保养的政府土地上的薇甘菊；私人土地上的薇甘菊须由业主负责，政府无权在私人土地上清除薇甘菊。

---

① 吴世捷、高力行：《不受欢迎的生物多样性：香港的外来植物物种》，《生物多样性》2002年第10期，第109~118页；李一农、李芳荣、娄定风、张青汉：《深圳香港两地外来植物有害生物入侵现状》，《植物检疫》2007年第21期，第29~31页。

② 周先叶、黄东光、昝启杰、王勇军、廖文波：《薇甘菊对香港郊野公园植物群落危害的分析》，《生态科学》2006年第25期，第530~536页。

在清除薇甘菊的具体实施中，香港预制定详细的规章制度，尽量使薇甘菊的防控工作有章可循，有据可查。在接到公众有关薇甘菊的查询和投诉时，当局会及时派人到现场进行调查、采样，鉴定所投诉植物属于何种植物，是否属于薇甘菊，并对周围的环境进行评估，确定周边生境受影响的程度。由于薇甘菊与香港本土植物粉叶羊蹄甲和刺果藤在外观上相似，有可能被公众混淆。因此现场的视察人员应该细心察看、鉴别，避免因识别错误而将本地植物清除。否则，该处的天然植被会受到不必要的干扰，而且有可能让薇甘菊乘虚而入。在鉴别工作完成后，当局须考虑受入侵地区的本地植被受影响程度和土地的用途，评估清除薇甘菊的先后次序。在具有重要生态价值的郊野公园和特别地区蔓延生长的薇甘菊，应该最先考虑清除；其次考虑清除生长在荒地和受人类干扰地点生长的薇甘菊。此外，有些薇甘菊入侵的地点地势险要，很难到达，是影响薇甘菊清除工作优先进行的重要因素。[①] 香港政府对外来入侵植物的危害和防治等进行了长期有效的宣传，培养了公众对外来入侵植物较高的认知和防范意识。公众的高效参与也成为香港进行外来入侵植物监测和预警的有机组成部分。

（三）深圳防治外来入侵植物的现状及面临的问题

深圳是我国建立最早、发展最快的经济特区。随着经济的发展，频繁的人类活动加剧了对深圳的自然生态环境和植被的干扰；深圳的对外交流也日益加快，每天有大量的流动人口和货物进出深圳地区，不可避免会有意或无意引入外来植物物种。近年来，一方面，深圳面临的外来植物入侵方面的压力不断增大；另一方面，深圳也对外来植物入侵进行了广泛的研究，在外来植物防治方面取得了一定的成效。在防治外来入侵植物方面，通过人工机械清除防控，化学防治以及生物防控的方法解决外来植物入侵的问题，取得了一定的成效。[②] 尤其在外来入侵植物薇甘菊和五爪金龙的防治和管理方面进行了系统深入的研究。[③] 但是，在外来入侵植物的管理和防

---

① 资料来源：香港渔农自然护理署网站。

② 明珠、招康赛、杨立君：《深圳市外来植物入侵与城市生态安全研究》，《环境与可持续发展》2010 年第 5 期，第 37 ~ 39 页。

③ 邵志芳、赵厚本、邱少松、杨义标、彭少麟、陆宠芳、陈卓全：《深圳市主要外来入侵植物调查及治理状况》，《生态环境》2006 年第 15 期，第 587 ~ 593 页。

治方面仍存在一些问题：①公众缺乏足够的认识；②尚未建成科学的评估制度；③缺乏外来入侵植物相关的配套法规；④管理部门缺乏有效的协调沟通机制。

三　香港外来入侵植物防治对深圳的启示

深圳和香港山水相连，有着相似的气候和生态环境条件，也面临着相似的外来植物入侵的压力。但同时，深圳和香港在外来入侵植物防治和管理方面仍存在着一定的差距。通过比较分析深港两地防治外来入侵植物的对策，提出深圳外来入侵植物的防治对策，以及深港两地联合防治外来植物入侵的可行性分析及建议。

（一）深圳对外来入侵植物的防治对策

1. 加强对外宣传教育工作，提高公众参与意识

目前，通过多种传播媒体，如电视、广播、网络、报纸等，公众对外来入侵植物有了浅层次的认识，也提高了防治和管理外来入侵植物的忧患意识。但是对外来植物入侵导致的严重后果缺乏充分认识，对现行的外来入侵植物的防治措施及法律法规了解不够，对政府部门在防治外来入侵植物方面做的工作知之甚少。因此，应该加强外来植物入侵知识的宣传。在宣传过程中，注重普及性和生动性，通过配备相应的图片资料，做到图文并茂，通俗易懂，让更多的公众认识和关心外来植物对生态环境的危害性。尤其对易于通过人为引入的外来植物进行重点宣传，提高公众防范意识，避免以“科普”和“观赏”等名义引进外来植物。

2. 加强野外监测，建立早期预警机制

长期对外来植物进行野外监测，可以实时掌握其最新动态，以便对其做出早期预警和快速反应，也是评估外来植物控制方法是否成功的重要手段。对外来植物的野外监测，一般包括外来植物的种类、数量和分布，并对特别地区进行重点监测，例如，外来植物危害严重的地区、生态敏感区和生态保护区。另外，及时对监测的各种数据进行汇总，建立可供查询和参考的数据库。外来入侵植物的监测数据库是早期预警的基础。通过对野外监测数据的分析，可以分辨出最新的外来植物入侵动态，做出早期预警。

3. 建立外来植物入侵的快速反应体系，细化控制和清除的规章制度

在出现外来植物入侵后，为了能够及时控制并清除外来入侵植物，需要建立一套快速反应体系。这一体系的建立，需要多部门之间的及时沟通和协调，制定相应的应急预案，防止外来植物的入侵。对于已经入侵的外来植物，需要通过细化其控制和清除规程，做到及时有效的清除。这方面可以借鉴香港控制外来入侵植物薇甘菊的控制措施。政府部门可以对全市不同区域的外来入侵植物的控制和清除工作进行分片责任划分，由各区分别负责本区的外来入侵植物清除工作。通过多种媒体向公众公布外来植物的防治措施，鼓励公众对本市外来植物入侵进行举报和投诉。相关部门可以聘请具有一定资质的社会热心人员作为巡查员，对投诉现场进行勘察，评估周边植被受影响的程度，决定是否清除。通过考虑外来植物入侵地点的生态重要性，以及地形地势等因素，做出各入侵地点清除外来入侵植物的先后次序安排。

4. 加强植物检疫工作，完善外来入侵植物风险评估制度

深圳作为我国的经济发展特区，与其他国家和地区的贸易往来频繁，植物检疫工作在预防外来植物入侵方面起着非常重要的作用。目前，植物检疫主要侧重于病和疫，无法在较短时间内判断一种植物是否具有生态危害性。现行进口检疫制度在维护国家生态安全方面的局限性已经显现，外来入侵植物风险评估机制亟待建立。目前，唯一可行的办法是在外来植物抵达深圳且尚未广泛逸为野生之前，尽快鉴定并评估其入侵性，以及对本地生态及原生物种的影响。对拟引进的外来植物，需要格外慎重，需要考察其在原产地的生长繁殖特点，以及是否在其他国家和地区进行引种以及引种后的结果如何等，进行生态风险分析和评估；对拟引进的外来植物进行追踪和评估，经小范围引种试验后，证明其对生态系统和景观不会造成危害后，才能批准引进。同时，开展一系列关于外来入侵植物的基础科学及应用技术研究；开展防范和管理外来入侵植物的研究。

5. 完善外来植物管理的法律法规，建立协调沟通机制

目前，关于外来入侵植物管理的法律很多，而且主要涉及原则性的规定，缺乏操作性强的具体实施细则。为了促进外来入侵植物防控管理工作的有效开展，需要提供一套行之有效的法律保障体系。因此，亟须在不改变现有法律法规的基础上，考虑深圳的实际情况，有机地整合有关规定，形成针对性较强的法规，使深圳的外来入侵植物防控工作做到有法可依，有章可循。由于外来入侵植物的管理和防控涉及多个政府部门，但是深圳目前的管理现状存在职能不清晰，互相交叉，且各自为政，存在无事时多重管理，遇事时互相推诿的情况。因此，亟须成立一个包括多个主管部门在内的跨部门协调管理机构，厘清各个部门的职能，并在外来入侵植物防治和管理工作中，做到协调各部门的作用；实行定期汇报和统一监督管理的工作方式，提高管理效率。

（二）深港联合防治外来植物入侵的可行性分析及建议

1. 深港联合防治外来植物入侵的可行性分析

深港两地之间旅客往来频繁、货物贸易量巨大，有着较高的外来植物入侵风险。目前，深港两地的外来植物入侵已经成为危害两地生物多样性、生态环境安全和经济可持续增长的一个十分严峻的问题，也是当下深港两地日趋突出的非传统安全问题之一，亟须两地联合起来，共同解决。深港两地开展联合防治外来入侵植物具有较大的可行性：①深港两地有着相似的生态环境，也面临着相似的外来植物入侵问题，是两地进行联合防治的出发点和基础。②深港两地虽然在社会形态和管理体制方面存在差异，但两地公众都对外来植物入侵的问题十分关注，为两地联合防治外来植物入侵奠定了良好的社会基础。③深港两地政府管理部门就两地植物检疫和跨境协作等方面做了大量的合作和交流，达成了一定的共识，为联合防治提供了坚实的后盾支持。④近年来，深港两地之间的学术交流和科研合作日益发展，取得了一系列防除外来入侵植物的有效措施，为两地联合防治提供了可行的技术支持。

2. 深港两地联合防治外来植物入侵的建议

近年来，深港两地检验检疫部门一直保持着良好的合作关系，在预防外来植物入侵方面起到了一定的积极作用。然而，随着深港两地日益密切的交流，外来植物频频入侵，造成的危害也越来越严重。在外来植物入侵越来越严重的新形势下，深港两地应该怎样建立反应迅速、执行力强、合作协调的全面防范外来植物入侵体系，是摆在深港两地间亟须解决的一个现实问题。①

① 李一农、李芳荣、娄定风、张青汉：《深、港两地外来植物有害生物入侵的管理对策》，《植物检疫》2007 年第 21 期，第 114 ~116 页。

（1）开展深港两地外来入侵植物普查，加强学术交流和合作。深港两地的外来入侵植物种类繁多，能够对生物多样性、生态安全和经济发展产生一定的负面影响，引起了两地公众的广泛关注。目前关于深港两地外来种的调查和研究较多，但是调查时间较早，相关的研究没有继续跟进。尤其是自香港外来植物在2002年有过一次系统的调查研究以来，没有再进行外来植物的调查。[①] 由于深圳和香港两地的经贸往来频繁，很容易引进外来植物，造成环境中的外来植物更新速度较快。另外，没有及时有效地将深港两地外来入侵植物的信息统一起来，也对两地外来入侵植物防治和管理策略的制定产生了一定的影响。因此，需要对深港两地的外来植物进行全面调查研究。通过将最新的调查数据与之前进行比较，可以获得外来入侵植物的动态变化，为防治外来入侵植物提供依据。同时，两地可以通过定期互派专家，就两地的防治情况进行定期交流，并就彼此最新的研究成果进行展示，互相学习，增进了解，促进两地外来入侵植物的研究。

（2）加强深港两地植物检疫交流与合作，共建跨境检验协作机制。植物检疫是阻断植物入侵的有效措施，能禁止或限制危险性杂草和毒草等的传入，或者在传入后限制其传播，阻止其向其他地区蔓延。[②] 虽然深港两地山水相连，又面临相同的外来入侵植物的危害，但是两地又有着不同的社会形态和管理制度，植物检疫工作的内容和程序存在一定差异。为了有效防治外来入侵植物，深港两地有必要加强彼此之间的合作，建立植物检疫的协调机制，发挥植物检疫的最大功能。深港两地可以定期就一系列植物检疫方面的工作召开交流会，通报两地最新的外来入侵植物的疫情监测及调查情况、外来植物疫情防除扑灭情况、进出境外来植物疫情截获、国外外来植物有害生物发生动态、专项疫情监测、专项疫情防控、出口农产品质量等。例如，两地可以就外来入侵植物薇甘菊等跨境危害的外来植物进行定期通报，使双方能及时掌握这些外来植物在本地的发生情况，共享采取的防治措施以及达到的效果等信息，使双方能够互相借鉴，采取果断措施，降低外来入侵植物造成的危害和损失。另外，深港两地可以共建跨境

---

① 吴世捷、高力行：《不受欢迎的生物多样性：香港的外来植物物种》，《生物多样性》2002年第10期，第109～118页。

② 闫小玲、寿海洋、马金双：《中国外来入侵植物研究现状及存在的问题》，《植物分类与资源学报》2012年第34期，第287～313页。

检验协作机制，在部门层面、工作层面以及技术层面等开展广泛深入的合作。两地可以互派专家，就双方感兴趣的外来入侵植物进行联合调研、咨询和检验检疫工作，增加了解；并就重点关注的外来入侵植物进行联合会诊，共同交流，相互提供技术支持，提出对策建议。两地可以定期开展边境地区外来入侵植物的监测和防控工作，对两地边境接壤地区的外来入侵植物做到及时发现，联合防治，组织外来入侵植物的跨境危害。

（3）优化深港两地的外来入侵植物评估体系。由于深港两地有着不同社会形态和管理体制，对外来入侵植物的评估体系存在一定差别。另外，同一种外来入侵植物在不同地区的入侵特点不尽相同，这也有可能影响其评估的准确性。但是，对于山水相连的深港两地而言，两地整区的外来植物评估结果对彼此的防治和管理外来入侵植物具有更大的意义。因此，亟须整合和优化深港两地的外来入侵植物评估体系，使其能为两地的环境生态安全和经济健康可持续发展发挥更大的作用。例如，深港两地可以建立GPS定位动态监测系统，对两地的外来入侵植物进行定量的风险评估，共享在外来入侵植物防除方面的一系列措施（包括生物防治、生态修复、化学防除等技术），消除外来入侵植物。

香港垃圾处理经验和借鉴

李金波　唐红梅　张贺然　丁文毅*

摘要： 随着深圳经济的快速发展与城市化进程的加快，人们生活水平的不断提高，生活习惯不断改变，深圳城市生活垃圾与日俱增，大量未处置的生活垃圾已超出自然环境和现有处置体系的消纳能力，成为困扰城市发展、污染城市环境、影响城市居民生活的重大社会问题。本文概述了深圳垃圾产生及其处理现状，并着重分析了香港在垃圾治理方面取得的成功经验。最后，针对深圳的垃圾收运与处理提出四点建议，包括：加强垃圾分类宣传教育，建立激励机制；完善处理设施；与民沟通，获得支持；健全法规严格执法。

关键词： 垃圾分类　固体废弃物　香港　深圳

一　前言

城市垃圾是指城市居民的生活垃圾、商业垃圾、市政维护和管理中产生的垃圾，而不包括工厂排出的工业固体废物。城市垃圾的成分很复杂，大致可分为有机物、无机物和可回收废品等。属于有机物的垃圾主要是动植物的废弃物，属于无机物的垃圾主要为炉灰、庭院灰土、碎砖瓦等，可回收的废品主要为金属、橡胶、塑料、废纸、玻璃等。在深圳，垃圾分为四类：餐厨垃圾、可回收垃圾、有害垃圾和其他不可回收垃圾。

随着经济的发展和人民生活水平的提高，垃圾问题日益突出。中国 668 座城市，2/3 被垃圾环带包围。这些垃圾埋不胜埋，烧不胜烧，造成了一系

---

* 李金波、唐红梅、张贺然、丁文毅，北京大学深圳研究生院环境与能源学院。

列严重危害。

（一）侵占土地

垃圾产生后，如果没有有效处理，露天堆放，将侵占更多的土地。据估算，堆积 1 万吨垃圾约占土地一亩。[①] 在我国中小城市用城郊土地作为垃圾临时堆放场，占用了大量的土地。而对于寸土寸金的深圳，寻找合适的土地进行垃圾无害化处理设施的建设是相当困难的。[②]

（二）污染土壤

如果随意堆放垃圾，其中的有毒有害成分容易污染土壤。当土壤中的有害物质渗入地下或随天然降水径流进入水体就可能进一步危害人体健康。有毒有害物质进入土壤后，容易发生积累作用。我国西南某市市郊农田中长期施用垃圾，土壤中 Hg 浓度超过本底值的 8 倍，Cu 和 Pb 分别超标 87% 和 55%。[③]

（三）污染水体

垃圾不但含有病原微生物，在堆放腐败过程中还会产生大量酸性和碱性有机污染物，并会将垃圾中的重金属溶解出来，形成有机物质、重金属和病原微生物三位一体的污染源，雨水淋入随之产生的渗滤液必然会造成地表水和地下水的严重污染。有些简易垃圾填埋场，经雨水的淋滤作用，或废物的生化降解产生的渗滤液，含有高浓度悬浮固态物和各种有机与无机成分。如果这种渗滤液进入地下水或浅蓄水层，将导致严重水源污染，且很难得到治理。

（四）污染空气

垃圾在运输、处理过程中如缺乏相应的防护和净化措施，将会造成细末或粉尘随风扬散；垃圾露天堆放大量氨、硫化物等有害气体释放，严重污染大气和城市的生活环境。例如，生活垃圾填埋后，其中的有机成分在

---

① 玉斌：《农村环境与农村环境保护》，科学技术出版社，1992。

② 成协中：《垃圾焚烧及其选址的风险规制》，《浙江学刊》2011 年第 3 期，第 43 ~ 49 页。

③ 杨国清：《固体废物处理工程》，科学出版社，2000。

地下厌氧环境中，将分解产生二氧化碳、甲烷等气体进入大气，如果任其聚集会引发火灾和爆炸等危险。垃圾焚烧炉运行时会排放出颗粒物、酸性气体、未燃尽的废物、重金属与微量有机化合物等。

（五）影响城市环境卫生

垃圾中有许多致病微生物，同时垃圾往往是蚊、蝇、蟑螂和老鼠的滋生地，必然对广大市民的身体健康造成危害。

（六）存在安全隐患

垃圾爆炸事故不断发生。随着城市中有机物含量的提高和由露天分散堆放变为集中堆存，只采用简单覆盖易形成产生甲烷气体的厌氧环境，易燃易爆。1999 年 4 月 30 日，深圳市盐田保税区垃圾场发生大面积着火，由于采取措施得当，2 周内将大火扑灭。①

二　深圳垃圾产生及处理现状

深圳是我国对外开放的主要窗口之一，随着经济不断发展，人们生活水平日益提高，人员流动量加大，垃圾产生量也在日益增长（见图 1）。

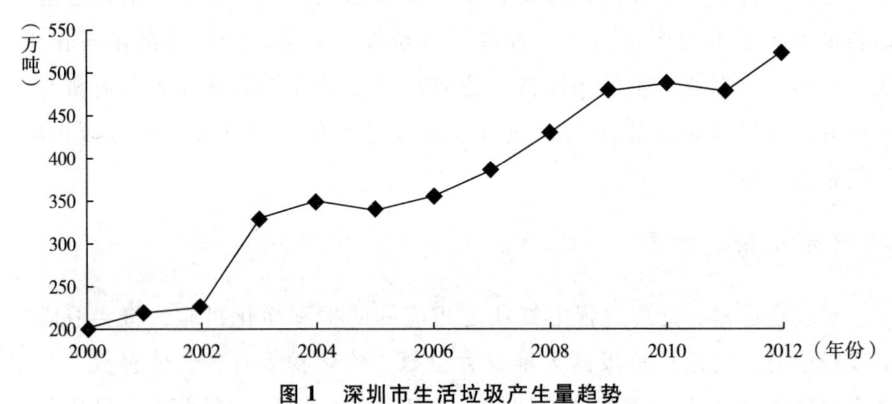

图 1　深圳市生活垃圾产生量趋势

资料来源：徐荣菊：《深圳城市生活垃圾产生量预测及南山区垃圾处理路线设计》，华中师范大学硕士论文，2013。

① 李玉华：《简易垃圾填埋场安全评价与控制研究》，华中科技大学硕士学位论文，2004。

（一）影响城市生活垃圾产生量变化的因素

1. 内在因素

内在因素是指直接导致垃圾产生量变化的因素，包括常住人口数量、城市发展水平和居民生活水平等。一般来说，城市规模越大，常住人口越多，产生的垃圾量也越多。同样，由于经济的发展，居民生活水平的提高，居民消费品数量和种类也不断增多，相应的生活垃圾产生量也会增多。城市建成区绿化覆盖面积的扩大，清扫街道面积的增大，城市生活垃圾产生量也会随之增长。①

2. 自然因素

自然因素主要是指城市的地理位置、气候和季节因素等，是一种外在因素。例如，北方城市取暖能耗大大高于南方城市，并且燃料消费主要以煤为主，致使生活垃圾产生量远远高于南方城市。夏天瓜果大量上市，也会产生大量的易腐烂有机垃圾。

3. 个体因素

个体因素主要是指产生垃圾的个体行为习惯、生活方式、受教育程度等因素。这也是一项不可忽视的重要影响因素，例如，现在深圳提倡的绿色低碳就餐、学习、办公、购物和旅行等，鼓励人们做文明的环保志愿者。②

4. 社会因素

社会因素是指社会行为准则、社会道德规范、法律规章制度等，是一种制约内在因素和个体行为的外部因素。在城市生活垃圾减量化方面，深圳市出台实施了很多的文件，提倡减少垃圾的产生量。③ 2001 年，颁布实施了《深圳市生活垃圾分类收集规划》，规划了近、远期垃圾分类的指标体系、设施数量及资金投入。2002 年，深圳市政府颁布了《关于印发深圳市城市生活垃圾分类收集运输处理实施方案的通知》，提出对生活垃圾进行分

---

① 何德文、金艳、柴立元等：《国内大中城市生活垃圾产生量与成分的影响因素分析》，《环境卫生工程》2005 年第 13 卷第 4 期。

② 宾晓蓓、李倩：《国内外城市生活垃圾处理现状与处理技术》，《北方环境》2011 年第 10 期。

③ 张莉：《城市生活垃圾处理现状及对策》，《科技资讯》2011 年第 20 期。

类收集、运输和处理。2005 年，发布了《关于进一步加强环境卫生管理工作的决定》，强调要制定鼓励垃圾减量和垃圾分类收集的政策措施。2007 年，颁布并实施《深圳市餐厨垃圾管理暂行办法》，规定了餐饮业和集体用餐配送单位产生的餐厨垃圾的收集、清运、处理及监督管理办法。2008 年，重新修订了《深圳市再生资源回收管理办法》，进一步明确政府部门监管职责和企业生产经营条件，加强对再生资源回收行业的监督管理。2011 年，深圳市城管局制定了《深圳市垃圾减量和分类工作（2011～2015 年）实施方案》。①

（二）深圳市垃圾治理形势严峻

1. 处理能力不足

深圳正在形成垃圾围城，垃圾管理形势严峻。截至 2013 年，深圳焚烧厂、填埋场处理的垃圾量达每日 1.4 万余吨，而现有填埋场在超负荷运行下，每日垃圾填埋处理量只有约 8200 吨，其他垃圾均采用焚烧方式，对空气造成污染。例如，下坪填埋场设计处理能力为 2000 吨/日，实际处理量在 3500 吨/日以上，高峰值达到 4500 吨/日；老虎坑填埋场设计处理能力为 1800 吨/日，实际处理量在 3500 吨/日以上。另外，龙岗区每天仍有部分垃圾采用简易堆填方式处理。②

2. 填埋处置方式难以持续

填埋处置方式难以持续。深圳市垃圾处理仍以填埋为主，约占 60%。深圳市土地资源紧张，选址非常困难或者说根本无址可选，以填埋处理为主导的方式将难以持续。③

3. 垃圾处理厂选址难

城市垃圾管理形势日趋严峻。随着深圳市经济社会高速发展，城市垃圾产生量剧增，生活垃圾处理量已达到 1.4 万吨/日，且每年仍以约 8% 的速度增长。④ 新建处理设施面临选址难、环评难、建设难等问题，举步维

---

① 徐海云、徐文龙、黎青松：《中国大城市垃圾问题研究》，《中国城市环境卫生》，2001。

② 王湛：《深圳垃圾处理面临五大困境》，《深圳特区报》2012 年 8 月 3 日。

③ 朱泽华：《城市垃圾造成的危害及其处理对策探讨》，《现代商贸工业》2010 年第 21 期，第 380～381 页。

④ 毕珠洁：《深圳市生活垃圾分类处理模式对比研究》，华中科技大学硕士学位论文，2012。

艰，现有城市垃圾处理设施难以满足实际需要，城市垃圾减量效果不够理想，资源化利用总体水平不高，城市垃圾管理与现代化国际化先进城市的总体目标和要求相比差距较大。

4. 各类废弃物分流不彻底

深圳自2000年被国家列为垃圾减量分类8个试点城市以来，全市上下投入大量政策资源以及人财物，但成效甚微，年垃圾处置量非但没有下降，相反还在持续较快增长。目前，深圳市垃圾资源回收率大约为21%，深圳的垃圾分类处理状况并不乐观，八成市民没有对家庭垃圾进行分类。① 与发达国家和地区相比，仍然存在较大差距。部分家庭装修的建筑垃圾、小型企业的工业废弃物、大排档的餐饮垃圾、园林绿化的树枝树叶、动物尸骸、粪渣乃至一些特殊废弃物混入生活垃圾，亟须做好分流处理。

5. 源头减量任务艰巨

垃圾源头减量需要全社会共同努力，减少生产、分配、交换、消费环节的垃圾产量，尤其需要生产企业尽量减少产品废弃物。

6. 收运体系不健全

生活垃圾、建筑垃圾、污泥、医疗垃圾、电子垃圾、特殊废弃物的收运环节存在模式单一、队伍混乱、申报制度不健全、服务水平低、甚至存在盗窃与偷倒偷排现象、监管制度不全、监管不到位等问题。② 目前，电子垃圾及大件家具还没有规范的专业收运队伍，医疗垃圾收运过程中流失现象严重，乡镇农村垃圾收运率低，城乡垃圾处理服务水平存在较大差异，回收站点、分选中心、集散市场“三位一体”的再生资源回收体系尚未建成，资源回收受市场价格影响较大，深圳市再生资源回收率徘徊在30%左右，离发达国家和地区50%以上的资源回收率水平还有相当大的差距，亟须完善收运体系。

深圳土地面积1991.64平方公里，常住人口1054.74万（2012年年末数据）。近年来，深圳的垃圾产生量年均增幅约为8%，2012年6月份生活处理量已达14400吨/日（2013年同期为13100吨/日，增幅接近10%）。香港土地面积1070平方公里，人口约713万（2012年数据）。据统计，2011年，香港日产垃圾26000吨，回收率44%，填埋处置垃圾量13000余

---

① 黄昌付：《深圳市生活垃圾理化组分的统计学研究》，华中科技大学硕士学位论文，2012。

② 熊会思：《中国香港城市垃圾管理发展方向——兼论新型干法窑焚烧垃圾》，《中国水泥》2003年第5期。

吨/日。深圳、香港两地末端垃圾处理处置量接近，加上两地生活习惯相近，虽然存在制度安排、财政收入、人口构成及人文精神等方面差异，但香港在垃圾处理上的很多经验和做法都值得深圳市研究和借鉴。

三　香港在垃圾处理方面的经验

深圳全市管理人口近千万、每天产生垃圾 1.4 万吨左右，如何从城市的各个角落收集并处理好数量庞大的垃圾，管理工作相当复杂。然而，与深圳一河之隔的香港，在此方面已有许多成功经验。

香港根据实际情况制定了全面的中长期垃圾分类处理发展规划。在规划引领下，香港推动了家居废物源头分类计划（2005 年）和工商业废物源头分类计划，建成了占地 300 亩再生资源回收利用环保园和 3 座总库容 13500 万立方米的新界堆填区（填埋场）。香港垃圾处理形成了“以规划为先导，以计划为引领，以源头分类为抓手”的回收利用和填埋处置并重的垃圾分类处理体系。

（一）从源头减废，推广回收再利用

香港环境局局长黄锦星自上任开始，便不断向公众灌输“我们需要从源头开始解决垃圾的问题”这个理念。香港政府发布的《循环资源蓝图 2013 ~2022》中，也提出减废为先，2022 年或以前减少 40% 的都市固体废物人均弃置量。

图 2　香港环保回收箱

1. 家居源头分类计划

香港从2005年1月起推行《家居废物源头分类计划》，配合《计划》的推行，香港环保署编写了《住宅楼宇废物分类源头指引手册》，2005年12月，香港特区政府又发布了《都市固体废物管理政策大纲（2005～2014）》，要求建立垃圾收集与分隔系统，并解决回收物料的销路，以杜绝“分类收集、混合处置”现象。香港特区政府在此前的三色分类回收桶系统和干湿废物分类试验的基础上发展出更加细致、更倡导因地制宜的垃圾分类与回收方法。家居废物源头分类计划推行至今，已有超过1700个屋苑、住宅楼宇及700多个乡郊村落参加，涵盖全港8成以上人口，家居资源回收率从2005年的16%提高到2011年的40%。《计划》推行了多种便民的回收设施，包括收集桶、挂墙架、多袋式收集袋（塑料袋、尼龙袋、帆布袋等）、盒子（金属盒、塑料盒、纸盒等）及其他废物分类回收桶（例如小型或可层叠式）。

2. 工商业废物源头分类计划

2007年香港推出《工商业废物源头分类计划》，鼓励物业管理公司发挥带头作用，在工商业楼宇内建立及推行合适的废物回收机制，让业户/租户可在工作场所内轻松地参与废物分类回收。为鼓励工商业楼宇提高资源回收量，香港环保署举办了2011/2012年工商业废物源头分类奖励计划以表扬表现突出的成员。工商业废物源头分类计划推行至今，已超过700幢工商业楼宇参加计划，2011年香港工商业资源回收率已达66%。

（二）动员社会减少厨余量

香港环境局于2012年12月3日宣布成立“惜食香港运动”督导委员会。委员会负责制定及监督“惜食香港运动”的推行，动员社会减少厨余量。惜食运动的目的：①推动社区关注香港厨余管理的问题。②协调政府部门及公共机构以身作则减少厨余。③鼓励在个人家居层面改变生活习惯以减少厨余。④在工商业界订立和推广减少厨余的良好工作守则。⑤鼓励各界参与并分享减少厨余的良好作业守则。⑥促进商户向慈善机构捐赠剩余食物。

（三）推行垃圾按量收费制度

垃圾按量收费是管制城市垃圾最直接的环境经济政策，正在受到越来越普遍的重视和应用，逐渐成为垃圾收费的新趋势。概括地说，垃圾按量收费的优点主要体现在以下方面：一是激励家庭根据垃圾排放的私人成本来调整其排放和回收行为。二是激励家庭在消费时选择产生垃圾量更少的产品，从源头减少垃圾量。三是垃圾按量收费间接导致有效率的厂商行为。Kinnaman 和 Fullerton 认为，垃圾按量收费降低了再生材料的价格，这导致厂商更愿意采用再生材料。美国、日本、欧洲、澳大利亚、韩国等国家或地区的很多城市都实施了垃圾按量收费。根据香港特区政府日前提交立法会的文件，香港垃圾收费将推行按量收费制度，预计一个三人家庭每月垃圾征费约为 40 元。

（四）垃圾处理设施及营运

香港注重不断提高垃圾处理设施建设与营运水平，注重作业规范和管理，这些也是值得深圳学习和借鉴的。香港建成了占地 300 亩的再生资源回收利用环保园，3 座总库容 13500 万立方米的新界堆填区［新界西（屯门）堆填区、新界东北（打鼓岭）堆填区、新界东南（将军澳）堆填区］，7 个离岛废物转运设施，1 个化学废物处理中心（青衣，处理化学废物和医疗废物），1 个低放射性废物储存设施（牛潭尾动物废料堆肥厂，处理禽畜废物和马厩废物）。

香港环保园承担环保教育、垃圾回收利用模式探索和电子垃圾、餐厨垃圾等回收处理的任务，向企业提供优惠租金的土地和公用基础设施，目前已有 17 家废旧商品分选、再制造、拆解企业及废食油处理企业进驻。值得一提的是，环保园扶持了 2 家慈善团体组织的社会企业，从事电子垃圾的回收、再造、赠送给困难家庭和义卖等业务，这 2 家社会企业由香港环保基金投资建设。香港环保基金由政府注资 10 亿港元，投资战略研究、资源化处理工艺技术研究、社区回收中心建设和环保设施建设。

四 对深圳垃圾收运和处理的建议

（一）加强垃圾分类宣传教育，建立激励机制

推行垃圾分类，首先市民要有这方面的意识。居民的支持和自觉参与

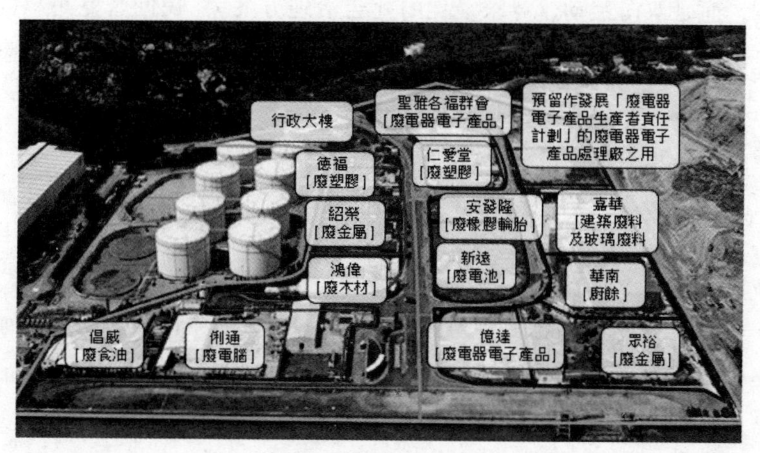

图 3　香港环保园

是垃圾分类收集取得成功的关键。[①] 因此，应提高居民的环保意识，加大宣传力度，对居民进行垃圾分类的宣传教育，指导居民进行垃圾分类：①利用海报、宣传画、电视、广播等手段宣传垃圾分类，使分类收集家喻户晓。②召开新闻发布会、居民代表座谈会，进行现场咨询等，向市民宣传垃圾分类收集，引导市民积极参与。③投入一定的资金用于市民的环保教育，除了加强青少年教育外，还可通过公布环境公报、垃圾处理公报，赋予利用可回收垃圾生产的产品以特殊标志和荣誉，强化市民的环境意识。[②]

（二）完善处理设施

未来深圳市应首先抓垃圾分类，垃圾分类做好，可减少一半垃圾。主抓餐厨垃圾处理，新增餐厨垃圾处理厂。其次坚持焚烧为主的技术路线，并大力建设规模大、效率高的垃圾焚烧处理设施。[③]

（三）与民沟通，获得支持

无沟通则不理解。应当说，政府部门与民众的互动，不是谁被谁牵着

---

① 李方敏、高绣纺、于广超：《荆州城区生活垃圾产生量的关联度分析与预测》，《环境科学与管理》，2010。

② 陈德敏：《区域经济增长与可持续发展》，重庆大学出版社，2000。

③ 张可喜：《改弦更张走循环之路》，《再生资源研究》2001 年第 1 期。

鼻子走，而是双向互动，寻求最佳的社会治理方案。[1] 民间智慧可以为政府决策提供诸多有价值的信息，政府发布的信息也会影响民众对社会事务的看法，这两个方面都是作为社会治理主导者的政府部门乐于看到的，因此，政府部门不应拒绝与民众广泛接触、深入交流。

（四）健全法规严格执法

政府要尽快完善城市垃圾管理的法律、法规体系，将垃圾收集、中转、运输、资源化利用、最终处理等各个环节纳入依法管理的轨道。要明确政府、居民、企业在垃圾分类收集、资源循环利用方面的责任、权利和义务；实行垃圾处理收费制度并适量运用奖惩措施，促进单位和居民生活垃圾的分类工作；制定促进垃圾减量化的政策，促使工业企业开展清洁生产，规范包装行为，减少一次性产品的使用，促使其他企事业单位和个人积极参与资源回收工作，减少垃圾的产生量。[2]

五　结语

随着深圳固体废物问题日益严峻，由单一销毁方法向多种方法互相配合、共同处理的综合处理转变刻不容缓。垃圾每家每户都要产生，希望每个人首先从垃圾分类做起，提倡人人为我、我为人人，用自己的行动爱护城市、美化城市，使城市实现可持续发展，真正成为全体市民的美丽家园。

---

① 郭廷杰：《强化资源节约与综合利用》，《中国资源综合利用协会通讯》第43期。

② 周珂：《我国生态环境法制建设分析》，《中国人民大学学报》2000年第6期。

粤港深地区土壤重金属危害及重金属污染环境事件造成的影响

刘庚冉　周　廷*

摘要：通过对粤港地区存在的主要重金属污染的危害和重金属污染环境事件的调查研究，着重分析重金属污染对该地区食用农作物、经济作物、近海水产品等的影响，进而阐述了重金属对食用生畜及对人体健康的影响。结果表明，该地区的重金属土壤污染问题比较突出，对食品安全和对当地的经济发展均构成了一定的影响。

关键词：重金属污染　土壤　珠三角　环境污染事件

一　前言

土壤重金属污染是指由于人类活动将重金属引入到土壤中，致使土壤中重金属含量明显高于原有含量，并造成生态环境恶化的现象，其污染源主要是采矿、冶炼、电镀、化工、电子和制革染料等工业生产的“三废”以及污灌和农药、化肥在农业上的不合理施用等。[①] 随着人口快速增长、工业生产规模不断扩大、城镇化的快速发展、农业生产大量施用化肥农药以及污水灌溉等，土壤重金属污染已成为全球面临的一个严重环境问题。[②] 国土资源部和环保部2014年4月联合发布的全国首次土壤污染状况

---

* 刘庚冉，解放军环境保护中心副研究员；周廷，解放军环境保护中心。

① 曹心德、魏晓欣、代革联等：《土壤重金属复合污染及其化学钝化修复技术研究进展》，《环境工程学报》2011年第5期。

② 崔斌、王凌、张国印等：《土壤重金属污染现状与危害及修复技术研究进展》，《安徽农业科学》2012年第40期。

调查公报显示，在实际调查的630万平方公里范围内，全国土壤总的点位超标为16.1%，耕地点位超标率达19.4%，无机物超标点位占82.8%，主要的无机物包括镉、汞、砷、铜、铅、锌、镍等重金属，污染分布呈南方污染重于北方，长江三角洲、珠江三角洲、东北老工业基地等部分地区土壤污染问题较为突出，西南、中南地区土壤重金属超标范围较大的特点。

广东，作为我国经济发达的省份，改革开放的前沿，经数十年的工业繁荣之后，砷、镉、铜和汞等重金属的扩散成为一个地区性问题，特别是珠江三角洲区域。2004年，广东省国民生产总值（GDP）为16039.5亿元，地方财政一般预算收入为1416.9亿元，进出口总额为3571.3亿元，分别占全国的1/9、1/8和1/3。上述三项指标中，珠江三角洲区域又占广东省的80%。但经济高速增长背景下出现了日益严重的生态环境问题，不可避免地对当地的农业生态环境造成了负面影响。[①] 2001年起发布的《广东省海洋环境质量公报》显示，珠江流域及珠江口海域已经连续多年被列为“严重污染区域”。2009年5月发布的《公报》指出，广东省珠江流域以及珠江口海域污染面积比2008年增加了12.33%。其中，珠三角地区的重金属污染现象尤其严重，是国内最严重的几个地区之一。据报道，2004年前后，广东省地质局曾做过一次调查，结果显示在珠江河口周边区域，受人为污染导致土壤中有毒有害重金属元素污染面积达5500平方公里。2005年对珠江三角洲近岸海域海洋地质环境的调查也表明，珠江口近岸海域约有95%的海水被重金属、无机氮和石油等有害物质重度污染。2011年10月10日举行的广东科协论坛第45期专题报告会上，中国工程院院士罗锡文表示：广东省未受重金属污染的耕地，仅有11%左右。

香港位于珠江口东侧，土壤的发育与广州、东莞，尤其与深圳非常相似。[②] 在珠江流域污染区域化的情况下，以粤港深为代表的经济发达地区的重金属污染土壤及环境污染事件对该地区造成的影响研究越发重要。

---

① 杨国义、罗薇、高家俊等：《广东省典型区域蔬菜重金属含量特征与污染评价》，《土壤通报》2008年第39期，第133~136页。

② 骆永明等：《香港地区土壤及其环境》，科学出版社，2007，第66页。

二 土壤重金属污染及其危害

重金属主要指密度大于5.0 g/cm^{3}的金属元素，包括铜（Cu）、锌（Zn）、镍（Ni）、铅（Pb）、铬（Cr）、镉（Cd）、汞（Hg）、砷（As）、铁（Fe）、锰（Mn）、钼（Mo）、钴（Co）等，其中砷（As）是一种类金属，由于其化学性质和环境行为与重金属的相似性而被列入重金属范畴，铁（Fe）、锰（Mn）、钼（Mo）等只有在特定条件下才表现毒害作用，因而一般情况下对前8种重金属所带来的土壤污染的关注和研究较多，其中当前最引起人类关注的是铅（Pb）、钴（Cd）、铬（Cr）、汞（Hg）、砷（As），人们通常称之为“五毒”，我国《重金属防治“十二五”规划》将其作为重金属防治的重点对象。目前我国无公害农产品和绿色食品认证工作均重点监测重金属镉（Cd）、汞（Hg）、砷（As）、铅（Pb）、铬（Cr）。① 而目前粤港深地区存在的主要污染也是这5种。

土壤重金属污染属环境污染的范畴。土壤重金属污染是指人类活动产生的重金属进入土壤并积累到一定程度，引起土壤环境质量恶化，对生物、水体、空气或人体健康产生危害的现象（这种恶化现象通过对各种受体的危害而体现）。②

在发达国家的工业化过程中，重金属曾经造成众多环境污染事件，如1955～1972年，日本富山县神通川流域的“骨痛病”，就是由于居民食用了镉含量高的稻米和饮用镉含量高的河水引起的，同样在1953～1972年由于日本熊本县水俣湾的居民食用被汞废水污染的鱼虾，导致近万人患中枢神经疾病——水俣病。瑞典的镉、铅、砷污染也曾造成女工的自然流产率和胎儿畸形比例明显提高。③

（一）汞的污染和危害

汞是唯一在常温条件下呈液态的金属，其主要污染源为氯碱、塑料、电

---

① 许学宏、纪从亮：《江苏蔬菜产地土壤重金属污染现状调查与评价》，《农村生态环境》2005年第21期，第35～37页。

② 夏家淇、骆永明：《关于土壤污染的概念和3类评价指标的探讨》，《生态与农村环境学报》2006年第22期，第87～90页。

③ 张国印、王丽英、孙世友等：《土壤的重金属污染及其防治》，《河北农业科学》2003年第7期，第59～63页。

池、电子等工业排放的废水。目前，全世界平均每年排放汞约1500万kg。汞在环境中的流动性很强，而且任何形式的汞均可在一定条件下转化为剧毒的甲基汞。进入人体后的甲基汞，遍布身体的各个组织，主要侵害神经系统，尤其是中枢神经系统，这些伤害是不可逆转的。甲基汞还可通过胎盘侵害胎儿，使新生儿发生先天性疾病。联合国环境规划署（UNEP）2003年2月发表的全球汞状况评估报告表明，汞污染还可导致心脏病和高血压等心血管疾病，并可影响人类的肝、甲状腺和皮肤的功能。近年来，汞的污染持续加剧，对人体健康和生态环境造成了严重影响。

（二）镉的污染和危害

工业生产中的镉释放主要途径是：采矿、冶炼、燃煤、镀镉工业、化学工业、肥料制造、废物焚化处理、尾矿堆、冶炼厂废渣、垃圾堆的冲刷和溶解。

镉进入人体后，主要贮存在肝、肾组织中，不易排出，镉的慢性中毒会造成肾脏吸收功能不全，降低机体免疫力以及导致骨质疏松、软化，引起全身疼痛、腰关节受损、骨节变形，如八大公害之一的骨痛病，有时还会引起心血管疾病等。

2005年12月15日广东北江发生的镉污染事件，北江韶关段出现严重镉污染，高桥断面检测到镉浓度超标12倍多。北江是珠江三大支流之一，也是广东各市的重要饮用水源，因韶关地处北江上游，此次污染直接威胁下游近千万群众的饮水安全和成千上万企业的正常用水，部分城市自来水停止供应。经调查，事故起因是韶关冶炼厂设备检修期间违法超标排放含镉废水所致。

（三）铅的污染和危害

铅被认为是造成罗马帝国灭亡的有毒重金属，现已成为渗透到各个角落的环境污染物。铅的毒性与汞相似，具有持久性和高度积累性。全世界有近一半的铅用于制造蓄电池，其余的用于汽油防爆剂、建筑材料、电缆和炸药等。但是仅有1/4的铅被回收再利用，绝大部分铅以废气、废渣、废水等形式排出，造成大面积铅污染。

铅主要通过人体的呼吸系统、消化系统或者皮肤直接进入人体，并一直沉淀在体内，对人体几乎所有组织器官都能造成一定伤害。即使脱离了污染环境经治疗使血铅水平明显下降，受损的组织和器官也不能修复。铅的毒性大小与其在体液中的溶解度有关，主要累及神经、造血、消化、肝、肾及心血管系统。

2009 年 12 月下旬，广东清远市数十名儿童被集体查出铅中毒。2012 年 5 月，广东省紫金县的三威电池有限公司被曝造成 136 人血铅超标，其中达到铅中毒判定标准的有 59 人。经调查，这些铅中毒事件均与当地企业的污染排放有关，重金属污染问题由此引起有关部门高度重视。

（四）砷的污染和危害

由于砷的污染和危害与重金属类似，因此把砷污染归于重金属污染之列。人为造成的砷污染源主要来自金属生产、水污染、燃煤和食物污染、矿冶污染。砷有致癌作用，接触砷的人常有肺癌和皮肤癌发生，现在国际癌症研究所（IARC）已确认砷及其化合物为致癌物，在砷污染的地区，土壤及环境中的砷可以通过呼吸道、消化道或皮肤接触摄入体内，机体对砷的吸收率约为 80%，中毒后 40 ~ 60 天指（趾）甲上可见 1 ~ 2 毫米宽的白色横纹，称为米氏纹“乌脚病”。

（五）铬的污染和危害

金属铬的污染主要来自含铬金属的加工、电镀、制革和制药等行业排放的“三废”，这些铬大多以六价形式存在。早年各地生产铬酸钠的化工厂历年会随生产排放铬废渣。铬的毒性主要是由六价铬离子引起的。六价铬化合物如铬酸、铬酸钾、重铬酸钠等都是强氧化剂，腐蚀性极强。它们可以通过消化道、呼吸道、皮肤和黏膜侵入人体。六价铬离子可以通过呼吸系统、消化系统以及皮肤接触等方式侵入人体内，最终积聚在内分泌腺、心、胰和肺中，容易引发过敏性哮喘和癌症等。

三　重金属污染环境事件造成的影响

珠江的集水区达 45.3 万平方公里，是继长江和黄河之后中国的第三长河流，珠江同时也为区内 4700 万人提供饮用水，供应城市包括广州、深圳、东莞、惠州、佛山、肇庆、江门、中山和珠海及香港等10多个城市。在工业化、城市化的过程中，由于电子制造厂、电镀厂、皮革及纺织车间林立，珠三角是全国污染最严重的地区之一。

（一）对食用农作物的影响

土壤遭受重金属污染后不仅会对农作物的生长产生危害，导致农作物减产和品质下降，还能通过食物链危害人体健康，引起癌症或其他疾病。珠三角流域不少土壤受到了不同程度的污染，许多地方粮食、蔬菜、水果等食物中镉、铬、砷、铅等重金属含量超标或接近临界值，不少地区已发展到生产“镉米”“铅米”及“铜米”的程度。

一项由原国家环保总局进行的土壤调查结果显示，广东省珠江三角洲近40%的农田菜地土壤遭重金属污染，且其中10%属严重超标。[①] 2003年11月至2005年12月，杨国义等人对珠江三角洲的东莞市、惠州市、中山市、珠海市和佛山市顺德区以及广东西翼的湛江市的蔬菜重金属污染状况进行了系统的调查研究。结果表明，有13.45%的蔬菜样品受到不同程度的重金属污染，镉和铅是蔬菜的主要污染元素；[②] 宋启道等人对广东省2003~2006年主要蔬菜产地土壤重金属进行了调查和检测的也表明土壤重金属污染等级属于轻污染和临近警戒线的蔬菜产地达40.4%，主要污染地区集中在珠江三角洲地区，粤西和粤北地区也存在重金属超标情况。[③] 2008年，中山大学生命科学学院的科研团队分别在广州6个区各选择两个农贸市场采集蔬菜样本，分析样本中镉、铅的含量情况，结果发现，叶菜类蔬菜的污染情况十分严重，除1种为轻度污染外，其余5种均达到重度污染水平。2014年6月，《南方日报》引述广东省农业厅巡视员余俭娥的观点，广东数十年的工业繁荣过后，砷、镉、铜和汞等制造业用重金属的扩散成为一个地区性问题，涉及很大一片区域，根据检测结果，在东莞、从化、番禺等9个蔬

---

① 辛快：《珠三角四成菜地重金属超标蔬菜中残留的重金属以铅、镉最多》，《南方农村报》2005年4月2日。

② 许学宏、纪从亮：《江苏蔬菜产地土壤重金属污染现状调查与评价》，《农村生态环境》2005年第21期，第35~37页。

③ 宋启道、方佳、王富华等：《广东省主要蔬菜产地土壤中重金属含量调查与评价》，《环境污染与防治》2008年第30期，第91~93页。

菜种植中心区域，大约10% ~20%的蔬菜重金属含量高于国家安全标准允许的水平。

重金属不仅影响到蔬菜，也影响到大米等食用作物，2008 年 4 月，潘根兴研究小组从江西、湖南、广东等省农贸市场随机取样 63 份，检测结果证实 60%以上大米的镉含量超过国家限值[①]。2013 年广东“镉”大米事件中，产地涉及湖南、江西、广西，也包括广东乐昌和清远。作为广东省土壤重金属污染最严重的地方，2013 年韶关某米业公司也坦言：收购的大米中普遍含有镉，为了达到标准，只能将含镉量不同的大米调配。

（二）对其他经济作物的影响

重金属污染不仅影响食用农作物的安全，也影响当地经济作物的安全，如中药、花生、茶叶等经济作物。白研等人[②]对广东地产中药中重金属的测定结果表明，有一半的样品铅含量超过德国中药标准和我国《外经贸绿色行业中药出口标准》对铅的限定值，全部样品基本都不符合美国对中药的限量标准。2014 年，付善明等人[③]对粤北某矿下游农用地花生种植的重金属污染风险评价和健康风险评价表明，该地区种植的花生的重金属风险铬、铜、锌偏高。

（三）对近海生态的破坏及海产品的影响

重金属环境污染事件及土壤中的重金属污染不仅影响到土壤，同时，由于排放、冲击携带等原因，造成近海生态破坏严重，多种海产品重金属超标。2010 年广东海洋公报显示，广东近海四成入海排污口排放污水超标，16%的近海海域正在遭受污染。2010 年珠江八大入海口和榕江、深圳河、东江等主要入海河流携带入海的石油烃、砷、重金属等污染物达 108 万吨。其中珠江排入海的污染物占总量的七成。这种陆源污染普遍存在于漫长的

① 路子显：《粮食重金属污染对粮食安全、人体健康的影响》，《粮食科技与经济》2011 年第 36 期，第 14 ~17 页。

② 白研、种上欢、蔡俊生：《广东地产中药中几种重金属元素的含量测定》，《广东微量元素科学》2004 年第 11 期，第 60 ~64 页。

③ 付善明、宿文姬、王道芳等：《粤北某矿下游农用地花生种植的重金属风险》，《土壤》2014 年第 46 期，第 60 ~65 页。

海岸线。乐清湾污染是陷入工业包围中的沿海城市的一个缩影。彭子成等人[①]对大放鸡岛滨珊瑚的研究成果显示，来自近陆的电镀、冶金、采矿、水产加工行业等的排放，使珊瑚受到锌、镍、铅和铜较显著的污染。

据报道，2011 年，广东近海多种贝壳类生物遭到重金属污染，生蚝中的铜元素和镉元素分别超标 740 倍和 90 倍。王许诺等人[②]对 2007 年广东沿海 4 种贝类养殖区 90 个样品的检测也表明，部分近江牡蛎体中镉和铜的含量已超过中国农业行业标准“无公害食品：水产品有毒有害物质限量”标准，应该引起重视。林美金[③]对深圳市贝类重金属含量调查与评价的结果表明，采自深圳市市场销售的 129 份贝类样品中，除铜和铬 2 种重金属元素超标率较低外，其他 3 种重金属元素超标率均在 90% 以上。陈小勇等人[④]的研究结果表明，在重金属含量明显低于香港其他地点的香港汀角红树林区，由于重金属的富集，岩壕作为食用动物有一定的风险。

（四）重金属在食物链迁移中的影响

土壤重金属污染造成的有害物质在农作物中积累，并通过食物链迁移高等生物。肖骞等人从深圳市各监测点（农贸市场或超级市场）随机抽取生禽畜类食品 179 份，按照国家标准对铅、镉、无机砷、铬进行检测，肉类食品（猪肉、牛肉等）存在铅、镉、无机砷、铬重金属污染，超标率达 46.88%；在生禽类食品（如鸡肉）中，超标率为 17.88%。

（五）对人类健康的影响

重金属污染问题引起人们的广泛关注最先是从其对人体健康的影响开始的，因此长期以来对重金属的研究与人体健康就存在着千丝万缕的联系。

2005 年，广东省曾出现北江水镉污染事故、英德群众砷中毒案件等环

---

① 彭子成、刘军华、刘桂建等：《广东省电白县大放鸡岛滨珊瑚的重金属含量及其意义》，《海洋地质动态》2003 年第 19 期，第 5～12 页。

② 王许诺、王增焕、林钦等：《广东沿海贝类 4 种重金属含量分析和评价》，《南方水产》2008 年第 4 期，第 83～87 页。

③ 林美金：《深圳市售贝类重金属含量调查与评价》，《河北农业科学》2010 年第 14 期，第 91～94 页。

④ 陈小勇、曾宝强、陈利华：《香港汀角红树植物、沉积物及双壳类动物重金属含量》，《中国环境科学》2003 年第 23 期，第 480 页。

境问题。在北江环境污染事件后，广东韶关上坝村被污染农田土质含铅超过国家标准 44 倍，含镉超标 12 倍。目前，上坝村仍有 1500 多亩农田在用污水灌溉，因水污染而荒废的良田已达 100 多亩，鱼塘 350 多亩全部绝收。据不完全统计，1986～1999 年，上坝村过世的 250 人中因癌症死亡的就有 210 人，占总数的 84%；2000～2008 年又有 130 余人死于癌症。全村孤儿已达 30 多人。研究表明，广州西郊铬渣污染区居民癌症死亡率相对较高。[①] 据报道，砷污染在云南、广西、湖南“造就”多个癌症村。2014 年 2 月，媒体披露湖南石门县因砷污染成为癌症村，每年有 10 余中毒者死亡。

环境中的重金属可经过多种途径进入人体，其中食物摄入是人体受害的主要途径之一。申屠平平等人[②]对某地大米重金属污染的健康风险评价指出，大米中重金属污染物对人体健康的潜在危害在个人年总风险中的占比已大于 USEPA 推荐的最大可接受水平。

当前，农产品中重金属、重金属沿食物链向生物体可食部位的迁移积累问题以及重金属污染与疾病发生相关性等方面的研究是新兴的研究领域。

四　结论

粤港深在快速的工业化、城市化过程中，由于农业灌溉、工业排放、金属冶炼、矿产的开发、交通等原因造成的污染以及环境污染事件的发生，导致农业用地、市郊、城市土壤、近海沉积物受到不同程度的污染，导致蔬菜、粮食、经济作物、近海生态及水产品的污染，进而通过食物链影响到高等生物的食用安全，最终影响到人类的健康。

2013 年的“镉大米”事件，造成人们对于食用作物的恐慌。土壤污染问题已对珠江三角洲社会经济发展产生不良影响，特别是我国加入 WTO 后，农产品中重金属超标问题已成为国际贸易中的一道绿色壁垒，阻碍我国产品打入国际市场，我们与国外农产品的竞争在某种程度上就是“绿色

① 唐洪磊、郭英、孟祥周等：《广东省沿海城市居民膳食结构及食物污染状况的调研——对持久性卤代烃和重金属的人体暴露水平评价》，《农业环境科学学报》2009 年第 28 期，第 329 页。

② 申屠平平、罗进斌、陈高尚等：《大米重金属污染的健康风险评价》，《浙江预防医学》2014 年第 26 期，第 128～138 页。

食品”“食品安全”意义上的竞争。

为此，广东省也确定了重金属污染防治目标，从严格准入、加强执法、摸清底数、淘汰落后等多方面开展重金属污染土壤防治工作。香港，由于从20世纪50年代就开始了土壤与农业、土壤污染与生态等方面的研究，因此存在的土壤重金属污染不甚严重，潜在的环境风险最大值为铅，环境风险相对较低。

借鉴与启示

欧盟环境合作政策借鉴

周修琦*

摘要：作为一个经济、政治高度一体化的超国家区域性国际组织，欧盟通过积极的环境合作政策，不仅有效缓解了欧盟域内的环境压力，改善了各成员国的生态环境，而且有效推动了全球环境治理的进程，促进了国际环保事业的发展，树立了良好的国际形象，提高了国际政治地位。通过阐述欧盟环境政策和了解其决策机构，进一步分析欧盟环境合作政策的背景、主要内容和特点，对我国解决环境问题、改善生态环境及开展环境合作具有一定的借鉴意义。

关键词：欧盟　环境政策　环境合作

一　欧盟环境政策

欧盟（"欧洲联盟"的简称）是一个经济、政治高度一体化的超国家区域性国际组织，它是根据1992年签署的《马斯特里赫特条约》成立的，1993年正式运作，其前身是欧共体（"欧洲共同体"的简称）。[①] 在分析欧盟环境合作政策前，需要先了解欧盟环境政策的概念及欧盟环境政策的决策机构。

（一）欧盟环境政策的概念

1. 环境政策

环境政策体现了国家对环境保护的态度、目标和措施，已成为各国最

* 周修琦，中共深圳市委党校杂志社编辑。

① 本文中出现的"欧共体"是指1993年欧盟成立之前"欧洲共同体"的简称，一般情况下，本文使用"欧盟"涵盖上述两个概念。

重要的社会公共政策之一。在政策的总框架下，可以将环境保护政策定义为在环境保护方面的政策，简称环境政策。环境政策是政策体系，是公共政策体系中的一个重要组成部分。从政策的一般定义出发，可以将环境政策定义为“公共组织就与环境保护有关的事项所决定采取的具有政策形式和政策规范性的各种方法的总称”。环境政策是一个国家为了规范人的环境行为、协调人与自然的关系的战略、策略、方法、措施、行为规则的总和。[①]

2. 欧盟环境政策

根据环境政策的定义，欧盟环境政策是指欧盟为保护和改善环境，就与环境有关事项所决定采取的适用于欧盟的各种行动、计划、规则、措施及其他各种对策的总称。欧盟环境政策包括三个部分，第一部分是基本法，如《单一欧洲法令》《欧洲联盟条约》。第二部分是派生法，如具体的规则、指令和决定，涉及环保标准和实施细则。第三部分是非法律性的政策文件，主要包括建议、意见、决议、宣言和其他政策文件等。[②]

（二）欧盟环境政策的决策机构

欧盟环境政策的制定和实施，是由欧盟、各成员国政府、各级地方当局、公众、企业、非政府组织等共同参与的过程，是一种比较科学、民主、公开、多层次和多方参与的环境决策和实施体系。由于欧盟政治地位的特殊性，它拥有独特的立法和决策机构框架。欧盟委员会、理事会和欧洲议会是欧盟环境政策的主要决策机构，大多数环境政策都来自这三个机构的复杂运作过程。欧洲理事会是欧盟的最高决策机构，由它决定欧盟的大政方针，但它不参与制定具体的环境政策，它主要发挥指导作用。欧盟经济和社会委员会代表公民社会，地区委员会代表地区的利益，二者都是欧盟法定的咨询机构。欧洲法院是欧盟的最高法院，它不参与决策过程，但它可以通过解读欧盟法及其判例，对欧盟环境政策的发展和实施产生直接或间接的影响。

欧盟环境决策的基本流程：由欧洲委员会提出政策提案，这些提案被

---

① 蔡守秋主编《环境政策学》，科学出版社，2009，第33～34页。

② 王彦军：《欧盟的环境政策与环境外交》，中共中央党校硕士论文，2003。

送到欧洲议会、欧盟经济和社会委员会以及地区委员会征求咨询，由欧盟理事会决定，欧洲委员会负责实施，最后由法院执行。

二 欧盟环境合作政策的背景

（一）环境问题的全球性

20世纪以来，随着全球经济的高速发展，能源消耗迅速，生态环境被严重破坏，污染问题越来越严重，人与自然环境的矛盾日益突出，环境问题成为国际社会共同关注的焦点问题。污染无国界，环境无国界。环境污染不仅涉及一个国家，环境问题在空间上和影响上都具有全球性，环境问题需要国际社会一起协调、合作，共同解决。由于各发达国家较早进入了工业化社会，较早经历了环境污染的危害，所以发达国家民众的环保意识较高，欧盟及其成员国能较早意识到环境与发展相互制约、相互依存的关系。在解决内部环境问题时，欧盟及其成员国逐渐意识到环境问题的全球性。全球性的环境问题不能单靠一个国家或国际组织自行解决，而要通过国际环境合作，与世界各国和国际社会组织一起共同协调、合作，才能更有效地解决环境问题，改善生态环境。因此，环境问题的全球性是欧盟制定、实施环境合作政策的背景之一。

（二）维护自身利益

欧盟在制定、实施环境合作政策的过程中，始终把维护自身利益作为出发点和落脚点，正如现实主义学派大师汉斯·摩根索所指出的“国家利益是判断国家行为体唯一永恒的标准”。①

随着工业革命的开始，欧洲各国进入了经济高速发展的时代。经济的快速增长造成能源大量消耗，导致生态环境严重破坏，并引发了一系列资源环境问题，直接威胁到人们的健康和生命安全，可能会引起社会的动荡。为了维持社会稳定，欧共体成员国各自制定、实施环境政策，治理污染。但由于欧洲内部许多环境污染都是跨区域、跨国界的，各成员国自身的环

---

① 徐婷：《欧盟环境政策与环境外交》，青岛大学硕士论文，2007。

境政策并不能有效地解决其面临的环境问题。所以，在欧共体域内，要求制定统一的环境政策的呼声日益高涨。为了更有效地解决域内的环境问题，改善生态环境，欧共体各成员国在环境问题上达成共识，并积极开展内部环境合作，共同制定、执行统一的环境政策。

发展经济已成为世界各国发展的首要任务，为了经济的高速发展，许多国家都走了“先发展后治理”的错误路线。这种错误的发展模式必然会造成严重的环境污染，引发一系列的环境问题。由于环境污染无国界的特性，欧共体担心这些外部环境问题会波及欧洲，会危及欧共体的内部环境，对欧洲的经济社会造成不良影响。为了避免世界范围的环境恶化威胁到自身利益，欧共体在第一个环境行动计划中就提出“与共同体以外的国家，特别是在国际组织内，寻求环境问题的共同解决办法”的具体目标，大力推行国际环境合作，促进国际环境事务发展。

（三）扩大在发展中国家的影响力

随着发展中国家的崛起及其经济实力的壮大，发展中国家在国际关系中占有越来越重要的位置。为了制衡美国的霸权主义，巩固欧盟在国际上的经济地位、政治地位，欧盟需要发展中国家的支持。欧盟在开展国际环境合作时，特别重视与发展中国家的合作。通过对发展中国家的环境援助，一方面，欧盟有了更多的理由和机会介入发展中国家事务，督促发展中国家保护环境、防治污染，并促使发展中国家积极参与国际环境合作，促进世界环境与发展事务的发展。另一方面，进一步强化了欧盟与发展中国家的联系与合作，扩大了与发展中国家的共同利益。

欧盟加强与发展中国家的环境合作，扩大在发展中国家的影响力，不仅有利于欧盟争夺世界环境与发展事务的领导权，而且有利于巩固欧盟在国际经济、政治上的地位。因此，扩大在发展中国家的影响力是欧盟推行环境合作的原因之一。

（四）争夺世界环境与发展事务的领导权

伴随着经济的高速发展，世界各国的环境污染也越来越严重，环境与发展问题在国际关系中的地位日益突出。面对日益加剧的环境污染，世界各国都开展了环境合作活动。但是，由于各国在开展环境合作活动的同时也都追求自身利益最大化，因此，国际环境合作事务变得越加复杂。其中，美国、欧盟、日本等发达国家一直都试图争夺世界环境与发展事务的领导权，提高自身的国际政治地位。

争夺世界环境与发展事务领导权是欧盟推行环境合作的主要动力。为争夺世界环境与发展事务的领导权，欧盟在国际环境事务中积极开展环境外交，做到主动参与、勇于承担，并制定了一系列积极的环境合作政策，促进国际环境合作，解决全球环境问题。从1972年的斯德哥尔摩会议至今，欧盟主动承担其在国际环境事务中的责任，努力推进各种国际环境会议，促成签订多个国际环境公约，逐渐成为促进国际环境合作的主要动力。欧盟推进国际环境合作的积极态度和做法，与美国单边主义、利己主义的做法和日本消极的保守环保态度，形成了鲜明的对比。欧盟在环境保护方面取得的令人瞩目的成就，受到了各界的好评，提高了国际地位，确立了在世界环境与发展事务中的重要地位。

三　欧盟环境合作政策的主要内容

为了防治污染问题、解决环境危机、改善环境质量，欧盟主要通过大力推行环境合作政策来协调、处理欧盟内外部的环境问题。欧盟环境合作主要包括内部环境合作和外部环境合作。内部环境合作是指欧盟内部各成员国之间为了改善欧盟域内的环境状况，在其地理位置内解决跨区域、跨国界的环境问题而开展的环境合作。外部环境合作是指欧盟作为一个整体，为解决国际环境问题、改善环境质量而与其他国家或国际组织开展的环境合作。

（一）欧盟内部环境合作

20世纪60年代中期以前，环境问题一直被欧洲各国所忽视。60年代中后期，欧洲各国的环境污染日益严重并发生了一系列的环境公害事件，才使人们意识到环境的重要性，环境问题在各国议事日程上的位置迅速上升。20世纪70年代，随着欧共体内部市场的扩大，各成员国之间的经济边界逐渐消失，环境污染问题却日益加剧，尤其是在欧共体内部跨区域、跨国界的环境污染问题并不能通过各国自身的环境政策得到有效的防范和控制。

同时，成员国间不同的环境政策和产品规范日益表现为贸易的非关税壁垒，这与欧共体自由贸易的目标相背离。所以，在欧共体内要求制定统一的环境政策的呼声日益高涨。加强欧共体各成员国之间的环境合作，制定统一的环境保护政策，已逐渐成为共同体及其成员国的共识。

欧盟是第一个在成员国之间就环境问题开展协调行动、统一规范的区域性国际组织。[①] 为了解决、改善环境问题，欧共体及其成员国将环境政策作为共同政策优先考虑的议题，并相继出台了一系列科学、合理、有效的环境合作政策和环境行动计划，欧共体域内的环境状况得到了显著改善。由于欧共体各成员国的国情都不一样，为了缩小欧共体内部因发展不平衡造成的差距，欧共体除了鼓励经济发展水平相对落后的成员国实行严格的环境保护标准，还设立相关基金，对一些成员国提供一定的资助，以推动成员国贯彻共同的环境政策。

1972 年 10 月，欧共体在巴黎召开首脑会议，针对内部环境问题制定了一系列基本原则，强调内部环境合作与制定共同环境政策的重要性，从而为欧共体的共同环境政策揭开了序幕。从 20 世纪 70 年代开始至今，欧共体各成员国通过制定和实施共同环境政策，采取协调行动，实行多个环境保护行动计划，改善了欧盟域内的环境状况。

欧盟环境行动计划是为协调各成员国的环境保护措施而制订的，是欧盟颁布的纲领性文件，是欧盟环境政策主要政治框架，具有重要的指导作用。欧盟环境行动计划是欧盟大力推行内部环境合作的必然产物。迄今为止，欧盟委员会曾多次制订环境行动计划，并不断调整环境合作政策。

第一个环境行动计划（1973 ~ 1976 年）是欧共体根据 20 世纪 70 年代早期的经济、政治、社会和环境形势而制订的环境行动计划，为欧共体 20 世纪七八十年代的环境政策定下了基调。该计划提出了欧共体环境政策的宗旨：提高生活质量，改善欧共体成员国的生存环境和生活条件。第二个环境行动计划（1977 ~ 1981 年）基本上是第一个行动计划的继续和扩展，确保计划项目和措施的连续性。该计划提出把预防行动作为各项措施的基础，从而加强欧共体环境政策的预防性质。该计划新增了以下内容：统一各国的检测和评估程序与要求；土地的非破坏性使用和合理管理；加强动

① 蒲傅：《欧盟全球战略中的环境政策及其影响》，《国际论坛》2003 年第 6 期。

植物保护；自然资源的保护和管理，开展反废弃物的运动；环境影响评估；引入环境标签等。第三个环境行动计划（1982～1986年）总体上是前两个计划的延续，但从20世纪80年代初开始，欧洲出现了一些新的环境问题，欧共体意识到要解决越来越复杂的环境问题不能只局限于环境部门，而应通过多部门、多领域的共同合作来保护环境。该计划强调环境与社会经济发展的关系，首次确定一系列优先领域，将环境政策融入其他政策领域综合考虑；明确强调环境政策的预防性，由治理为主转向预防为主、治理为辅、防治结合。第四个环境行动计划（1987～1992年）始于单一市场建立之时，1986年签署的《单一欧洲法》将环境纳入了一个单独的“环境编”，从而为欧共体的环境政策提供了正式的法律基础，明确提出要发展和实施共同环境政策。该法令是欧盟环境政策发展史上影响最大的一个里程碑。该计划的工作主题是防止污染、改善资源管理、开展国际活动以及发展适当的政策工具。由于受到《单一欧洲法》《马斯特里赫特条约》和1990年欧共体峰会的影响，欧盟在第五个环境行动计划（1993～2000年）中把对环境政策发展的考虑同全球环境问题结合在一起，并以长期战略的方式来实现可持续发展的目标，是欧盟可持续发展战略的起点。与前四个计划相比，计划五有四点创新：一是指导思想的更新，以“可持续发展”为指导，在其他政策中融入环境因素，实行责任分担制度，实施由自上而下转向自下而上的战略等。二是同与环境密切相关的工业、能源、交通、农业和旅游五个部门优先采取行动。三是开始采取如立法手段、市场手段、财政支持机制等多种政策实施手段。四是全球意识的加强。第六个环境行动计划（2001～2010年）开始全面实施可持续发展战略，其宗旨是提高欧盟成员国人民的生活质量，使他们生活在一个更加清洁和健康的环境之中。该计划提出为实施欧盟的可持续发展战略所要采取的各项环境保护措施：确定了实现环保目标的战略行动途径；在气候变化、生物多样性、环境与健康、自然资源的可持续利用和废弃物管理这四个重点领域实施可持续发展；在世界范围内解决可持续发展问题。①

2012年11月29日，欧盟委员会公布了第七个环境行动计划草案。在

① 肖主安、冯建中编著《走向绿色的欧洲——欧盟环境保护制度》，杨豫主编，江西高校出版社，2006。

新环境行动计划中确定了9个优先课题，其中包括“强化自然保护与生态系统复苏能力”“促进可持续且资源效率高的低碳发展”及“高效处理环境对健康造成的威胁”等。新环境行动计划还有两个目标，即强化欧盟城市的可持续性，以及提高欧盟在地区及国际性环保和全球变暖课题方面的影响力。[①]

（二）欧盟外部环境合作

污染无国界，环境问题在空间上和影响上具有全球性，任何国家或国际组织都不能置身事外。欧共体及其成员国具有较高的环保意识，早在1970年就提出“环境无国界”的口号。欧共体清楚地认识到，环境的可持续发展不能只靠个别国家或个别国际组织的单独行动，只有多方、多国的联合行动才能更全面地解决国际环境问题，改善全球生态环境。

为了维护自身的环境安全和实现可持续发展，欧盟在推进内部环境合作的同时也积极开展外部国际环境合作。通过与其他国家和国际组织的环境合作，欧盟树立了良好的国际形象，提高了国际政治地位，并在国际环境与发展领域里发挥了主导作用。

作为经济、政治高度一体化的超国家区域性国际组织，欧盟与其成员国在环境政策领域也分享对外合作权。1972年欧共体巴黎首脑峰会授权欧共体在国际环境领域成为一方重要的参与者；1987年生效的《单一欧洲法》为欧共体的国际合作提供了正式的法律依据，欧共体可以就环境问题与第三方签订国际协议；1990年欧洲理事会发表的《都柏林宣言》成为欧盟环境合作政策的基本思想依据之一，强调了“共同体必须更加有效地运用其道义的、经济的和政治的权威地位，来加强解决全球性问题和推进可持续发展的国际性努力”[②]。1992年签署的《马斯特里赫特条约》（即《欧洲联盟条约》）进一步明确规定欧盟环境政策的主要目标之一就是促进国际合作，采取有效措施应对区域性和全球性的环境问题。为了应对复杂的国际环境问题，欧盟积极推进全球的国际环境合作。40多年来，根据以上基础条约的相关授权，欧盟代表各成员国或与成员国一起积极参加国际环境会

---

① 《欧委会公布新环境行动计划草案，确定9个优先课题》，http://finance.people.com.cn/BIG5/n/2013/0122/c348883-20282564.html，人民网，2013.1.22。

② 王彦军：《欧盟的环境政策与环境外交》，中共中央党校，2003。

议，签订多项国际环境公约，广泛参与国际组织的环境合作，促进国际环境合作。欧盟外部环境合作可归纳为以下四个方面。

1. 积极参加国际环境会议，广泛参与国际组织的环境合作

1970 年，欧盟提出了“环境无国界”的口号。应对复杂的国际环境问题，仅靠个别国家或国际组织是不能解决的。解决国际环境问题，必须依靠国际社会全体成员的共同努力。自 1973 年欧共体实施第一个环境行动计划以来，国际环境合作一直是欧盟的工作重点，欧盟几乎参加了所有重要的国际环境会议，签订了多个国际环境公约和协议，认真贯彻落实会议的各项议案。欧盟国际环境合作的内容涉及空气污染、水污染、动植物保护、气候变化、臭氧保护、生物多样性、沙漠化、越境污染、森林和酸雨等多个方面。

在积极参加国际环境会议、签订多个国际环境公约的同时，欧盟还积极参与国际组织的环境合作，大力支持与环境有关的各种国际组织和地区性机构的工作，推动全球环境合作。国际环境组织和地区性机构包括：联合国环境规划署、联合国开发计划署、联合国教科文组织、联合国人口基金、联合国粮农组织、世界卫生组织、全球环境基金、联合国欧洲经济委员会等国际组织。① 欧盟同这些国际组织开展了广泛的环境合作并产生了积极的作用。

2. 形成以欧盟自身为核心的周边环境合作

欧盟开展环境合作的目的是解决环境问题，保护欧盟内部环境和改善外部国际环境。欧盟把内部环境放在首位，形成以欧盟为中心，辐射周边地区的、分层的、内外有别的环境保护政策体系。周边地区和国家作为欧盟的环境缓冲带，从自身的环境安全考虑，欧盟高度关注周边地区和国家的环境情况，中东欧国家和地中海沿岸国家的环境合作是欧盟国际环境合作的重中之重。②

由于中东欧的环境污染问题十分严重，因此欧盟极为关注中东欧国家的环境问题，并通过开展多个援助项目与其建立了更加密切的合作关系。

---

① 肖主安、冯建中编著《走向绿色的欧洲——欧盟环境保护制度》，江西高校出版社，2006，第 185 页。

② 肖主安、冯建中编著《走向绿色的欧洲——欧盟环境保护制度》，江西高校出版社，2006，第 191 ~ 194 页。

1995年3月，欧盟委员会在“与中东欧国家工业合作”的文件中，特别强调了与中东欧国家在环境、能源管理、教育和培训等方面进行合作。1995年6月，欧盟与波兰、匈牙利、捷克、斯洛伐克、罗马尼亚、保加利亚、立陶宛等国建立了“欧洲联系国协定”，为欧盟与中东欧的环境合作奠定了基础。由于中东欧国家与欧盟有着密切的环境关系，欧盟对它们的援助力度也相对较大，提供的环保资金主要用于促进中东欧国家制定有效的环境政策，提高公众环境意识，加强环境机构建设等方面。欧盟对该地区的前苏联国家则实施独联体国家技术援助，重点是加强核安全和防辐射保护。援助资金主要用于帮助减轻切尔诺贝利核污染对环境的破坏，支持咸海、里海、黑海的环境项目及地区环境战略的发展。1991年启动“欧洲的环境”项目，其目的是激励、界定及协调整个欧洲范围内的环境保护政策。1995年发表的《索菲亚宣言》重新规定了各国政府在欧洲环境保护领域里应尽的合作义务。为了更有效地保护欧盟内部及周边国家和地区的环境，欧盟启动了“环境财政工具”计划。欧盟通过此计划加强了对中东欧周边重要“缓冲带”的保护，同时也有效地保护了欧盟本土。在欧盟扩大的谈判中，欧盟提出对中东欧的候选国进行环境技术支持和财政援助。

欧盟与地中海国家主要通过两个途径开展环境合作：一是“环境财政工具”计划；二是“中短期优先环境行动计划”。通过“环境财政工具”计划，支持地中海地区非欧盟国家和波罗的海沿岸国家的机制和能力建设，建立环境政策，提高这些国家自身的环境保护能力。1995年11月，欧盟与地中海东部和南部12个国家在西班牙的巴塞罗那召开欧盟——地中海大会，会议发表的《巴塞罗那宣言》宣布建立“欧盟——地中海国家伙伴关系”，其宗旨是通过加强对话、自由贸易和合作促进地中海地区的和平、稳定和繁荣。该宣言纳入了可持续发展目标和环境保护内容，强调了在环境方面加强合作的必要性。1997年11月28日，欧盟——地中海国家环境部长会议通过了“中短期优先环境行动计划”。此计划进一步加强了欧盟和地中海国家的合作。

3. 与发展中国家的环境合作

作为经济、政治高度一体化的超国家区域性国际组织，为了与美国相制衡，争取世界环境与发展事务领导权，欧盟非常重视与发展中国家的环境合作。欧盟积极制定针对发展中国家的合作政策，加强与发展中国家在环境问题上的合作关系，有效提高欧盟在全球环境领域的地位和影响。欧盟与发展中国家的环境合作遍及非加太地区、地中海地区、亚洲和拉丁美洲地区。欧盟对发展中国家的环境援助力度主要是根据受援对象及其与欧盟的关系进行区分的。[①] 欧盟根据各地区不同的发展程度，针对不同的环境问题，其环境援助的内容和方式都有所差别，但其援助的目的是一样的，即逐渐加强受援国的环境机构建设，提升它们的科技水平，培养其管理技巧和组织能力，帮助它们设计和实施环境保护与可持续发展战略。总的来说，欧盟与发展中国家开展的环境合作政策对改善南北关系起到了积极的作用。

（1）非加太国家

从 1975 年开始，欧共体与其在非洲、加勒比和太平洋地区的原殖民地的发展中国家先后签订了五个《洛美协定》，这些协定主要是通过提供环境财政援助来减少这些地区的环境污染对欧洲造成的不利影响。2000 年 6 月，欧盟在贝宁首都科托诺与 77 个非加太国家签订了《科托诺协议》。在与非加太国家的合作中，欧盟支持非加太国家保护自然资源，防止土地和森林退化，恢复生态平衡，对自然资源进行合理利用，禁止向非加太国家输入有害废弃物和放射性废弃物等。欧盟对非加太地区的干旱和沙漠化问题给予高度关注，并通过环境合作的方式，采取一系列措施控制干旱与沙漠化。

（2）亚洲和拉美国家

环境保护是欧盟与这些国家合作的优先考虑因素。欧盟给拉美国家提供的资金援助，其中有约 1/10 用于环境计划，以长期保护拉美国家的自然资源和确保其可持续发展。欧盟通过两条途径促进拉美国家的环境行为：一是提高有利于环境的资源比例；二是促进健全环境评价手段。欧盟对拉美国家的援助注重项目的环境影响评价，对援助资金较大的项目要进行评价。欧盟在援助的实施内容和实施方式上，主要根据拉美国家的具体国情来决定。保护热带森林是欧盟与这些地区发展中国家环境合作的一个重点。1994 年 7 月，欧盟针对亚洲推出《亚洲新战略》，将欧盟与亚洲国家的环境

① 肖主安、冯建中编著《走向绿色的欧洲——欧盟环境保护制度》，江西高校出版社，2006，第 196～199 页。

合作列为优先的领域。该战略指出，鉴于环境问题具有全球性，一些亚洲国家的环境问题严峻，需要开展环境对话，发展欧盟与亚洲国家的环境合作关系。

4. 与发达国家的环境对话和合作

从20世纪90年代开始，欧盟与美国、加拿大、日本、澳大利亚等发达国家每年都进行定期的环境对话，交换、交流政策与立法方面的信息，讨论双边的、多边的环境问题。对话还涉及环境标准的统一和国际环境公约等问题，目的是增进交流，加强沟通，扩大合作，达成国际环境事务的共识，促进国际环境合作的发展。

在欧洲范围内，欧盟主要是与欧洲经济区和欧洲自由贸易联盟国家进行环境政策协调、合作。在如何应对全球环境挑战和对发展中国家的环境援助问题上，除了欧盟表现出积极的态度外，许多发达国家则显得相当冷漠，这些发达国家只是热衷于交换环境政策信息和参与多边论坛合作。欧盟不仅积极参加各种国际环境会议，主动推进各种国际环保议程，而且在国际协议方面也起到了积极的作用。欧盟逐渐成为国际环境合作的最主要动力，其积极、勇担责任的态度与美国逃避责任的态度形成了鲜明的对比，欧盟逐渐挑起了引领国际环境合作的大梁。

四　欧盟环境合作政策的特点

（一）利己性

“国家利益是判断国家行为体唯一永恒的标准。”在开展环境合作的过程中，欧盟始终把维护自身利益作为出发点和落脚点，环境合作主要还是为经济利益和政治利益服务。

从欧盟环境合作政策的发展史看，20世纪50年代前，在环境问题没有直接影响到欧共体自身的利益时，欧共体并不重视环境问题。到了20世纪60年代，环境问题随着经济社会的高速发展日益突出时，人们才开始关注环境问题；随着环境的恶化，威胁到人们的身体健康和安全，环境问题才逐渐被提到议事日程上，才真正引起欧共体的重视。这时，欧共体针对环境问题的解决方式是就事论事，通过各成员国各自制定、实施环境政策，治理污染。但随着时间的流转，欧共体发现域内跨区域、跨国界的环境问题并没有得到解决或缓解，这时才真正意识到环境问题具有全球性。欧盟清楚认识到单凭一国之力无法解决跨区域、跨国界的环境问题，欧共体内部要求制定统一的环境政策的呼声日益高涨，这促使欧共体各成员国达成了环境共识，并积极开展内部环境合作。污染无国界，在开展内部环境合作的同时，为了避免外部世界范围的环境污染波及欧洲或威胁到欧共体自身利益，从20世纪70年代开始，欧共体就大力推行国际环境合作，促使许多国家和国际组织保护环境，治理污染，共同改善全球环境。为了营造良好的国际形象，巩固其国际经济、政治地位，与美国、日本等发达国家争夺国际环境与发展事务的领导权，欧盟需要争取发展中国家的支持。为此，在开展国际环境合作时，欧盟非常重视与发展中国家的合作，通过官方援助等方式介入发展中国家的事务，扩大了与发展中国家的共同利益基础，努力扩大其在发展中国家的影响力。在国际贸易方面，由于欧盟及其成员国环保事业起步较早，拥有先进的环保技术和丰富的环境管理经验。为了抵消发展中国家的产品成本优势，欧盟提高了产品的环境标准以保护本国产品，给发展中国家进入欧盟市场设置了绿色障碍。

（二）复杂性

欧盟是经济、政治一体化程度最高的超国家区域性国际组织，目前拥有28个成员国。在制定欧盟环境合作政策时，不仅要充分考虑各成员国之间的地位环境、自然气候、经济社会发展水平、环境政策制度等方面的差异性，而且还要考虑在环境治理体系中欧盟、成员国以及地区及地方三个层次的多方利益。此外，欧盟环境合作政策的制定和实施需要经过成员国之间的长时间多方利益权衡才能达成一致。这些考虑因素造就了欧盟内部环境合作的复杂性。

欧盟的国际环境合作，涉及发达国家、发展中国家和国际社会组织，在制定、实施环境合作政策时需要考虑合作方的国际地位、基本国情、地理位置、环境情况等复杂的经济、社会、政治因素，有些环境合作政策还涉及多个国家或国际组织，这时，还需要考虑多国（方）的矛盾、利益的协调问题等。这就造成了欧盟外部环境合作的复杂性。

（三）广泛性

欧盟环境合作政策包括内部成员国间的环境合作政策和外部世界范围的国际环境合作，所涉及的范围相当广泛。在地域方面，欧盟环境合作几乎是全球性的，内部涉及所有成员国，外部涉及发达国家、发展中国家和国际社会组织。欧盟与发展中国家的环境合作遍及亚太地区、地中海地区、非洲和拉丁美洲；在内容方面，欧盟环境合作涉及环境的各个领域，包括空气、水源、土地、物种等自然资源。环境问题不仅涉及生态环境，还与经济社会的发展息息相关。一个地区或国家在发展时，如果只关注经济效益而忽视环境的话，必然会引起一系列的环境问题，会影响甚至阻碍该地区或该国的可持续发展。所以，欧盟在制定环境合作政策时，会优先考虑环境与可持续发展的问题，其合作内容不仅涉及生态环境方面，而且还会涉及经济开发、地区规划、科技发展、教育等方面。

五　欧盟环境合作政策对我国的启示和借鉴

目前，环境问题日益凸显出全球化、复杂化的特性，发达国家与发展中国家在环境问题上的对立日益突出，环境问题成为新的国际冲突，但同时也是国际合作的新契机。作为一个经济、政治高度一体化的超国家区域性组织，欧盟通过积极的环境合作政策，不仅有效缓解了欧盟域内的环境压力、改善了各成员国的生态环境、提高了国民的生活质量，而且推动了全球环境治理的进程，促进了国际环境保护事业的发展，树立了良好的国际形象，提高了国际政治地位。

随着我国经济社会的高速发展，国内资源与环境形势日益严峻，环境问题已威胁到人们的健康和生命安全，而且对我国的经济社会发展构成了巨大挑战。在全球化背景下，我国的环境问题越来越引起国际社会的关注，环境的持续恶化不但对周边国家带来影响，而且对全球环境也将造成重大影响。环境的持续恶化也严重影响了我国的国际形象，对我国的环境外交工作带来很大的压力。因此，解决环境问题、改善生态环境、加强环境保护刻不容缓。

从欧盟环境保护发展史来看，我国目前所面临的环境问题与欧盟过去的环境问题有相似之处，通过学习借鉴欧盟在环境合作政策方面的成功经验，将有助于解决我国内外部的环境问题，有助于改善我国的生态环境和提高人们的生活质量，有助于调整国际环境关系及提高我国的国际地位。开展环境合作、制定环境合作政策是解决环境问题的必经之路，也是环境政策的主要内容。发展与完善环境合作政策，才能更有效地改善我国与周边国家乃至世界各国的环境关系，为国家可持续发展争取和营造良好的国际环境。

1. 加强我国各省市之间的环境合作

由于各省市的经济社会发展状况存在较大差异，环境情况也不尽相同，涉及跨区域的环境污染问题，仅仅凭借各省市的环境政策，很难给予有效的防范和控制。要有效解决跨区域环境问题，就需要各省市之间在环境问题上达成共识，通过制定和实施共同环境政策，采取协调行动，实行多个环境保护行动计划，才能从整体上改善我国的环境状况。

2. 加强与周边地区和国家的环境合作

由于与周边地区和国家有着共同敏感的地理环境，所以容易造成跨国界的环境问题，周边地区和国家是我国环境的缓冲带。从自身的环境安全考虑，我们要高度关注周边地区和国家的环境问题，把与周边地区和国家的环境合作仅国际环境合作列为国际合作的重中之重。

3. 积极参与国际环境合作活动

面对复杂的国际环境问题，仅靠个别国家或国际组织是不能解决的，解决国际环境问题，必须依靠国际社会全体成员的共同努力。因此，要积极参加国际环境会议，签订并贯彻落实环保会议的各项政策；广泛参与国际组织的环保活动，促进国际环境事务的发展，改善全球生态环境。

4. 加强与其他发展中国家的环境合作

随着发展中国家的崛起及其经济实力的壮大，发展中国家在国际关系中占有越来越重要的位置。作为发展中国家的一员，更有必要加强与其他发展中国家的环境合作，建立发展中国家环境联盟，在各种国际环境会议中争取发展中国家的权益，共同督促发达国家在国际环境中承担其应有的责任和义务。

5. 积极寻求与发达国家的环境对话和合作

发达国家拥有世界上先进的环保理念、技术、手段，在环境科学、环境管理和环保技术等方面积累了丰富的经验，制定、实施了比较完善的环境政策，其环境状况得到了显著改善。通过寻求与发达国家的环境对话和合作，可以引进其先进的技术、手段，学习其丰富的经验，向发达国家争取更多的援助。

参考文献

蔡守秋主编《欧盟环境政策法律研究》，武汉大学出版社，2002。

黄全胜：《环境外交综论》，中国环境科学出版社，2008。

丁文广主编《环境政策与分析》，北京大学出版社，2008。

李欣：《环境政策研究》，经济科学出版社，2013。

邝杨：《欧盟的环境合作政策》，《欧洲》1998 年第 4 期。

谭伟：《欧盟推行环境外交的原因及局限性》，《求索》2010 年第 7 期。

王明进：《浅析欧盟对外环境政策及其实践》，《欧洲研究》2008 年第 5 期。

И. А. 什米廖娃、王冠军：《中国环境政策存在的问题和对策》，《中国人口·资源与环境》2011 年第 3 期。

林玲、毛在丽：《简析 21 世纪的欧盟环境政策》，《法国研究》2004 年第 2 期。

邓翔、瞿小松、路征：《欧盟环境政策的新发展及启示》，《财经科学》2012 年第 11 期。

王淑贞：《欧盟环境外交研究》，山东师范大学硕士论文，2009。

香港低碳环境教育及其启示

倪士光　杨瑞东[*]

摘要：香港的低碳环境教育强调终身教育，其突出的特点是公众教育与学校教育并重，使用科学教育的方法促进民众建立低碳的行为习惯和生活方式。一方面，政策引导下的低碳公众教育，包括了环境保护署的政策引导，促进低碳亲环境行为的习惯化养成；香港环保卓越计划的奖励促进，促进低碳行为意图；"绿色香港我中意"等低碳宣传教育活动持久深入人心；基金支持促进了低碳教育的全员参与。另一方面，科学规范引导下的低碳学校教育，重视学龄差异，强调终身教育；教材编制及教学内容灵活有指引；低碳环境教育的课程模式以渗透式教育为主；低碳环境教育教师的业务培训系统持续；绿色学校建设促进亲环境场所的设立。深圳市率先建立低碳示范城市，提倡"4个促进"：促进亲环境行为的习惯化养成，促进低碳意图的理性建立，促进城市低碳教育策略的政策引导，促进低碳教育场所的教育激发。

关键词：香港　低碳　环境教育

低碳生活是环境教育的重要命题。低碳环境教育是指使用科学教育的方法促进民众建立低碳的行为习惯和生活方式。香港政府和社会始终倡导和发展一个以低耗能、低污染为基础的低碳经济，提出了在2020年将香港的"碳强度"从2005年水平下降50%～60%的目标。香港在个体、家庭、学校、团体等不同层次开展了持续有效的低碳环境教育，倡导和建立个人低碳环保意识和生活方式，进而提高整体社会的能源效益是减少香港的"碳足迹"（或碳排放，人类活动所产生的温室气体排放量）最直接有效的

---

* 倪士光，清华大学深圳研究生院讲师，博士；杨瑞东，清华大学深圳研究生院副教授，博士。

方法。本文分析和总结香港低碳环境教育的政府治理政策、基金支持、学校教育、NGO 教育等方面的做法和经验，以期为深圳市率先建立低碳示范城市提供教育政策的启示和建议。

香港的低碳环境教育强调终身教育，其突出的特点是公众教育与学校教育并重。

一 政策引导下的低碳公众教育

（一）环境保护署的政策引导，促进低碳亲环境行为的习惯化养成

香港特区政府环境保护署（Environmental Protection Department，EPD）特别注重将低碳生活与低碳教育作为环境保护的重要议题进行推广，通过持续不懈的努力和引导，在家庭生活、工作场所、自然环境等人与自然互动的场所中推行低碳国民教育和终身教育，促进低碳行为习惯的融入和建立。

2008 年 7 月环境保护署开始推行“绿色香港 · 碳审计”（Green Hong Kong · Carbon Audit）的活动计划，邀请各界机构签署“减碳约章”，成立“碳审计 · 绿色机构”，承诺进行支持减低温室气体排放的活动。[①]“减碳约章”是为组织具体行动减低温室气体排放而签订的约章，分别包括承诺宣言和执行两部分。任何香港组织或机构成为“碳审计 · 绿色机构”以后，均承诺参加环保署的“绿色香港 · 碳审计”活动计划，同意承担及实践减少排放温室气体。

通过碳审计后，环保署设立了“碳中和”和“碳补偿”的政策引导签约组织履行承诺，完成低碳减排目标。“碳补偿”是指当所有减少排放二氧化碳的措施都实施后，通过提供财政补助或技术支援等方法，协助他人进行减少温室气体排放的活动，例如，资助发展中国家减排的环保项目。“碳中和”首先计算排放了的二氧化碳总量；然后执行务实的计划，尽力减少碳排放；最后透过碳补偿的方法，抵消所有碳排放，达致零碳排放的目标。

---

① 碳审计（Carbon Audit），计算耗用电力、使用车辆等各项消耗能源的活动时所排放的温室气体。发掘改善空间，组织进一步的减排措施，从而减低或抵消有关活动产生的温室气体，舒缓气候变化。香港特区政府 2008 年亦推出了针对建筑物的“指引”。

此外，香港环保署大力倡导“减碳开步走”的市民教育活动。主要表现为鼓励低碳生活融入市民生活，建立低碳生活习惯。鼓励市民通过改变日常生活习惯及节约能源，减少引致温室气体排放的生活方式，如将不使用的电器关上，尽量使用公共交通工具，遵守环保“3R”原则：减少耗用资源、再利用、循环使用等。减少“碳足印”，教育市民无论乘搭交通工具、开灯、开冷气、用水、丢弃废物等生活点滴，都会导致排放二氧化碳等温室气体，在环境上留下“足印”。评估个人碳足印，然后找出生活中哪个范畴可适当地减少排放，便可保持“步履轻盈”，舒缓气候变化的影响。

（二）“香港环保卓越计划”的奖励促进低碳行为意图

2008 年，“香港环保卓越计划”是由环境运动委员会联同环境保护署及环境咨询委员会、商界环保协会、香港中华总商会、香港中华厂商联合会、香港工业总会、香港中华出进口商会、香港社会服务联会、香港总商会及香港生产力促进局 9 个机构合办，以实现“卓越环保目标”为中心的一个环保计划，该计划鼓励各行各业持续落实环保管理，并表扬对环保做出贡献的机构。2009 年起新设“减碳证书”计划，表扬公司及机构在减少温室气体排放中的努力和贡献。

“香港环保卓越计划”一直受到社会各界的认同，成为在香港最具公信力的环保奖项计划之一。在 2014 年，该计划包括五个部分，分别为“环保标志”“绿色机构标志”“减碳证书”“环保创意卓越奖”及“界别卓越奖”。“环保标志”旨在表扬机构在减废、节能、改善室内空气质素及产品设计方面能达到既定目标；“绿色机构标志”为在绿色管理上有卓越成就的机构制定了标准；“减碳证书”用以表扬成功为减少温室气体排放做出贡献的机构；“环保创意卓越奖”旨在表扬具有卓越成效的环保创意措施，而并非机构的整体环保表现；“界别卓越奖”是为指定界别中整体环保表现卓越的机构专门设置的奖项。

（三）“绿色香港我中意”等低碳宣传教育活动持久深入人心

香港政府环境局为了提升香港的生活环境，继续加强市民对环境保护和保育事宜的认知和参与，推出了一系列的宣传运动，呼吁社会合力改变日常生活的各个环节，采纳更洁净、环保及优质的生活模式。包括“绿色香港我中意”电视宣传短片及电台宣传录音、专题网页、巡回展览、路演及广告等。此外，设计了一套崭新的网上计算机游戏，鼓励更多市民参与，将环保概念融入日常生活。

香港政府通过继续减少污染、推广能源效益和加强区域性合作，致力于维持优质的居住环境。若要取得成果，必须立足于市民的合作及参与。此外，香港地区特别重视低碳宣传教育的书籍开发，例如出版了《绿色生活新煮意》低碳食谱、《低碳生活@香港》丛书系列等，通过传统宣传渠道促进市民低碳生活理念的建立。

（四）基金支持促进了低碳教育的全员参与

香港地区低碳教育拥有众多的官方基金与民间基金的大力无偿赞助，表现为支持低碳领域的科学和科普研究，众多环保团体及非政府机构，组织了众多实际可行的低碳教育活动，提升了香港市民的全员参与热情。

官方基金主要是环境及自然保育基金。环保基金在1994年根据《环境及自然保育基金条例》（第450章）成立。2013年6月14日，香港政府通过立法会财务委员会，向环保基金注资50亿元用作种子基金，每年赚取投资回报，支持这些绿色项目和活动，作为对保护环境及自然保育中的一项长远承担。环保基金自成立以来，已资助超过4290个与环保和自然保育有关的教育、研究和其他项目及活动。

民间基金组织包括世界自然基金会、乐施会、世界自然基金会等，各基金结织开展了大量低碳教育活动，例如，乐施会组织了“少碳灭贫大行动”，以气候变化加剧贫穷的真实故事，指出数亿贫穷人面对气候灾难，呼吁全港市民以行动支持遏止气候变化。世界自然基金会组织了“低碳制造计划”活动，为在珠三角设厂的公司提供工具和指引，协助其尽量减少碳排放，同时提升能源效益和节省成本。世界自然基金会举办的“低碳办公室计划”，各公司或机构通过采用管理和技术方面的最佳守则，改变员工行为，以及使用标签认证，减少由办公室营运操作所产生的温室气体排放。香港小童群益会获香港环境及自然保育基金资助，举办“绿足印——减碳教育及实践计划”，社区推行环境教育及实践工作，推动全民低碳生活。该计划的一个重点项目是节能减碳“悭电”大赛，鼓励社会大众实践绿色低碳生活。

此外，香港民间环境教育组织中活动频率较高、影响较大的团体有长春社、地球之友、绿色力量、绿色和平等7个绿色团体。其中，长春社成立于1968年，由一群关心香港生活环境质量的志愿者组成，是香港历史最悠久的非政府环保组织。香港的民间绿色组织力量如此壮大，主要原因不是他们有足够的财力，而是因为民众拥有强烈的环境保护意识和奉献精神。而今，民间绿色组织成为香港环境保护和环境教育方面的一支生力军，在香港具有举足轻重的作用。

二　科学规范引导下的低碳学校教育

（一）重视学龄差异，强调终身教育

香港的环境教育强调终身教育，重视对学生从幼儿期到成年后的环境意识培养，构建多层次多渠道的环境教育体系，实施全民教育和终身教育。香港环境教育突出的特征是公众教育和学校教育并重，而不仅仅把环境教育当成是对学生的专门教育。特区政府对公民环境教育的投入较多，下辖各署都充分挖掘潜在的教育资源，对市民免费开放，宣传环境保护，为市民提供环境信息服务。

香港环境保护运动委员会是一个半官方性质的组织，成立于1990年，其宗旨主要是提高市民的环保意识。多年来，环委会不断地变换主题，让环境保护意识深入千家万户。香港特区政府通过“环委会”这种组织形式，有利于协调社会各部门、各阶层的环保立场，明确其对环境保护和环境教育的职责，在全社会形成环境保护和环境教育的共识和合力，已得到全港的肯定。香港公众环境教育的加强和公民环境意识的提高，为香港的持续发展和繁荣，特别是香港环境的保持和改善提供了坚实的保障。

（二）教材编制及教学内容具有灵活性和指导性

教育局推出《学校环境教育指导》，提供了法定的环境教育大纲和比较完善的环境教育评估体系，保障了环境教育的实施，环境教育被定位为学生综合环境素质的培养。

环境教育实施过程较灵活，有利于培养学生的学习兴趣和参与环境保

护的意识。学校的环境教育虽然有必须遵守的法定大纲，但在课程实施上有较高的自由度，主要由教师来决定课程进展与教学内容。协助学校策划和推行环境教育，并评估推行的效果。制定了具有环境教育要素的新课程结构，以协助学校策划各项计划，并为有不同兴趣和需要的学生提供相关的学习条件。

环境教育的教材大多是由一些环保组织和项目机构开发的。学校鼓励学生参与社区的环保活动，提倡学生以公民角色参与环境保护活动，并指引学生在环保活动中发挥表率作用。此外，自然保护区也是港人环境教育的大课堂。

（三）低碳环境教育的课程模式以渗透式教育为主

香港地区的中小学并没有专门设置低碳环境教育的课程，而是采用了跨课程的教学法，通过学校的正规课程和非正规课程向各年级学生提供环境教育活动。课堂之外的环保教育和宣传活动活跃，环境教育渗透在各种教材、各种非政府组织宣传和各种场合中；注重课堂教育的同时，更注重环保行为和环保素质的养成培养；环境教育效果显著，公民整体环保意识强。①

基本采用渗透式环境教育模式，在有关科目课程内，纳入环境教育要素，其缺点是环境知识内容零散而不系统，效果不佳；学校也会采用其他政府部门或绿色团体提供的环保教材。香港地区多数学校更加重视课外实践活动，因此采用渗透式教学模式，对学生形成系统的环境意识和提高解决环境问题的综合技能有很大的指导意义。

（四）低碳环境教育教师的业务培训

香港政府十分重视教育工作者的培训工作，香港地区低碳环境教育教师接受培训的渠道较多，教师环境专业素质较高。不仅有香港教育局等政府官方机构提供大量专业水准的资源，安排教师培训，为中学制作多媒体教材，制作具有环境教育要素的教育电视节目，举办在职教师课程等，为环境教育的实施提供保证。教育局下辖社会科学教育资源中心、公民教育

① 何玮：《中国大陆和香港地区中小学环境教育比较研究》，西北师范大学硕士论文，2008。

资源中心、幼儿园教育中心均为教师提供环境教育资源。

非政府组织及绿色团体也为教师培训提供咨询及资金支持，如世界自然（香港）基金会在米埔自然保护区定期组织教师培训班。教育工作者也充分利用各种机会和资源参与培训，如参与特区政府的公众环境教育项目，非政府组织开办的各种短期培训班，也十分重视环境教育实践活动。例如，香港地区著名的为期15个月的“气候变化教师专业发展计划”，全港首个环保机构与政府及商界合办的气候变化教师培训计划，旨在提升本地中学教师对气候变化的认识，为本地中学提供气候变化讲座、工作坊及实地考察等培训，协助教师推行相关的教学活动，协助老师适应新高中学制中“通识教育科”及“其他学习经历”等课程的需要。计划分为3阶段推行：一是教师培训，增强教师对气候变化的认识，有助教师计划通识科内课程的教学活动。二是协助伙伴学校举办学生活动，激发学生对环境议题的兴趣，并探讨社会及环境问题，为通识科中的“独立专题探究”做好准备。三是为非伙伴学校举办的教师工作坊。设有计划网页及网上教材套，提供有关气候变化及可持续发展的教学资源供学校参考及使用。

（五）绿色学校建设促进亲环境场所的设立

香港教育系统非常重视学校帮助学生建立低碳生活行为的重要作用，认为通过绿色学校的创建可促进亲环境场所的建设，进而促进学生潜移默化地学习低碳知识。教育可将市民的环保意识转化为实际行动，从而改变生活模式，实践环保生活。绿色学校是指学校在实现其基本教育功能的基础上，以可持续发展思想为指导，在学校全面的日常管理工作中纳入有益于环境保护的管理措施，并持续不断地改进，充分利用学校内外的一切资源和机会全面提高师生的环境素养的学校。[①] 通过开展创建绿色学校活动，进一步提高了学校环境教育和环境管理水平，增强了师生的环境素养和实践能力。

2000年全港推出了第一届“香港绿色学校奖”，倡导学校实施环境管理，同时鼓励学生在学校、家庭和社区推动环保，共同建设更美好的环境。

---

① Hargreaves, T. Practice - ing behaviour change: Applying social practice theory to pro - environmental behaviour change. Journal of Consumer Culture, 2011, 11 (1), 79 - 99.

推出了香港绿色学校奖、学生环境保护大使计划、学校废物分类及回收计划、学校减废回收教育活动、学界环保奖励计划、学校环保设施等一系列活动。

2014 年，“第十三届香港绿色学校奖”推出名为“咪嘥嘢校园减废大奖”的特别奖项，鼓励学校以量化方法减少产生废物。为宣扬“惜物，减废”的文化，环境保护署举办一项名为“校园计算机电器齐回收”的活动，邀请各中、小学参与，在 2014 年 10 月期间到预先报名参加的学校免费收集旧电器电子产品、计算机及充电池，送往由环保署支持推行的回收场所。①

三 启示

（一）促进亲环境行为的习惯化养成

亲环境行为（pro – environmental behavior，PEB）是人们为了增强或者保持环境健康状态所采取的行为。低碳教育的本质是建立起良好的亲环境行为，降低或者消除损害环境的行为。香港地区低碳教育特别重视通过灵活多样的教育方式促进亲环境行为的“自动”表现，强调低碳行为习惯汇聚养成的健康生活方式，即建立习惯化的行为效果。所以，促进人们低碳亲环境行为的习惯化养成不仅是低碳教育的根本出发点，也是环境心理学、教育学等领域专家们的努力研究的方向。

研究者认为，环境质量很大程度上取决于人类行为，从普遍适用的角度提出了亲环境行为的工作模型（见表 1），包括：确定能够改变的行为；探讨影响行为的主要因素；设计和应用干预方法，改变行为从而减少对环境的危害；评估干预的效果。② 这一工作模型从促进健康行为的角度提出了低碳教育的微观表达路径。探讨亲环境行为的前因变量，包括促进因素和障碍因素，将为干预打下良好的基础。

---

① 环境运动委员会：《绿色学校新天地》，2014。

② Steg，L.，& Vlek，C.（2009）. Encouraging pro – environmental behaviour：An integrative review and research agenda. Journal of Environmental Psychology，2009，29（3），309 – 317.

表1　亲环境行为的4个阶段

<table>
<tr><th>阶　　段</th><th colspan="2">内　　容</th></tr>
<tr><td rowspan="4">Ⅰ哪些行为改变后可以提升环境质量?</td><td colspan="2">1. 选择显著负性影响环境的行为</td></tr>
<tr><td colspan="2">2. 评估行为改变的可行性</td></tr>
<tr><td colspan="2">3. 评估目标行为的基线水平</td></tr>
<tr><td colspan="2">4. 确定目标行为群体</td></tr>
<tr><td rowspan="5">Ⅱ哪些因素决定了这一行为?</td><td rowspan="3">1. 动机因素</td><td>1.1 感知成本收益（Perceived costs and benefits）</td></tr>
<tr><td>1.2 道德规范（Moral and normative concerns）</td></tr>
<tr><td>1.3 情感</td></tr>
<tr><td colspan="2">2. 情境因素</td></tr>
<tr><td colspan="2">3. 习惯</td></tr>
<tr><td rowspan="2">Ⅲ哪些干预方法有效的促进亲环境行为?</td><td colspan="2">1. 信息策略（信息、劝导、社会支持和角色示范，公众参与）</td></tr>
<tr><td colspan="2">2. 结构策略（产品和服务的适用性、法律调整、金融策略）</td></tr>
<tr><td rowspan="4">Ⅳ干预的效果是什么?</td><td colspan="2">1. 行为决定因素的改变</td></tr>
<tr><td colspan="2">2. 行为本身的改变</td></tr>
<tr><td colspan="2">3. 环境质量的改变</td></tr>
<tr><td colspan="2">4. 个体生活质量的改变</td></tr>
</table>

我们重点论述PEB的干预方法，包括了信息策略（informational strategy）和结构策略（structural strategy）。信息策略主要面向影响PEB的个体动机因素，用于改变人们对低碳环境行为的知觉、动机、知识和标准。具体包括：①新知识。增加人们的知识以及行为替换的知识，提升人们行为对环境问题损害的觉醒意识。研究认为，新知识带来低碳态度的改变，进而带来行为的改变。②劝导（persuasion）。人们不仅被询问是否有改变行为的意图，也被指导如何做出行动的计划。其目标在于影响人们的态度，增强人们的利他行为和生态观念，提升亲环境行为的承诺。承诺策略产生了执行意图（implementation intentions），将有效地促进亲环境行为。③社会支持和角色示范。通过描述低碳行为标准或角色示范提供信息，增强人们的社会规范，促进人们的低碳行为的知觉与自我效能。设计和执行信息策略的时候倾听民意并获取支持将十分重要。民众参与设计有助于了解民意，吸引民众注意，获取承诺，增加民众在环境政策制定中的参与度，从而设计民众喜闻乐见的干预方案，并获得对这些干预方法的支持。不过，信息策

略在下列情境下非常有效：亲环境行为相对简单、成本低廉（包括金钱、时间、努力等）；个体没有遇到对亲环境行为的严重外部限制。

结构策略主要面向影响 PEB 的情境因素，其目标致力于奖励“好”行为，惩罚“坏”行为。通过已有行为和新行为替换之间的性价比（costs and benefits of behavior alternatives）之比较，从而促进低碳行为的改变。一是通过物理、技术、组织系统的改变来提升产品和服务的质量和适用性，让那些环境损害行为变得不可行或者不可能，或者为更好质量的行为提供新选择。二是法规执行，使用惩罚或者奖励措施。奖励对促进亲环境行为更有效，因为奖励与积极情感和态度联系在一起。然而，当奖励过多时，人们会将行为改变归因于奖励而不是个人信念（personal convictions）。因此，奖励仅仅具有短时程效果。三是成本策略，用于减少亲社会行为的成本，或者增加非亲环境行为的代价。例如，通过价格补贴，适当降低价格，人们对有机食品的态度会更积极。

使用哪一种策略取决于阻碍个体做出低碳亲环境行为的具体阻碍因素。既有研究忽视环境行为背后的结构性因素及其生成机制，我们应将心理性因素与结构性因素加以结合，直接对环境行为开展理论导向的实证研究。[①] 总体而言，由于阻碍低碳亲环境行为的因素较多，那么，行为改变的混合型策略（信息策略与结构策略均使用）最容易取得成功。

（二）促进低碳意图的理性建立

人们的低碳亲环境行为会直接影响到城市的环境质量，而低碳亲环境行为意向[②]又直接指导着环境行为。[③] 香港低碳教育注重教育效果的“润物细无声”，没有过多的口号式、宏观化、肤浅化的过场式宣传，通过具体的、鲜活的、实地的案例、活动、方案等促进市民低碳意向的科学理性化建立。可见，促进低碳意向的理性建立是低碳教育的基本出发点。

① 彭远春：《我国环境行为研究述评》，《社会科学研究》2011 年第 36 期，第 104 ~ 109 页。

② 低碳亲环境行为意图，是指采取低碳亲环境行为的健康行为信念。鉴于低碳本身就是亲环境行为的具体表现，因此本文将低碳亲环境行为意图简称为低碳意图（low - carbon intention）。

③ 王琪延、侯鹏：《北京城市居民环境行为意愿研究》，《中国人口·资源与环境》2010 年第 20 期，第 61 ~ 67 页。

一项使用了元分析结果方程模型①（Meta - analytic Structural Equation Modelling，MASEM）的方法分析了 57 个研究样本的亲环境行为与 8 个社会—心理影响因素的关系。② 研究结果证实了亲环境行为意向（pro - environmental behavioural intention）在社会—心理变量与亲环境行为之间的中介作用（27% 的解释量）；此外，行为控制感、态度和道德标准是亲社会行为意向的 3 个预测变量（52% 的解释量）。MASEM 同样认为，问题觉感知（problem awareness）是亲社会行为意向的一个重要的、间接的变量，可能通过道德和社会标准，内疚感和归因过程等变量的中介作用而起作用（见图 1）。

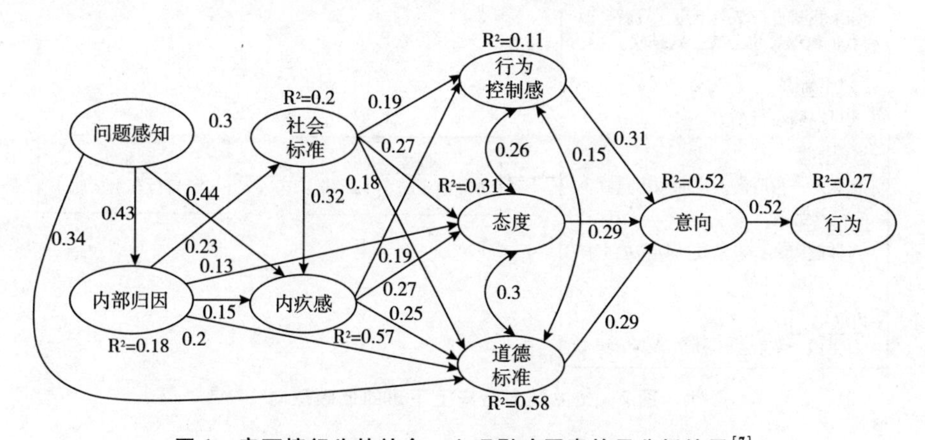

图 1　亲环境行为的社会—心理影响因素的元分析结果[7]

注："单箭头" = 标准化路径系数，"双箭头" = 相关系数，R^2 = 解释量。

资料来源：Bamberg，S.，& Möser，G. Twenty years after Hines，Hungerford，and Tomera：A new meta - analysis of psycho - social determinants of pro - environmental behaviour. Journal of environmental psychology，2007，27（1），14 - 25.

图 1 证实了低碳亲环境行为是人们低碳意向的直接结果，低碳意向由三部分组成：①态度。关于 PEB 的态度，即 PEB 的行为结果的信念。②道德标准。关于 PEB 的主观标准，即人们认为在他人看来自己应该做什么（规范化信念）以及符合这些看法的动机。③行为控制感。人们对自己有能力

---

① 元分析（meta - analysis）统计方法是对众多现有实证文献的再次统计，通过对相关文献中的统计指标利用相应的统计公式，进行再一次的统计分析，从而可以根据获得的统计显著性等来分析两个变量间真实的相关关系。

② Bamberg，S.，& Möser，G. Twenty years after Hines，Hungerford，and Tomera：A new meta - analysis of psycho - social determinants of pro - environmental behaviour. Journal of environmental psychology，2007，27（1），14 - 25.

从事 PEB 及从事 PEB 会产生预期效果的感知。

这些因素结合在一起形成了低碳意向，并且最终促成了行为改变。因此，低碳教育旨在通过信息的传递让人们改变态度，形成低碳意向，进而改变行为习惯。如图 2 所示，一个人如果认为骑自行车会改善自己的健康水平和魅力水平，其他人也觉得这是一个非常好的习惯，自己也愿意继续下去，并且相信骑自行车可以降低碳排放，那么，相比较没有这种态度的人而言，就更可能有骑自行车的意向和行为。

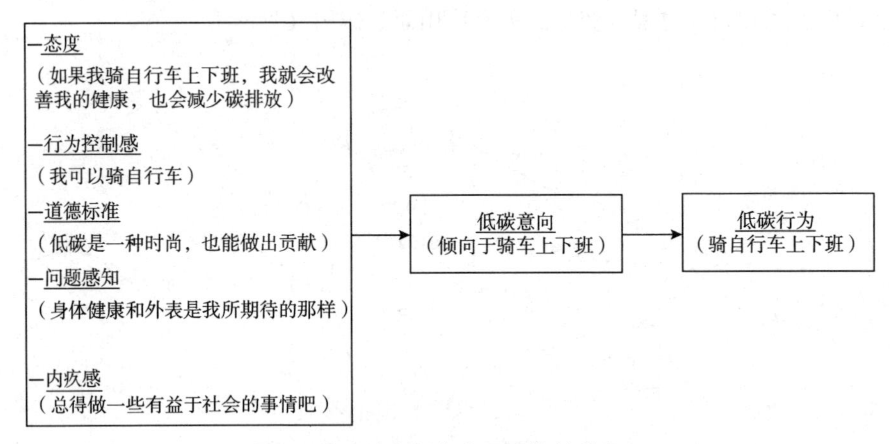

图 2　建立骑自行车上下班的低碳意向

研究指出，那些具有更多环境理念和知识、内控的青年人，具有更高的亲环境意向和行为，更少的环境损害行为。[①] 低碳亲环境行为的建立不可能一蹴而就，有目的的行为改变需要一个过程。建立新行为的低碳意向是前提，通过洞悉低碳意向的影响因素，设立合理的低碳教育方式，促进人们意识到问题的存在，并考虑改变，做出行为改变的承诺，采取切实的行动。

（三）促进城市低碳教育策略的政策引导

低碳教育的核心是使人们改变不良的行为和生活方式。其作用是通过低碳意向的建立，即通过低碳知识的普及与提高人们确立正确的低碳观念，在此基础上促进低碳亲环境行为的习惯化养成。这一过程需要城市低碳教

---

① Fielding, K. S. , & Head, B. W. Determinants of young Australians' environmental actions: The role of responsibility attributions, locus of control, knowledge and attitudes. Environmental Education Research, 2012, 18 (2), 171 - 186.

育策略的政策引导，建立具有深圳城市建设特点的低碳之路。如同健康促进领域的《渥太华宣言》那样，深圳同样需要在重视低碳经济发展硬件的同时，关注和引导低碳行为习惯的软件建设，提出“深圳低碳教育宣言”。具体而言，主要涉及以下 4 个策略。

1. 制定促进低碳行为的公共政策

深圳市以“民生幸福城市”为社会建设的目标，低碳生活方式已经成为一个国际典范城市发展的优秀特点。促进亲环境行为和低碳生活条件所采取的低碳教育与环境（社会、经济、政策、法规、组织等）支持相结合的策略，即将个人选择与城市对低碳的责任相结合，以创造更低碳健康的人和环境之间的调节策略。香港教育署在 1992 年颁布了《学校环境教育指引》，1999 年重新修订。在新版的《指引》中，环境教育被定位为对学生综合环境素质的培养。①

深圳市拥有特区立法权，统筹兼顾，应该将低碳教育对于低碳城市建设和低碳经济发展的促进提到议事日程上来。借鉴国内外环境教育立法经验，出台《深圳低碳环境教育条例》，并列入深圳人大立法计划，对低碳教育经费来源及激励机制做出规定，将低碳教育经费列入财政预算，并由政府对环境教育工作成效显著的单位和个人进行表彰奖励。

2. 创造社会支持和公众参与的环境

低碳生活必然造成满意的、愉快的生活和工作环境，系统地评估快速变化的环境对低碳生活的影响，以保证社会和自然环境有利于低碳生活的可持续发展。香港的低碳教育一直将环境教育实践活动放在十分突出的位置，自然保护区、郊野公园等发挥了十分重要的作用。包含低碳主题在内的环境教育作为一门跨学科的课程，避免了单一的讲解或灌输，户外教学已经在香港地区得到了应用，而角色扮演、问题探索、实地考察或调查、观测或实验等的应用也逐渐得到重视。这一切都源于香港政府创设了一个低碳教育的支持舆论和自然环境。

建立健全低碳城市建设分析点评制度，提高公众参与透明度。通过建立低碳城市建设分析制度和低碳城市建设点评制度，提高公众参与透明度，

---

① 徐基良、安丽丹、张晓辉：《香港的环境教育及其启示》，《生物学通报》2007 年第 42 期，第 30～32 页。

根据低碳城市建设分析会和点评会的要求，采取有效措施，落实各项责任。

3. 大力培育发展社会组织参与低碳教育

香港的非政府组织为香港的低碳教育工作提供了大量的资源、资金和项目，在环境教育中的地位和作用不容忽视。近年来，国内的非政府组织发展迅速，国际性的环保组织，如世界自然基金会（WWF）、国际爱护动物基金会（IFAW）、美国大自然协会（TNC）、保护国际（CI）以及动植物保护国际（FFI）等都已经建立了分支机构。这些非政府组织的参与，对深圳低碳工作的开展具有积极的推动作用。

深圳市在深化社会组织登记制度改革，大力培育和发展社会福利、公益慈善、社区服务类社会组织的时候，充分考虑低碳教育的可行和迫切性，培育一些具有行为示范、热心公益的低碳教育组织，充分发挥其参与城市低碳教育、提升居民自组织的能力水平。

4. 加强低碳师资力量的培训

香港政府十分重视教育工作者的培训工作，在环境和低碳教育方面提供了多种培训资源。教育工作者也充分利用各种机会和资源参与培训，如参与特区政府的公众环境教育项目，非政府组织开办的各种短期培训班，也十分重视环境教育实践活动。目前深圳对低碳教育的师资培训还没有给予足够的重视，有限的培训活动也仅仅局限于校园内，且与实际工作脱节。

发展教师低碳教育技能，通过提供低碳亲环境行为的系统课程，教育并帮助人们学习和应用低碳行为的技能，从而支持个体和社会的发展。人们可以更好地控制自己的低碳行为，从生活中不断学习低碳知识，促进人们低碳健康行为的习惯化养成。

（四）促进低碳教育场所的发展

低碳教育场所强调建立可操作化的网络和计划，创造一个低碳的环保情境，例如，低碳教育学校、低碳教育社区、低碳教育家庭。低碳 PEB 可以通过对低碳环境的精心设计与维护来获得。并且，这些低碳场所亦可以保证并提高个人和组织的低碳水平。①

---

① 致公党中央：《构建公众参与低碳城市建设的机制，推动生态文明建设》，《中国建设信息》2013 年第 20 期，第 12 ~ 13 页。

低碳教育学校通过有效地运用青少年自身和学校的低碳意向帮助青少年形成并发展低碳亲环境行为。其基本假设是：学校作为一个全面低碳教育的场所，通过专题教育、榜样示范、野外探讨等方式可以促进青少年低碳行为的增强。低碳教育学校倡导使用学校的整个环境，帮助青少年自主地做出决策并掌控自己的低碳生活。包括了3个相互联系的因素：课程、教学和学习；学校组织和团体；宣传。[①]

1. 开发与青少年心智水平相符合的低碳教育教材与课程

在常规的环境教育体系中强化低碳教育。组织专家力量，编制低碳知识教育课本。低碳理念提出的时间不长，现有成型的研究成果相对较少，为配合低碳教育的开展，亟须组织专家力量，针对不同教育阶段、不同年龄阶段人群，编制关于低碳知识教材及普及知识读本，做到科学性和针对性的高度统一。强化日常低碳知识的教育与实践。通过环境教育平台，着重加强青少年日常生活中的低碳知识教育，培养低碳意向，获得低碳技能，实现课堂环境教育与低碳实践教化的有效结合。

面向不同学龄阶段的青少年，要综合考虑其认知水平，学习能力的不同开展不同模式的课程化学习。例如，学前儿童低碳生活教育课程化必须遵循生活化、活动化与叙事化原则，[②] 通过环境熏染、榜样示范、叙事交流与科学探索等方法，让学前儿童了解低碳生活对于自身、人类社会发展的意义，树立低碳生活的积极态度，并在日常生活中努力养成低碳生活的习惯。

2. 开发与青少年兴趣水平相符合的低碳组织或团体

学校通过多种措施鼓励青少年建立低碳组织或团体，建立不同层次的联席会、志愿者团队和义务者社团，调动青少年开展低碳活动的积极性。鼓励这些组织或团体开展自我教育、开展“同辈辅导”的平台。例如，这些组织或团体，可以搭建网络交流平台，建设低碳研讨等一系列宣传网站，对同学和公众进行低碳知识的宣传和教育。组建QQ群、微信群等网络团体，为环境教育者、低碳工作者搭建交流平台。组织低碳理念进社区、进

---

① 申秀英、刘沛林、徐美：《低碳理念下的环境教育优化研究》，《教育评论》2010年第30期，第9~11页。

② 刘忠政：《学前儿童低碳生活教育的课程化构想》，《学前教育研究》2010年第17期，第42~44页。

公交、进学校等宣传活动，开展社区千户家庭碳排放调查及公众教育项目，植树造林、参与碳补偿、消除碳足迹，气候变化与健康专项宣传及低碳发展与人类健康科普展览等一系列大型宣传活动，引导公众实践低碳生活，并定期进行公众低碳意识调查。

此外，充分调动校外各方资源，共同推进低碳宣传，充分利用电视、网络、图书、期刊、报纸、影视和音像作品等大众传媒，进行低碳知识的普及。从社区教育抓起，利用家长和社区力量，进行各类环保低碳宣传活动，通过开展系统性的环境教育，使全社会养成良好的低碳生活习惯。

香港食品安全管理研究借鉴

宁红玉　葛姣菊*

摘要： 中国香港特别行政区与内地实行不同的政治制度与法律基础，但其毗邻深圳，面积不大，食品主要依靠进口而非自产。深圳不仅与其有着密切的地缘关系及许多共同之处，而且一直是国内供港食品的最主要基地，承担着供港食品安全这一政治任务。近年来，随着国内食品安全问题日益受到关注，出现了许多往返深港两地进行食品采购的现象，两地的食品安全管理现状引人思考，香港特区的食品安全管理经验尤其值得我们研究借鉴。深圳市提出打造“深圳质量”和“深圳标准”，将食品安全问题列入“12 项重大民生工程”。本文通过对香港特区的食品安全管理体系、法规政策等进行透析，根据深圳市食品安全管理的现状，提出了相关对策及探索性建议。

关键词： 食品安全　质量　标准

“民以食为天，食以安为先”，食品安全问题一直是涉及国计民生的重要问题和敏感问题，因而受到全社会的高度重视。深圳市政府于 2013 年启动了 12 项重大民生工程，食品药品安全位列其中，其总体目标是经过 5 ~ 7 年的努力，力争到 2020 年使深圳的食品安全保障能力达到香港等国际发达地区的水平，这也成为“十三五”期间打造“深圳质量”和“深圳标准”的主要切入点。与此同时，“清雷”“清面”“清水”行动迅雷不及掩耳，2013 年至今，深圳市共立案查处食品类案件 7000 多宗，移送涉嫌犯罪食品安全案件 111 宗，破获食品犯罪案件 41 宗，破获药品犯罪案件 466 宗……

---

* 宁红玉，深圳职业技术学院讲师，博士；葛姣菊，哈尔滨工业大学深圳研究生院助理教授，博士。

触目惊心的数字一方面反映出政府对打击食品安全犯罪的坚定决心和积极行动；另一方面也折射出当前深圳市食品安全监管问题不容乐观，建设食品安全城市任重而道远。大米、奶粉、各类药品在深港两地带来带去，深圳主妇入港采购油盐酱醋不辞辛苦……随着频繁爆出的“带奶粉带出白粉”，老伯出关被水客挟带被扣等新闻事件，一河之隔的香港在食品安全监管方面的制度优势再次凸显，而这一制度福利不得不引发作为供港食品主要基地的深圳进行更多更深入的思考、研究和借鉴。

一 香港食品安全政策透析

（一）主管机构和制度

众所周知，中国香港特区与内地实行不同的政治制度与法律基础，其面积不大，食品主要依靠进口而非自产，这也与深圳有共同之处。香港食品监管机构的最大特点是分属于立法和行政两大监管体制之下。

在香港，与食品安全相关的政府部门主要是食物及卫生局下设的食物环境卫生署中的食物安全中心。食物及卫生局是政府决策部门，由一名局长，一名副局长，两名常设秘书长等人员组成。而食物环境卫生署是食品安全问题最主要的执行机构，其食物安全中心是食品安全监管的日常运维机构。署长通过食物安全专员对全署的 3 个内设科室进行工作统领。另外还有渔农自然护理署以及政府化验所等机构，整个监管体系如图 1 所示。

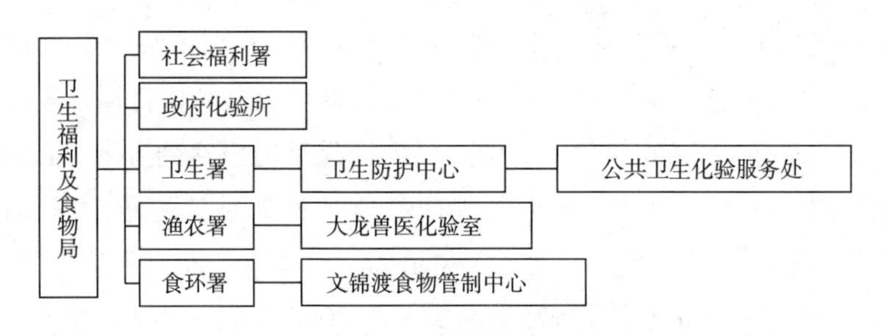

图 1 香港食品安全监管体系

1. 食物环境卫生署

香港食物环境卫生署负责食品安全及环境卫生两方面。下设食物安全中心及食物安全专员，专员直接向署长负责，专门负责食品安全工作，部署安全中心事宜。食物安全中心包括3个科室，分别是食物监察及管制科、风险评估及传达科和行政科（见表1）。

表1 食物安全中心机构及职责

序号	名称	主要内容
1	食物监察及管制科	负责制订和实施食物监测计划；负责食物的进口管制和出口证明；负责食品安全事故的处理工作，包括调查在餐饮单位发生的经食物传播疾病的事故、处理食物安全危机和统筹食物回收工作；联系国际食物主管机构、食物商和其他有关人士，确保有效监控食物安全；制定措施防治自动物的疾病；负责对内地输港的食物进行检验
2	风险评估及传达科	负责督导风险评估研究；开展有香港市民食物消费量调查和有关食物危害和营养的研究；根据本地风险评估结果和国际经验就食物标准提供意见；开展食物安全风险传达工作，推广“食物安全重点控制”（即HACCP）系统；促进政府、业界和公众三方合作，与国际组织、专业学会和关注团体联系，以加强食物安全计划，支援新的食物安全规例和法例的制订工作
3	行政科	负责监督食物安全中心行政后勤服务

2. 渔农自然护理署

渔农自然护理署主要负责新鲜副食品的安全监管、本港自然环境及生态系统的保护以及动植物的管制及除害剂的相关规例等。渔农自然护理署下设5个分署，即农业、渔业、自然护理、检验及检疫分署与食品安全相关。另有渔农自然护理署咨询委员会，也称法定委员会，包括多个独立的委员会。渔农自然护理署分署名称及相关的主要职责如表2所示。

表2 渔农自然护理署机构及职责

序号	名称	主要内容
1	农业分署	负责促进农业生产及提高生产力，签发饲养禽畜牌照，为政府的新鲜副食品批销市场提供足够及运作良好的设施
2	渔业分署	负责管理渔业，保护和管理渔业资源，推动渔业的可持续发展
3	检验及检疫分署	负责监控动物疾病及食用动物体内的残余药物，管理投入品的使用，管理动植物及其产品的进出口

3. 政府化验所

香港负责食品安全技术监督的职能主要由政府化验所承担，此外渔农署也设有专门的检测机构。政府化验所成立于1913年，负责食品安全方面的技术分析、开展食品安全调查研究并为政府及消费者提供决策咨询。该部门又设有食物安全及品质管理科，进行食品安全的具体检测工作，根据食品种类不同，食物安全及品质管理科进行了相关的分工，具体设5个组：食物安全组、微量元素化验组、品质管理组等，分门别类提供相关检验分析服务。

同时，除了在政府部门设有食品监管机构外，在立法会中同样设有专门委员会，即与行政部门相对应的食品安全及环境事务委员会，其职责是审议有关食物安全的政策及条例，并就该政策向政府食物局局长提供意见。政府机构及立法会两大监管机构下的各部门各司其职，共同担负起监察食品安全的重大责任。

（二）法规和政策

现行香港特区有关食品安全方面的法律法规主要有《香港除害剂条例》《香港公众卫生及市政条例》《香港公众卫生（动物及禽鸟）条例》及相关的各类附属法规。这些法律法规为香港食品安全监管提供了强大的法律支持。

1. 香港食品安全监管的法律规定较为全面

香港食品安全监管的法律规定十分全面，涵盖全面的品种及食物链。在门类上细致到婴儿奶粉、食品甜味剂含量以及食物中金属杂质含量，生产食品物业管理、食物内防腐剂及宰杀厂房等方面都有相关法律规例，十分全面、具体明确是其法律法规的主要特点之一。

2. 香港食品安全管理法例的相关内容规定十分明确

香港不仅法例明细繁多，而且每项法例规定的具体内容也十分明确，监管事项清楚明白，表述严谨，量化清楚，又附有补充条例或附属规例，内容范围涉及广泛、各类名单齐全、条目清楚、标准严格，做到可察可监，有理有据，具有很强的法律效力。

3. 香港法例规定及处罚较为严厉

香港的政治制度与法律体系与大陆皆不相同，实行英美法系而区别于大陆法系，以罪代罚，没有行政处罚，因此，食品安全违禁行为也将面临法院定罪及刑罚，且规定明确，量刑严格，而区别于大陆的可以在一个幅度范围之内进行量刑。食品从业者惧于法律威严，往往因为担心留有犯罪案底，不敢铤而走险。

综上所述，香港食品安全监管的法律体系的主要特点是：规定较为全面，法例对相关内容规定十分明确，且处罚十分严厉，具有较大的震慑力，在香港特区食品安全监管方面发挥的作用和意义十分重大。

（三）政策和管理的特征

香港食品安全监管体系的主要特征是：机构精简务实，运行效率高；法律体系内容完善、制度严谨、刑罚具有震慑力；政府重视食品安全风险防控与分析、重视食品检验检疫与技术监督；政府重视与食品从业者及消费者三方的沟通与协作，共同参与；建立社会共同参与的食品安全治理体系。

1. 以风险分析为基础

风险分析是国际食物安全管制机构一直倡导实施的，被香港政府采用作为食品安全监管模式的基础工作。食物安全中心行使风险分析职能，具体负责相关工作，主要有以下几个方面：第一，食物安全中心按年度进行多项风险研究，监察香港内外的各类食物安全事故，以便针对发展态势迅速采取应对策略。第二，食物环境卫生署对香港食物监测计划取得的各项数据，定期分析研究，评估相关可能的食物风险，有针对性地制定应对措施。第三，风险传达组推广宣传活动，根据实际情况定期举办咨询论坛，便于各方针对风险信息及食物安全问题进行交流。第四，成立消费者群体组织，了解消费者关于食物安全方面对政府的意见，提高市民对食物安全的认识，提高其对食物风险认知，做好与民众的交流，主要是风险资讯方面的信息传达。第五，风险管理组针对食品安全事件对香港的影响进行分析预警并提出应变措施及行动建议方案。

2. 重视技术监督

香港食品安全监管十分重视以技术手段作为依托，主要表现在机构设置及检测数量两个方面。机构上实行重复设置、独立工作、分别行使多重检验检疫职能。在香港食物供应的各个环节，抽取大量食物样本进行大规模覆盖性的监测检验，以减少供港食品安全存在的隐患，确保食物安全。由于香港的食品主要依靠外进，因此政府在各个口岸进行严格的检验检疫。

具有检验职能的机构有政府化验所的食物安全中心、渔农自然护理署的检验及检疫分署。大规模的快速检测及多重检测是香港检验检疫的特点之一。多部门重复设置专门检测机构开展重复检测，体现了香港政府对食品安全和技术监督的高度重视。

3. 执法严格震慑力强

一是执法严。香港特区立法规范，执法严格，食品从业人员对于食品安全的相关法例必须严格遵守，如有违反，将被提出检控，并根据食物环境卫生署实施的违例记分制进行积极查处，违令经营者将面临暂时吊销或取消牌照的经营风险。同时，警告制度会对多次违反者取消经营牌照。对于黑点加工无照经营的问题，食物环境卫生署一经发现，严罚不贷，进行经营业处所封闭、检控经营者以及即时拘捕屡犯等做法都将受到《公众卫生及市政条例》的法律保护。二是效率高。由于职责明确，而且香港特区政府对行政事务的办理制定了严格的程序和责任，香港食品安全监管部门的工作效率极高。

4. 政府、食品从业者和消费者注重协作

在香港，食品安全监管得到了政府、食品业界与消费者三方的重视和合作，食品安全被认为是政府、食品从业者和消费者共同的社会责任。三方的积极合作，各自承担责任，努力提高全港食品安全水平，保护港民身体健康。香港食品安全监管机构注重营造政府、业界和消费者三方合作，努力搭建桥梁，以建立三方伙伴关系，通力合作，共对食品安全监管负责。政府及时公布食品安全事件、发布食品安全信息，与消费者交流互动；主动收集食品从业者和消费者意见，发放食品安全指引、食品安全风险分析结果、监测报告等；开展三方合作，进行专题研究、方案建设等工作；充分发挥食品从业者及消费者的作用和责任意识，三方共同承担推进建设食品安全特区的使命。

5. 香港的法律和法规覆盖面全

前文已经阐述了香港食品方面的法律法规，了解到香港食品安全监管法律的特点鲜明，其门类清楚，规定具体详尽，可量化，可操作，且涵盖全部广义食品在内的各项产品。同时，香港的政治制度与法律体系与大陆皆不相同，实行英美法系而区别于大陆法系，以罪代罚，没有行政处罚，因此，食品安全违禁行为也将面临法院定罪及刑罚。

二　深圳食品安全政策现状

（一）主管机构和制度

1. 深圳市食品安全委员会

根据国务院建立国家食品安全委员会的要求与加强食品安全监管工作的现实要求及工作部署，我国各地方政府也先后成立了以政府领导牵头的食品安全委员会。深圳市这一机构成立于2004年，相对起步较早，安全委员会的领导由分管食品安全工作的副市长担任，委员由相关政府职能部门的负责人担任，最初包括工商局、质监局、食品与药品管理局、盐务局、水务局等多个职能部门，但是，经过深圳市政府的"大部制"机构改革之后，为适应机构及其职责合并调整的现实需要，食品安全委员会的成员单位进行了相应的调整和补充（见表3）。深圳市食品安全委员会下设食品安全办公室，作为委员会日常事务的处理机构。委员会机构在深圳市食品安全工作推荐的过程中取得了一定的积极成效，但其组织人员多为兼职的行政官员、常设机构无实际编制及财政预算，不足之处也显而易见。

表3　深圳市食品安全委员会组成部门及分工表

单　　位	主要工作职责
深圳市卫生和人口计划生育委员会（深圳市食品安全委员会办公室）	行使食品安全综合协调职责，组织协调有关职能部门开展食品安全监管工作；组织开展食品安全风险监测和评估，舆情监测；组织、协调全市重大、特大和跨部门食品安全事故的调查处理工作
深圳市场监督管理局	负责食用农产品流通环节质量安全监管； 负责食品生产、流通和餐饮服务环节食品安全监管
深圳市场济贸易和信息化委员会	落实农产品基地建设、加强农业投入品监管、严格畜禽和畜禽产品检疫、完善生猪定点屠宰管理
深圳市药品监督管理局	负责保健食品的监管
深圳市城市管理局	打击私屠滥宰违法活动，取缔私宰窝点；依法取缔集贸市场外违法摆卖食品行为；负责餐厨废物的收集、运输、处理的监管

续表

单　　位	主要工作职责
深圳出入境检验检疫局	负责深圳口岸进出口食品的检验检疫工作；负责深圳口岸范围内食品生产、流通、餐饮服务的食品安全监管
深圳市盐务局	负责食盐安全的监管
各区政府、新区管委会	统一领导、协调本辖区食品安全监管工作，对本辖区食品安全工作负总责

2. 深圳市食品安全监督管理局

2012年，深圳市食品安全监督管理局（以下简称“市食安局”）的成立，标志着深圳市在全国率先迈出了理顺食品监管体制的新一步。新成立的市食安局为深圳市市场监管局内设副局级行政机构，原深圳市市场监管局内设的食品市场准入管理处、食品安全监督管理处、食用农产品质量安全监督管理处划由该局管理，新增食品安全综合协调处。该局将食品安全监管职能整合到一起，行使除种养等其他食品安全重要环节以外的其他相关食品安全监管的管理职能。其具体职责包括：贯彻执行国家、省、市有关食品安全监督管理方面的法律、法规和政策；组织起草有关食品安全地方性法规、规章和政策，经批准后组织实施；承担食品生产、食品流通及餐饮消费环节的食品安全监督管理责任；承担食用农产品（含食用水产品）的质量安全监督管理责任；组织查处食品安全违法行为；承担深圳市食品安全委员会日常工作。

（二）法规和政策

1. 目前已下发并实施的主要文件和制度

深圳市目前已下发并实施的主要文件和制度有《深圳市食品安全委员会成员单位职责》《关于深圳市市场监管部门与相关政府工作部门食品安全监管职责边界划分的意见》《深圳市食品安全信息工作管理办法》《深圳市食品安全信息员管理制度》和《深圳市食品安全信息工作考核办法》《深圳市重特大食品安全事故应急预案》《深圳市食品安全举报奖励办法》《深圳市食品安全管理员管理办法（试行）》。2012年的9月1日，又正式实施了《深圳市食品安全信用信息管理办法》。

2. 目前正在推进的立法和修订的情况

目前，深圳市正推进《深圳经济特区食品安全条例》《食用农产品安全条例》立法和修订工作，修订完善《深圳市市场监督管理局食品安全监督管理办法（试行）》和《深圳市农业发展专项资金管理办法》，逐步解决食品监管相关法律和标准缺失的问题。2013 年全市的工作任务之一就是加快推进深圳经济特区食品安全和食用农产品质量安全相关立法进程，制订了《深圳经济特区食用农产品质量安全条例》（送审稿），深圳市法制办于 2012 年 3 月进行了意见征集工作。废止和现行法律法规有冲突的或已无法契合食品安全监管需求的规范性文件。根据深圳市大部制改革后的部门监管职责分工，对需要保留的规范性文件进行修订。建立健全重大活动食品安全保障、食品安全抽样检验、食用农产品监管等制度，规范食品安全监管工作。

3. 纳入 2014 年立法计划的《深圳经济特区食品安全条例》

深圳市市场监督管理局草拟《深圳经济特区食品安全条例》（下称《条例》）报深圳市法制办审查，2014 年 1 月 10 日起公开向社会征求意见。《条例》共七章八十一条，包括总则、食品准入管理、食品生产经营责任、食品安全风险监测和评估、食品安全监管方式和措施等。《条例》要求，深圳市政府成立食品安全专家委员会，由食品、医学、营养等方面的专家以及市政府有关部门的代表组成，负责审订食品安全监管技术规范，分析、评估食品安全风险监测结果，并对重大食品安全事件、食品安全领域存在的突出问题及政府决策提供意见和建议。《条例》规定，对食源性疾病、食品污染以及食品中的有害因素进行监测，对监测结果进行风险评估，并采取相应危害控制措施。深圳市食品安全监管部门、市卫生行政部门根据市食品安全委员会办公室风险监测计划制订食品安全风险监测方案，承担食品安全风险监测。

（三）面临的主要问题

1. 食品安全立法方面

继 2007 年国务院出台《国务院关于加强食品等产品安全监督管理的特别规定》之后，2009 年 2 月 28 日第十一届全国人民代表大会常务委员会第七次会议通过了《中华人民共和国食品安全法》，这成为全国各地区及省市根据实际情况建立地方法规的基础大法。深圳作为经济特区，具有较大市立法权和特区立法权的城市，更应该发挥这一优势，出台完善的有关食品安全的法规法律，以适应深圳经济和城市的快速发展和食品安全问题提出的新的挑战。深圳特区立法权和较大市立法权也使深圳在多个领域发挥优势，对加速经济建设和城市发展起到非常重要的作用。而在食品安全的法律法规体系的建立方面，一直以来，深圳市与全国其他城市一样，静静地等待着“母法”的诞生，分散零碎地出台一些相关法规以疲于应对食品安全的新要求，法律法规的系统性和针对性都有待提高，关于食品安全的立法与其他领域的立法工作相比出现了明显滞后。随着国家层面的“母法”出台，深圳市分别于 2013 年 3 月及 2014 年 1 月对《深圳经济特区食用农产品质量安全条例》《深圳经济特区食品安全条例》进行意见征集，充分反映出对食品安全立法工作层面的推进工作进一步加快。

2. 食品安全的组织监管方面

深圳市成立及调整后的食品安全委员主任由分管副市长担任，委员会名义上作为全市食品安全监管的领导机构，实际上主要是发挥议事协调的作用，处理食品安全类的严重突发事件的应急反应，组织相关部门开会协调推进专项整治行动等。由于各委员由相关部门负责人组织，食品安全仅为各部门职责中的一项工作，且非头等重要的专职工作，因此，在处理食品安全问题上，各部门由于分管不同的执法环节，容易相互推诿造成执法缺位。而食品安全委员会没有实际的编制和财政预算，工作的人力和物力投入不足，协调能力与动力不足，机构本不具有实际的资源分配权力，不直接掌握队伍与资金，因此，只能对全市食品安全监管的人员配备、设备购置、资源投入等方面进行谋篇布局，而非实际监管，因而也只能发挥一个议事协调机构的作用。

政府食品安全监管各部门的协调问题。目前，包括大部分食品类别的安全市场管理比较粗放，深圳市对食品监管进行分段监管，即按环节进行监管。这样的缺点是，一方面，管理人员不是专门进行此项工作，精力的持续专门投入及专业知识都有较大的提升空间；另一方面，同一条安全线分段管，必然出现“铁路警察，各管一段”的情况，容易造成监管重叠或缺失，导致责任不明。这一情况在 2012 年成立的深圳食品安全监督管理局时得到改善。市食品安全监管局把所有的食品安全监管职能整合到一起，为市市场监管局内设副局级行政机构。这一机构的成立是深圳市在食品安全监管的组织机构改革方面做出的新的探索，它明确了食品监管工作责任的主体。但目前仍然存在两点问题，第一，这一机构为内设机构，且其行政级别低于其他食品安全环节管理的监管部门（多为正局级单位），其对各部门进行食品安全监管工作的牵头及协调能力也可见一斑。第二，该局的监管职责不包括对动植物种植养殖阶段的监管，而这一食品生产源头监管的缺失及当前农作物种植阶段的滥用化肥、杀虫剂现象，动物饲养阶段的滥用抗生素及饲料添加剂等问题，不免让人对这一所谓的统一食品安全监管的“全”过程的有效程度产生疑虑。

政府食品安全监管基层管理部门的主要问题。2007 年开始，深圳市实施了街道综合执法工作改革。街道综合执法机构负责 21 项监管职能，更使食品安全工作的投入力量分散，综合执法人员监管意识和执法水平也有待提高，监管力量相对于众多的被监管对象而言显得十分不足，尤其在特区外更为明显，亟须加强人员配备及培训。

3. 食品安全检验检测资源方面

对于食品安全的检测资源主要包括财务资源、人力资源和设备资源等。这类检测资源除了政府专门投资设立的检测机构外，多数存在于各大高等院校、研究机构、医院及专门的实验室等。众所周知，深圳的教育资源及医疗资源的配置均与城市发展规模及势头不相适应，因此，可想而知，专业的检测机构和高级的专门人才的数量欲适应更高的要求，达到国内先进的检测能力必须全面进行内部加强和外部引进的工作。目前的主要检测资源大都集中在市、区级机构，作为综合执法街道单位检测资源明显不足，即深圳市目前食品安全检测资源分配不均衡。而深圳作为 90% 食品和食品原料都依靠外部输入的城市，更需要建立一套科学高效的食品安全风险防控体系和基于风险防控基础上的切实可行的食品安全追溯体系。而目前这一体系除猪肉等食品外其他食品链尚未建立和运行。

三　深圳食品安全监管及政策修订建议

根据以上对香港特区食品监管的有效做法及对深圳目前现状及问题的分析，笔者建议从以下几方面进行学习和借鉴。

（一）主管机构和制度

要想下大力气解决食品安全问题，必须自上而下高度重视，政府要下决心把食品安全问题摆到“第一民生问题”的重要位置。

1. 食品安全委员会层面

食品安全委员会目前没有人员编制及财政拨款，不直接支配人力及物力资源，因此主要作为议事协调机构处理突发事件、进行专项治理等活动的组织牵头工作，实际上对于推进食品安全监管这一工作，缺少内在动力和实际力量，因此，要充分发挥特区食品安全监管的领导作用，应给予人员编制及财政支持，增加相当数量的专职专家委员，强化食品安全委员会对全市食品安全工作的组织领导作用或将其定位为领导协调机构不变，另行成立专责中立机构主要负责监管督察，发挥第三方作用，进行机制创新探索。

2. 政府监管部门层面

加强食品安全局的建设，使之在落地机构——食品安全委员会（专职主任及委员、实编制、实财政）的监督和领导下工作，或者考虑赋予其更高行政权力及责任意识（目前为内设副局级），进一步放宽其运行机制，更好地领导协调各部门，统领全市食品安全工作。在职责上与相关部门职责进行切割和重整，尽量涉及或涵盖动植物种植及养殖阶段的监管工作，以保证解决食品安全的源头污染问题，学习香港的“从源头到餐桌”的做法。组织和全面加强全市食品安全监管队伍建设，继续推进培训机制建设和培训计划实施，提高各部门制法、执法人员的监管意识和执法水平，建立信息通报、联合执法、事故处置等协调联动机制，努力降低食品安全风险、做好预防工作、对整个食品安全生产链实施有效监管和控制。第一，完善区级食品安全委员会及其办公室设置。充分发挥统筹协调作用，加强对辖区食品安全工作的组织领导。第二，按实际需求配备监管人员。各街道应按照实际的被监管主体的数量进行一线食品安全监管人员配备。之前，按照户籍人口来配备公务员编制的制度不适应深圳市的监管工作实际，使深圳市食品安全监管执法力量严重不足，针对深圳市外来人口多、食品经营活跃、来源复杂、管理难度大的实际情况，应适当增加人手、增加经费、增加设备、增加责任、增加信心，才能适应实际的监管工作需求。第三，要强化基层食品安全属地管理责任。我国在计划生育和安全生产方面实行一把手负责制，收到了良好的效果。在此，建议对于食品安全问题进行类比，对于各区和街道将其作为最重要的工作内容之一，实行一把手工程，进行目标管理和行政问责，通过有效的正负激励，提高食品监管部门的工作积极性。

3. 检测机构层面

在深圳市全市范围内，检验检测资源主要分布在市及区级的机构，总体资源不足，结构性配置不均匀，不能够适应深圳市食品配给量充足、产品供给来源复杂的总体特点，目前的检验检测资源总量仍未能完全适应发展的需要，从实验室建设、设备配置、技术研发以及专业人才方面均不能与全市日益增长的全面均衡的检测需求相适应，行政效率较低，存在重复抽检和漏检的情况。针对这一情况，笔者建议：一是要加强检测能力建设，增加各类检测机构数量，合理布局，高效管理，合理配置和使用各类科研资源，包括专门的检测中心以及高等学校、科研单位的相关机构的资源协调使用，全方面覆盖各种食品安全标准检测能力。二是加大食品安全检测方面的财政投入，全面提高食品安全检验检测技术水平。通过财政投入及科技环境建设，支持检验检测新技术的研发，不断确定和更新各类技术标准，包括动植物疫病、有害生物、农药残留、生物毒素、工业污染等各个方面的检测指标体系的建立。三是要加强专业技术人才培训工作，完善市、区政府到基层街道各级检测机构的检测设备配置和人力配置，加强高水平检测人才队伍建设，加强中初级检测人才培训，提高其业务素质和机构检测的综合管理能力，既要努力完善国家级食品安全分析和检测实验室又要加强基层执法能力，即区、街道食品检验检测机构建设，保证区、街道食品检验检测机构能满足食品安全管理需要，开发快速检测方法，更新现场检测的技术手段，提高政府的监管效率。

4. 其他组织层面

在食品安全相关的其他组织中，要充分发挥食品行业协会和消费者协会的作用。

（1）长期以来，行业协会作为非政府组织在行业发展的道路上发挥着积极的作用。作为政府部门，应该为其提供良好的政策环境和宽松的发展环境，积极引导食品行业协会的健康发展，发挥其在食品安全监管各方面的积极配合作用支持食品行业协会的健康发展，使其积极配合政府职能，有效促进食品安全监管，协助政府引导食品生产者建立完善信用机制，生产标准等，进行自我约束和严格的生产运营管理。充分发挥行业协会在政府和企业的桥梁作用，使其成为政府进行食品安全监管工作的积极协助力量。

（2）在食品安全监管工作中，如果说行业协会是政府和生产企业的桥梁，那么充当政府和消费者之间桥梁角色的则是另一社会组织，即消费者协会。加强消费者协会建设，与消费者进行有效信息沟通，提高消费者在食品安全监管中的维权意识与维权能力，成为与无良生产商的不法行为进行斗争的强者。要积极鼓励消费者的举报行为，制定政策和制度，规范和加大物质奖励力度，积极促进消费者群体共同监督生产企业和食品市场，以消费者的集体力量有效地约束食品经营企业的违法经营行为。目前深圳市已出台了最新的举报制度，进一步对制度进行宣传和落实工作，使广大消费者了解政策，树立责任意识，鼓励和保护举报行为，一系列的工作可以通过消费者协会来实现，可以抓住即将到来的消费者权益日作为加大工作力度的契机。

（二）法规和政策

深圳市食品安全相关的法律法规是在国家“母法”及相关法律法规的政策框架内建立的，对全市各级政府进行的食品安全监管工作、行业企业从事的食品安全生产、经营者的生产经营行为、行业协会及消费者的行为规范及权益保护等方面做出的强制性规定。具体包括：制定的各类食品安全标准、行业企业在食品安全生产方面的经营规范、政府监管机制的建立及职责行使、建立食品可追溯体系及食品召回制度、食品检测机构的工作准则等食品安全管理措施方面的制度。法规和政策体系的完善及其在食品安全监管过程中的重要作用是毋庸置疑的，完善的法规和政策体系是实行食品安全管理的总规划和基本准则及规范。

1. 食品安全标准体系的建立和完善

在香港，建立完善的各类食品安全标准是其食品安全监管的主要特点之一。深圳市在研究国家标准、基础框架的基础上，建立和细化特区各类食品安全标准，形成体系，确定食品安全标准及供应标准，分步研究，确定食品标准目录，区分已建立的国家标准、特区标准、国际标准而特区尚未建立的标准，进行比较后确定制订覆盖全部食品门类和品种的生产标准和检测标准。

2. 进一步规范食品生产企业的经营管理

如果说关于食品安全标准体系的全面建立是解决“什么样的食品是安全的”问题，那么进一步规范食品生产企业的经营活动就是解决“企业方面如何做才能供给安全的食品”。

食品安全经营管理规范是为了保证食品的质量与安全，针对食品经营企业的食品生产、经营过程进行规范而制定措施和要求。在这方面对深圳市的主要建议有以下五点。

第一，在生产经营规范方面，深圳市应该针对市情，加强对深圳市食品安全特点、生产企业加工单位的特点及区域特点进行充分研究，提出和修订有效规范，符合实际情况，不盲从照搬，以严格的生产经营规范作为全市企业经营的总体思路。

第二，针对深圳市食品来源地复杂、流通环节众多的特点，建议对食品流通、餐饮经营企业的经营过程给予深入研究，制定严格的管理规范，并在此基础上建立有针对性的地方法规、规章在全市范围内强制推广执行。

第三，深圳是新兴的移民城市，外来人口众多，地域来源复杂，人口素质参差不齐，无证照经营的作坊数量众多，盲目地求高、求快、求严的一刀切予以取缔的做法不符合实际情况，建议适当地调整食品经营准入门槛，对大量的无证无照食品经营单位进行登记、分类，分别采用取缔、引导、逐步规范等区别对待的方法进行处理。

第四，尝试建立食品可追溯体系。深圳市 2008 年实行的全市食品批发行业统一送货单制度是对食品可追溯体系的有益尝试，取得了初步的成果。食品可追溯体系也是欧盟等国家已取得成功经验的有效做法，这一制度可以使消费者能够检验食品从整个流通过程的每一环节获得相关信息，既是消费者进行选择决策的依据，也避免了各环节机会主义思想和免责行为，是监督食品安全的有效做法，也是实施食品召回制度的基础工作。

第五，为配合实施可追溯体系的有效实施，建议首先在全市规范食品安全信息标识以形成相关制度并落实，同时还要在各个生产流通环节中实行索证索票制度。

3. 建议推进食品召回制度

在建议借鉴发达国家在食品安全标准、食品可追溯制度的先进做法的基础上，建议推进食品召回制度。前文所述食品追溯制度中的安全信息标识规范制度以及各环节中的索证索票制度如果能够得到稳步实施和有效落实，那么，将为食品召回制度提供扎实的实施基础。顾名思义，食品召回即将已经进入流通等领域的问题食品进行召回，其主要目的是为了减少或避免问题食品进一步危害消费者。具体召回过程是在食品的生产商、进口商或经销商发现食品存在安全风险时，依法向政府监管部门报告，及时从市场和消费者手中召回缺陷食品，予以更换、赔偿，以防止缺陷食品的危害发生或扩大的一种制度。不管在食品安全事故形成之前还是食品安全事故发生之后，对不安全食品的召回都是食品经营企业的义务。

表 4　食品的召回的主要步骤及内容

序号	步骤名称	具体内容
1	企业报告	即食品的生产商、进口商或经销商发现其生产、进口或经销的食品存在安全风险时向政府监管部门提交问题报告，或者政府监管部门发现食品存在安全风险，责令该食品的生产商、进口商或经销商提供有关该食品的详细资料
2	制定评估报告	即迅速对食品是否存在缺陷以及缺陷的等级进行评估，并根据食品上市时间、进入市场数量、流通方式以及消费群体等资料，评估该食品可能造成危害的严重程度
3	制订召回计划	企业一方面应立即停止该食品的生产、进口或销售；另一方面根据评估的危害程度制订召回计划
4	实施召回计划	企业要通过媒体发布详细的食品召回公告，然后召回缺陷食品，对缺陷食品采取补救措施或予以销毁，并对消费者进行补偿

如前所述，以规范产品标识、全过程索证索票制度为基础的食品可追溯体系是有效实施食品召回制度的坚实基础，其作用十分关键。另外，在食品召回的过程中，政府监管部门要充分发挥作用、全体社会公众以及其他监管主体要对食品召回工作进行全过程监管，以免出现召回过程中的失误，使全部问题食品回收到位，避免重新进入流通环节，以减少食品危害的进一步扩散。

4. 建议建立食品经营企业信用体系

为了保证食品安全、市场长期健康发展，有必要对各类生产经营企业进行信用评级及分类活动，建议建立食品经营企业信用体系。在市场经济中，信用体系的作用不容忽视，每一个企业要想求得长远健康发展，就必须珍视自己的企业信用，因此，这一体系的尝试建立，无疑是对生产企业的有效的自我约束，同时也为广大消费者进行消费决策提供了参考信息，成为企业信用的有效监督者。我国已经认识到这一工作的重要意义，并开展食品安全信用体系建设工作，深圳市作为首批试点城市之一，已开通了深圳市食品安全信用信息网，但对于企业的信用还未进行登记和整合。食品经营企业信用体系主要内容如表5所示。

表5　食品经营企业信用体系主要内容

序号	名称	内容
1	征信制度	征信制度主要是针对信用信息的记录征集、调查的范围、程序以及传播方式、对象及时限问题做出规范
2	信用评价制度	信用评价制度主要是利用征信信息对食品经营企业的信用状况进行定性评价和定量评价的制度
3	信用披露制度	信用披露制度主要是明确信用信息的披露主体、披露原则、披露渠道和披露程度
4	信用奖惩制度	信用奖惩制度主要是政府根据企业的信用状况，对食品生产经营企业实行分类监管

笔者建议，深圳市进一步完善并充分发挥深圳市食品安全信用信息网的作用，加大投入，加大宣传力度，加强使用功能，按照企业信用体系的内容分别建立并逐步完善深圳市食品安全工作的各项制度，从而引导和约束企业合法规范经营，推动建立持续稳定的食品安全市场。

5. 建议建立落实食品安全信息发布机制

作为国家食品安全信用体系建立的试点城市，深圳已经公布实施《深圳市食品安全信用信息管理办法》，表明深圳市已建立食品安全“黑名单”制度，对进入“黑名单”的食品生产经营者进行公开曝光，并进行重点监督管理。但是，目前进行网络检索显示相关工作仍需进一步落实及加强，包括充分发挥食品安全信用信息网的功能，建议进一步加强网络建设，坚持发布食品安全信息，揭露不法企业名称、经营状况及问题食品的危害，召回过程等。同时，要拓宽宣传渠道，通过媒体进行信息通报，建立并切实运用好深圳市食品安全信用信息网的良好平台以及其他有关的主流媒体，进行扎实的信息收集和处理、发布及更新的有效机制。

6. 建议建立和完善深圳市食品安全问题应急管理体系。

食品召回制度是食品安全问题应急管理体系的重要内容之一，这一制度目前在深圳市实施还不成熟，主要原因是食品的回溯制度尚未实行，而这一基础的标识规范及环节索证制度不能涵盖全部的食品。由此可见，深圳市食品安全监管体系建立和完善不是一蹴而就的，而是一个复杂的系统工程，需要按部就班、细致扎实地推进各项基础工作，需要各级政府部门、生产企业以及消费者群体相互合作、彼此监督，并经历共同建设的过程。如要加快这一进程，首先要政府部门从战略的高度认识食品安全问题，而不仅仅停留在将食品安全作为口号，难见实效，需要政府部门自上而下，提升领导机构，落实领导责任、系统布局、广泛借鉴、专门研究和逐步推进才有可能改变目前的食品安全状况，初步建立起监管机制并逐步完善，建设食品安全市场。应该指出，系统工程的复杂性不是停步建设的理由，应该以积极的态度，利用目前的组织机构和资源情况，进行食品安全应急管理体系建设。

目前，深圳市已经出台了《深圳市重特大食品安全事故应急预案》，用来指导全市突发性食品安全事件的应急处置工作。该预案的实施对加强深圳食品安全事故应急处置能力起到很好的促进作用，建议在下一步的工作中对该预案进行细解和分级设置、分责落实，尤其是要定期进行演习训练，增加应急反应及处置能力。同时，当重大的食品安全事件发生时，各方面能够及时迅速反应，统一调度，各方协调配合，有条不紊地开展应急处置工作，应对食品安全事件。

7. 建议要充分发挥特区立法权优势

建议充分发挥立法优势，加快《特区食品安全条例》等的出台和实施。根据国家食品安全“母法”，深圳市要充分发挥特区立法权、较大市立法权优势，完善地方食品安全法律法规。根据深圳市实际管理需要，积极订立食品安全管理地方性法规，作为对国家食品安全法律法规的有益补充。并以《特区食品安全条例》为基础，一方面在实践中不断完善或出台补充条例；另一方面借鉴香港法律体系的切实性、科学性、全面性以及可操作性强等特点，努力建立起特区食品安全的法律及政策体系，与机构监管体系共同有效运行，保证深圳市民的食品安全，加快建设食品安全城市的进程。

让百姓餐桌上的放心食品越来越多，不仅是公民身体健康权的基本保障，也是社会发展的基本条件，香港特区政府秉持现代服务行政的理念，肩负起这一不可推卸的责任，不仅为香港特区构筑食品安全港，也为深圳建设食品安全城市，打造深圳质量和深圳标准提供了良好的借鉴。

参考文献

张婷婷：《中国食品安全规制改革研究》，辽宁大学博士论文，2008。

汤天曙：《薛毅我国食品安全现状和对策》，《食品工业科技》2002 年第 2 期。

李伟：《我国食品安全的政府监管研究》，首都经济贸易大学硕士论文。

廖敬扬：《深圳市食品安全问题与对策研究》，复旦大学学位论文，2006。

宋大维：《中外食品安全监管的比较研究》，人民大学学位论文，2008。

Christopher B Barrett, Robert Bell, et al. , Market information and food insecurity response analysis. Food Security, 2009, 1 (2) .

赵荣、陈绍志、乔娟：《美国、欧盟、日本食品质量安全追溯监管体系及对中国的启示》，《世界农业》2012 年第 3 期。

廖敬扬：《深圳市食品安全问题与对策研究》，复旦大学学位论文，2006。

李先国：《发达国家食品安全监管体系及其启示》，《财贸经济》2011 年第 7 期。

Chan S F, Chan Z C Y. Food safety crisis management plan in HongKong. Journal of Food Safety, 2009, 29 (3) .

香港特区政府网站，http：//www. cfs. gov. hk/.

香港特区食品安全中心网，http：//www. cfs. gov. hk/cindex. html.

张天、张新平：《香港食品安全监管及其借鉴意义》，《中国卫生经济》2009 年第 4 期。

香港食物局网站，http：//www. fhb. gov. hk/chs/aboutus/org/.

香港环境卫生署网站，http：//www. fehd. gov. hk/.

香港渔农署网站，http：//www. fhb. gov. hk/chs/aboutus/org/.

郑小敏：《深圳市食品安全问题及管理体系研究》，上海交通大学学位论文，2009。

杨蔼仪等：《香港食品安全给内地的启示》，《经济导报》2013 年第 9 期。

何洁霞等：《信息公开透明和食品标准》，《经济导报》2013 年 9 期。

附　录

共建优质生活圈专项规划（节选）*

前言

共建优质生活圈是根据国务院2009年1月8日公布的《珠江三角洲地区改革发展规划纲要（2008～2020年）》（以下简称《珠三角规划纲要》），粤港澳三地高层领导对于推动大珠三角区域转型发展的重大共识。《珠三角规划纲要》明确指出，将推进珠三角地区与香港更紧密合作，并支持香港提出共建“绿色大珠三角地区优质生活圈”的建议。共建优质生活圈体现了经济、社会与环境相协调的可持续发展理念，将居民生活质量置于区域发展的核心考虑；同时也体现了“一国两制”框架为区域间相互协调所缔造的空间，体现了不断深化区域合作的努力方向。

大珠三角区域由广东省珠江三角洲地区的广州、深圳、珠海、佛山、惠州、东莞、中山、江门、肇庆九个市及香港、澳门两个特别行政区构成，是我国重要的经济中心区域，在国家经济社会发展和改革开放大局中具有突出的带动作用和举足轻重的战略地位。

近30多年来，大珠三角区域锐意改革、开拓进取、密切协作，实现了经济社会发展的历史性跨越，区域内居民的生活质量普遍得到大幅度提升。当前，国内外经济社会形势发生深刻变化，大珠三角区域承担着在国际竞争前沿迎接挑战，为国家转变经济发展方式先行示范的历史使命。

粤港澳三方于2009年10月共同开展《共建优质生活圈专项规划》（以

* 广东省住房和城乡建设厅、香港特别行政区政府环境局、澳门特别行政区政府运输工务司联合发布，2012年6月。

下简称《专项规划》）编制的研究工作，目标是研究大珠三角地区的长远合作方向。在基础调研、专题研究及粤港澳三方充分沟通的基础上形成的《专项规划》，提出了共建优质生活圈的区域发展愿景及合作方向，并以合作解决区域性整体问题和跨界问题的需要为出发点，从环境生态、低碳发展、文化民生、空间组织、交通组织五个领域提出合作建议。《专项规划》将作为三地政府部门跟进有关合作建议的参考。规划期限至2020年，与《珠三角规划纲要》一致。

在《专项规划》的研究过程中，粤港澳三方通过不同的渠道广泛听取各界对《专项规划》研究内各个主题的意见。例如，早在2008年，广东省环保局（现为广东省环保厅）委托了属国家环境保护部的中国环境规划院就香港方面提出“绿色大珠三角地区优质生活圈”的构思进行调研。调研组于2008年7月在粤、港、澳进行了实地调研，与社会各界会面，了解他们对建立“绿色大珠三角地区优质生活圈”的看法。此外，三地政府在2010年4月至5月，分别在广州、香港及澳门召开专家座谈会，收集三地有关专家及学者的意见。香港方面亦在2010年5月至7月就《粤港合作框架协议》中有关环境保护和生态保育的合作建议向立法会、环境咨询委员会、环保团体进行汇报。各方所表达的意见及看法已适当地吸纳于《专项规划》的研究中，在研究过程中亦借鉴了国内外区域和都市发展、规划及合作的先进经验。

为了凝聚社会共识，使未来推动落实《专项规划》的工作得到有力的支持，广东、香港及澳门于2011年9月1日就《专项规划》的初步建议，共同展开为期3个月的公众咨询。粤港澳三地在公众咨询期间广泛收集社会各界意见，其中广东省收到共16份书面意见；香港收到共72份书面意见；澳门收到共4份书面意见；粤港澳三地并于各自召开的公众论坛及相关咨询会议中收集意见。大部分回应均支持粤港澳三地共同编制《专项规划》，并指出《专项规划》的愿景范畴广阔，大珠三角地区有很大的合作空间及潜力，并希望三地政府携手，共同缔造宜居和可持续发展的前景。部分回应者对《专项规划》的实施提出了殷切期望，希望三地政府制订具体行动计划及评估机制。一些回应亦就改善环境生态、推进低碳发展、优化区域土地利用、促进绿色交通组织及文化民生领域提出具体意见及建议。

粤港澳三地有着不同的法律制度和社会环境。因此，三地将在“一国两制”的框架下，尊重彼此的差异，并按照各地的制度、法规和实际情况，各自考虑《专项规划》提出的合作方向，同时努力协调以寻求三方或双方合作的空间，为共建大珠三角优质生活圈作出贡献。

一　机遇与挑战

大珠三角区域是中外经济文化交流的重要纽带和我国最重要的经济区域之一。改革开放以来，无数的人才带着先进的思想、技术和创业、发展的美好梦想会聚而来，在金融、贸易、科技、物流、文化、电子信息等广泛的领域创造了令人瞩目的成就，使本区域成为世界上非常重要的经济贸易中心之一。未来，具有突出的多样性和创新精神的人们仍将在这片美丽富饶的土地上发挥他们的才干，为本区域创造持续的繁荣和发展，使其在推动科学发展、加快转变发展方式的国家战略中继续保持“试验田”和“先行军”的地位。

图1　大珠三角区域概况

注：大珠三角区域包括广东省的广州、深圳、珠海、佛山、惠州、东莞、中山、江门、肇庆九个城市及香港、澳门两个特别行政区，陆地面积达55880.5平方公里。

回首既往，这里创造了令人瞩目的成就；展望未来，新形势下机遇与挑战并存。

第一，世界发展的大潮流越来越着重于人类自身的发展，强调经济、社会和环境保护的平衡协调，生活质量已逐步成为衡量区域和国家竞争力的核心因素。大珠三角地区具有优越的气候、阳光、海岸线以及森林植被等自然禀赋，具有良好的经济发展基础，是我国最发达的城镇群之一。面对新的发展阶段的挑战，将追求优质生活确立为区域发展的新目标，既是顺应世界发展的大趋势，又有利于通过打造绿色宜居区域吸引全球创新人才，从而在国际竞争格局中保持优势。

第二，转变经济发展方式已经成为国家发展战略的一项核心内容，尤其重点关注资源、环境问题以及社会民生的改善。珠三角地区作为全国改革开放的排头兵，连接港澳地区的重要桥梁，无疑应当肩负起转变发展方式"先行先试"的重任，这也是本区域超越挑战、转型发展的重要内容。当前，国际金融危机带来的冲击影响仍在，能源资源消耗、环境压力、不均衡发展、国内外其他区域的激烈竞争等仍然是区域发展面临的巨大挑战。区域经济发展模式亟须加快转变，寻求经济与环境、社会之间的协调发展才是区域竞争力的可靠保证。

第三，区域发展的共性问题越来越要求跨越行政边界的共同合作。不断增加的人口、产业和交通使区域大气和水环境质量面临严峻挑战，提高公共服务能力和质量依然是区域公众的普遍呼声，还有其他诸如土地利用的节约集约水平不高，城镇和产业发展布局不尽合理，交通结构中过于依赖汽车交通，以及区域和城市的管理水平仍然需要提高等。分析和解决上述问题必须立足于区域的视角，在大珠三角区域内，每个城市、村镇之间都是命运相关的共同体。

为了迎接上述挑战，为大珠三角区域创造一个美好未来，必须按照可持续发展的要求，将区域内的城市和乡村看作彼此相关的整体，通过对相关领域的规划和区域合作，以重新建立经济、社会、环境协调和互利的关系，避免过于侧重一个方面的发展而伤害另外的两个方面。

《专项规划》的研究工作是在大珠三角区域内各管治实体共识的基础上进行的，主要针对粤港澳三方的跨界合作事宜，面对发展方式转型提出理念和合作建议。规划中提出的合作方向，并非对资源进行直接配置的实体性规划，也未对各相关领域具体事项设计方案。

二 发展愿景与合作方向

（一）发展愿景

规划期望大珠三角共建优质生活圈的合作能够达到的总体目标如下：发展成为具有示范意义的绿色宜居城市群区域，具有安全健康的生态环境、低碳可持续的经济发展、集约有序的空间发展、舒适优美的城乡景观、绿色高效的交通联系、完善便利的公共服务以及良好的协调协作机制。建基于现有的合作基础，相关方面的具体目标如下。

1. 努力形成安全可靠的生态系统以及健康洁净的自然环境。严格保护具有重要生态价值的自然山林、绿地①、海岸、湿地及基本农田，促进形成覆盖全区域的生态安全支撑体系。努力防止区域水、大气和土地环境质量进一步恶化，为人们的健康提供可靠的自然环境保障。

2. 引领经济发展走向低碳、可持续的发展方式，能够较好地提供并满足居民的就业需求和消费需求。经济领域对资源、能源、环境的使用方式更加健康、可持续，初步建立起低碳、循环、清洁的产业体系。经济结构转型成功，科技进步、劳动生产率提高成为经济发展的主要动力，大幅提升创新型、服务型经济比重。

3. 公共服务更为便利，生活保障更为充分。珠三角地区应围绕着“加快转型升级、建设幸福生活”这一核心，大力推动社区建设和发展，初步实现珠三角地区基本公共服务均等化。② 在大珠三角地区初步建立起区域性公共服务衔接机制，区域内跨界居住、就业、生活比较便利。

---

① 绿地是为保障区域生态安全、突出地方自然人文特色和改善城乡环境景观，在一定区域内划定，并实行长久性严格保护和限制开发的，具有重大自然、人文价值和区域性影响的绿色开敞空间。（参见《珠江三角洲绿道网总体规划纲要》，http://www.gdcic.net/download/greenRoad_20100224.pdf）

② 根据粤府〔2009〕153号《印发广东省基本公共服务均等化规划纲要（2009～2020年）的通知》，基本公共服务均等化是指在基本公共服务领域尽可能使居民享有同样的权利，享受水平大致相当的基本公共服务。均等化并不是强调所有居民都享有完全一致的基本公共服务，而是在承认地区、城乡、人群间存在差别的前提下，保障居民都享有一定标准之上的基本公共服务，其实质是“底线均等”。

4. 空间发展有序、集约，空间环境舒适宜居。重点发展地区集中布局到主要的城镇和产业园区，并使其适度紧凑、集约发展。提高土地使用效率，有序进行城市更新等空间再发展，并使之逐步成为各级城镇中心地区的主要发展方式。城市、乡村的风貌优美宜人，历史价值街区和建筑物得到妥善保护和恢复生机。

5. 构建绿色、高效、以人为本的交通运输系统，使跨界联系更加顺畅。大幅提升以轨道交通为骨架的公共交通系统在城市居民出行中的分担率，为交通出行换乘提供便利，结合实际，在适当情况下逐步提倡和完善慢行系统。进一步完善区域交通网络布局，协调不同运输方式之间的衔接，促进就业地与居住地之间、城镇中心与外围之间、各城市之间，以及珠三角与港澳之间的跨界交通联系便捷化。力争在运输工具的节能减排以及交通新能源的推广方面取得一定成效，有效控制交通运输环境污染和温室气体排放。

（二）合作方向

大珠三角内各治理实体，包括广东省、香港、澳门以及珠三角内九个城市应当把共建优质生活圈作为区域发展的共同愿景，三地政府及相关部门将通过各自的以及彼此合作的努力，为共建优质生活圈做出贡献。

1. 优先保护自然资源和环境

（1）以可持续的方式利用环境和自然资源。在产业和城镇的发展布局规划中，高度关注可能带来的环境影响，尽量以对自然资源和环境冲击最小的方案进行规划布局。根据粤港澳各自的相关规定，对工厂、房地产、公共设施以及基础设施等各种发展、建设行为进行环境影响评价，必要时开展生态影响评价，确保其符合可持续发展的要求，并采取必要的环境或生态措施减少负面影响。

（2）保护区域生态安全格局。加强对区域和城乡自然景观资源的调查评估，逐步建立区域性自然资源数据库。在保护区域绿地系统的基础上，构建各个级别、各种功能的生态资源的评价和分级、分类体系，并制订适当的保护和可持续使用措施，确保具有生态安全格局意义的自然生境和生物多样性得到恰当的严格保护。

（3）加强保护水、大气环境质量。逐步完善对区域的大气环境进行联合监测的工作，识别区域水、大气环境保护关键问题，在科学研究的基础上，尽快采取有效措施治理突出的区域环境问题，强化环境事故应急预警及联动处置，遏止环境质量下降趋势。

（4）增加用于自然资源保护的公共资源投入。将自然资源保护作为政府行政的重要目标，持续投放资源于环境治理、生态资源保育、自然保护区建设及自然景观保护；并引导珠三角地方政府将自然资源保护纳入土地征用和储备的目标，增加对征用土地作为自然景观用途，包括作为农业发展用途的资源支持。逐步建立适合珠三角特点的农业多样化发展和农业、农村、农户扶持机制，保护农业、林业、水利、海洋等景观资源。香港方面，将继续采取并加强现行的自然保育措施，包括指定郊野公园、特别地区、海岸公园及在城市规划条例下制定的海岸保护区和自然保育地带，以及为重要生境和物种推行保育计划，以保护自然环境及生态资源。

（5）探索广东省内生态补偿机制，完善财政转移支付制度，使自然资源保护地区分享区域经济发展成果。

2. 加快转变经济发展方式

（1）加快推进经济结构升级转型，大力发展现代服务业、高新技术产业和现代都市农业，不断完善区域创新体系，不断深化服务领域投融资和管理体制改革，加快推进区域经济向知识型、服务型转变。

（2）加快改善产业领域对能源、资源的使用方式，提高能源、资源的使用效率。加快对新能源和能源节约技术及产品的研发和推广，提高清洁能源、可再生能源的使用率。大力促进环保产业发展，推广循环经济的模式和技术，提高清洁生产水平，促进资源循环再利用。推动节能减排取得突破性进展，争取在大珠三角区域率先建立低碳、循环型产业体系。

（3）在稳步推进城镇化进程的同时，加快提高珠三角地区的城镇化质量，提高城镇的建设水平和服务能力，增强城镇对周边区域发展的带动能力，加快城乡居民收入增长速度，增强居民和企业的消费能力，加快促进区域经济向内需主导型转变。

3. 健全区域公共服务和民生治理架构

（1）广东省将在珠三角地区推进基本公共服务均等化。贯彻实施《广东省基本公共服务均等化规划纲要（2009～2020年）》，[①] 增加公共资源对生活服务配套设施的投入，以公共教育、公共卫生、公共文化体育、公共交通、生活保障、住房保障、就业保障、医疗保障等基本公共服务为重点，加大公共服务投入，创新公共服务体制，完善推进基本公共服务均等化的体制保障和配套措施，加快建成覆盖城乡、功能完善、分布合理、管理有效、水平适度的基本公共服务体系。实现基本公共服务水平在国内位居前列，在国际上达到中等发达国家水平。

（2）广东省将加快珠三角地区社会管理体制创新。逐步扩大社会管理体制改革试点的范围，鼓励各地探索适合自身特点的社会管理体制改革路径及公共服务和民生治理架构。全面推进政府职能转变，完善相关法规规程，推行政府购买服务制度，构建社会组织、居民共同参与的社会治理模式。完善社会组织登记管理制度和机构建设，大力培育社会组织，加快建立社会工作者队伍体系。创新城市和农村社区管理模式，构建和完善社区自我管理、自我服务的新机制。创新户籍管理制度，增加外来人口的社会事务参与机会，建立适合珠三角特点的人口迁移入户制度，逐步稳定区域人口发展趋势，优化人口结构。

（3）完善公共服务的多元化供给机制。在坚持公益性基本公共服务主要由政府主导的原则下，加大服务领域的改革开放力度，放宽社会组织、企业提供公共服务的准入条件。深化区域合作，鼓励境内外社会资本参与公共服务设施和产品的投资、建设及运营管理，促进区域服务业加快发展和服务水平快速提升。

（4）重视跨界居住人士生活质量的提升。不断完善社会服务领域跨界协作机制，鼓励服务提供者跨界经营，为跨界居住人士的福利保障做出适当的机制安排，提高跨界生活的便利程度。

4. 转变空间发展模式

（1）强化空间供给对转变经济发展方式的引导作用。广东省将积极推动人口和产业在珠三角地区与粤东、西、北地区之间，以及在珠三角核心地区与边缘地区之间的“双转移”，促进产业合理布局和区域相对均衡发展，

---

① 《广东省人民政府公报》2010年第1期，http：//zwgk. gd. gov. cn/006939748/200912/t20091214_11575. html。

产业转入地要加强节能减排和环境保护工作，将产业转移对生态环境影响降低到最低程度。在承担生产性服务功能的城市中心，鼓励依托公共交通枢纽建设具有商业、办公、酒店、住宅及娱乐休闲等多种功能的城市综合体，成为现代服务业发展的重要载体。在珠三角地区从科技创新水平、地均投入和产出水平、节能减排水平以及循环经济基础设施等方面制定产业用地门槛，促进制造业升级，并且引导园区与城市融合发展，促进知识扩散效应，加快服务经济、创新经济发展。

（2）提高空间供给对生活质量提升的保障能力。广东省将在对居住需求进行深入调研的基础上，逐步建立满足不同层次、不同类型居民居住需求的多样化住房供给机制，以及相应的空间保障措施；逐步建立完善的保护地体系；继续推进珠三角的区域绿道[①]建设，不断扩展、完善区域绿道网络，[②] 逐步建设城市、社区的绿道系统，在城镇与郊野、乡村之间广泛建立生态廊道。在区域绿道建设中，尊重自然景观特色，坚持生态原则，以生态效益优先，保持和强化自然生态基础。香港方面，将继续采取并加强现行的自然保育措施，包括指定郊野公园、特别地区、海岸公园及在城市规划条例下制定的海岸保护区和自然保育地带，以及为重要生境和物种推行保育计划，以保护自然环境及生态资源。

（3）鼓励公共交通引导的空间发展。广东省将在大力优先发展公共交通的基础上，优化珠三角地区城镇空间发展布局，限制沿公路线及缺少公共交通服务地区的蔓延发展，鼓励围绕公共交通枢纽集中紧凑发展，在交通等基础设施承载力允许的前提下，鼓励交通枢纽地区进行较高密度的混合发展。

（4）促进珠三角地区空间协调发展。广东省将在遵循主体功能区规划实

---

① 绿道是一种线形绿色开敞空间，通常沿着河滨、溪谷、山脊、风景道路等自然和人工廊道建立，内设可供行人和骑车者进入的景观游憩线路，连接主要的公园、自然保护区、风景名胜区、历史古迹和城乡居住区等，有利于更好地保护和利用自然、历史文化资源，并为居民提供充足的游憩和交往空间，主要由自然因素所构成的绿廊系统和为满足绿道游憩功能所配建的人工系统两大部分构成（参见《珠江三角洲绿道网总体规划纲要》http：//www. gdcic. net/download/greenRoad_ 20100224. pdf）。

② 珠三角绿道网络是由区域绿道和城市绿道构成的网络状绿色开敞空间系统，是连通区域绿地斑块的廊道网络，是区域绿地中具有休闲游憩功能的带状开敞空间，能够在保护生态环境的同时，体现自然和人文资源的生活游憩价值（参见《珠江三角洲绿道网总体规划纲要》，http：//www. gdcic. net/download/greenRoad_ 20100224. pdf）。

施差异化发展的前提下，研究实施以空间协调发展为导向的政策措施，以保障不同区域，特别是相对落后地区的发展权利。探索建立广东省内流域生态补偿机制，在此基础上进一步探索建立广东省内自然保护区和重要生态功能区的生态补偿机制。探索广东省内基于耕地保护的空间协调发展促进政策，在加大公共财政用于耕地保护和发展现代农业的投入比例的同时，探索建设用地指标与耕地保护指标跨区域联动平衡及交易机制，试点鼓励在优先发展地区为跨区域接受耕地保护指标地区提供发展权益股份或合作开发经营等“发展权共享”的机制。强化对区域协调规划的统筹力度，对相对落后地区的规划服务提供资源和技术支持。

(5) 积极探索区域空间合作。鼓励珠三角各市、镇之间，以及珠三角各地与香港、澳门之间积极探索各种内容、形式多样的空间发展跨界合作区，在相关的规划、资源、土地及经济社会核算等方面允许适度灵活地探索和创新。

5. 提供便利、绿色、以人为本的交通运输服务

(1) 在珠三角地区，构建以干线铁路和轨道交通为骨架、以常规公共交通和长途客运为主体的交通运输体系。推动区域交通与城市交通、公共交通与个体交通、轨道交通与公路交通、航空水运与陆路交通等不同运输方式的协调发展，加强综合交通枢纽建设。

(2) 促进发展区域绿色交通。通过优化交通结构，稳步提高机动车、船舶等各类运输工具燃油与排放标准。在试点的基础上，积极推广新型节能环保运输工具，使大珠三角区域交通运输节能减排居于国内领先水平。在适当情况下加快改造、提升单车、步行等慢行交通基础设施，改善慢行交通环境，提高慢行交通舒适度。

(3) 不断增进跨界通关便利化。在符合国家政策，与实际需求、资源条件相协调的前提下，逐步放宽各类居民和游客的通关政策，不断简化通关手续，及时改进通关设施和通关服务，改善口岸与城市交通、城际交通的接驳条件，提供更紧密、方便的通关和跨界交通服务，提高大珠三角区域人员、物资跨界流通的便利。

以上各领域的合作方向中，经济、社会、环境构成了区域转型、优质生活的核心内容，空间是保障经济、社会、环境协调发展的基础性资源和平台，交通则是为所有居民提供便利的流动性、将区域内各个部分联系为整体的主要支持系统。这五个方面是彼此联系、密不可分的整体，我们必须在这些方面加强整体合作，为大珠三角区域创造更美好的未来。

三　合作内容

本规划的研究工作对粤港澳三地均具有重要意义。从前述区域合作方向出发，结合粤港澳三地公众人士提出的主要具体建议和三地均具有相关基础条件和关心的重点问题，从环境生态、低碳发展、文化民生、空间组织、交通组织五个领域，尤其是各领域中已有一定基础、各方就迫切关注的范畴提出合作建议，以供粤港澳三地政府制定各自规划及行动纲领时作参考。

（一）提升环境生态质量

1. 巩固完善大珠三角区域生态安全体系

基于切实保护自然资源和环境的合作方向，针对大珠三角区域发展中生态用地保护所面临的严峻威胁，结合各方的主要诉求及已采取的加强生态保护的工作基础，建议粤港澳三方共同采取合作行动，以可持续发展、保护生物多样性为目标建立清晰全面的保育政策，巩固完善覆盖全区域的生态安全体系，从区域生态安全格局构建、跨界生态安全合作以及生态服务功能建设与重点受损生态系统修复的技术集成与示范等方面进行探索与实践，为相关的重大区域性环境保护问题的解决创造条件。合作范畴包括：

①制定区域生态安全格局新方案。

②开展邻接地区生态保育合作规划。

③开展生态建设合作深化研究。

（1）制定区域生态安全格局新方案

粤港澳三方共同努力，研究制定由“1 核”“6 轴”“9 个生态功能源区”“23 个区域性生态功能节点”“37 个生态敏感区”“网络状生态体系”和“多层级多尺度保护区域”构成的区域生态安全格局和安全支撑体系。

①将“环珠江口湾区”作为大珠江三角洲地区生态安全体系的核心支撑区域加以保护和建设。合作建议包括：

▶ 保护生态岸线资源。强化湿地保护与建设工作，实现对环境的最低负荷。

▶ 联合加强湾区范围内自然保护区的建设和管理工作，进一步落实《珠江口红树林湿地保护工程规划》，努力恢复河口生态系统，和自然保护区一同构建珠江口湿地和水鸟保护网络，进一步强化湾区在物种多样性和特定生境类型保护方面的地位和作用。

▶ 明确各城市在珠江口水质保护工作中的职责和义务，加快珠江口水环境保护工作的进度。

▶ 就湾区未来各项陆域大型发展计划，进行充分、谨慎的资源环境可行性论证，并在执行过程中遵循严格的环境评估程序与标准，避免发展行为与湾区生态核的目标相悖逆。

②规划形成由生态功能源区、地域性生态功能节点和城市建成区内生态敏感区构成的三级保护管理体系，强化对现有植被斑块的保护工作。合作建议包括：

▶ 将分布在大珠三角区域外圈层的大型自然植被斑块，整合成多个生态功能源区，构成全区的生态屏障圈层以及维护全区生态稳定性的复合生态功能供给区域。通过高等级自然保护区和森林公园建设等手段加强天然植被保护工作，并重点强化其生物多样性保护、水土涵养、区域性生态旅游开发等复合功能建设。

▶ 在高密度城市建设地区与生态功能源区之间的过渡地带，识别出多个地域性节点作为城市建成区与生态功能源区的有机联系，引进并拓展生态功能源区的服务功能。按照人为活动频度、现状保护级别以及规划目标，划分这些节点的类型和等级，通过中等级自然保护区、森林公园、城市郊野公园建设或基本生态控制线划定等手段，强化保护与管理工作。

▶ 在城市建设用地集中分布区域辨识出多个最为濒危的植被斑块生态敏感区，根据其位置、人为活动频度以及规划功能，划分为不同的类型和等级，通过中、低等级自然保留地建设或基本生态控制线划定的方式，明确其保护地位和生态功能，严格控制城市发展进程中的各种人为干扰。

③加强广东省内重点生态工程建设，充分利用河网及绿道网建设等有利条件，构建连接湾区生态核及外围生态功能源区的生态轴线，构成区域生态安全的基本骨架，合理约束区内的城市扩张和土地开发活动。

④在不同的层面包括城市、乡郊及社区开展生态安全建设及完善生态

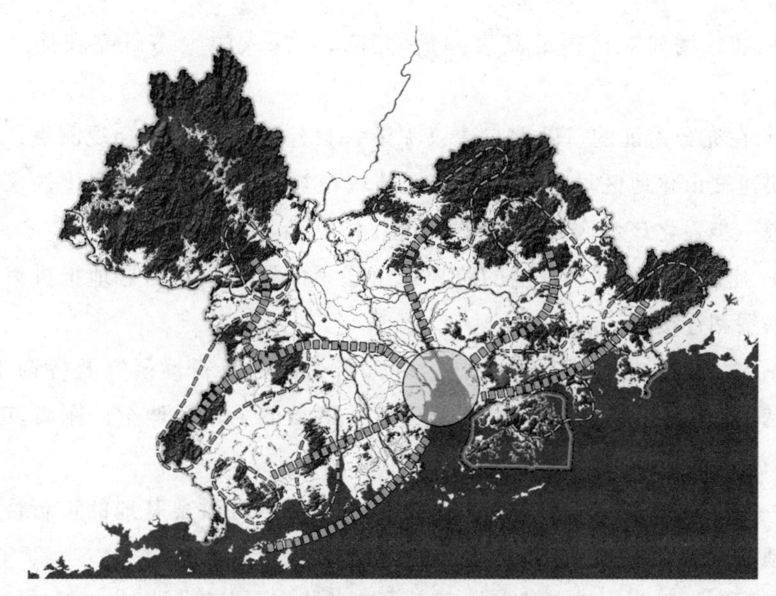

图 2　大珠三角区域生态安全格局概念

注：方案建基于区域自然生态本底，利用了以往相关的工作基础，尤其强调了不同规模的自然生境之间的联络及其向城镇发展区的延伸。

安全体系。

（2）开展邻接地区生态保育合作规划

以深圳梧桐山国家级森林公园—香港红花岭、深圳福田国家级自然保护区—香港米埔内后海湾拉姆萨尔湿地、澳门路凼城生态保护区—横琴岛以及珠江口中华白海豚自然保护区为重点，推动开展邻接地区生态保育合作规划。

①深圳梧桐山国家级森林公园—香港红花岭：

▶ 建议深港两地共同成立针对该地区植被保护与生态走廊建设需求的协调联络小组，并共同制定相关的保护与管理方案。

▶ 建议深港两地统筹该地区的地带性植被生态系统保护工作，提升该区域的保护级别，参照陆域植被生态系统类型自然保护区的管理模式加强本地区植被保护，进行适宜的内部功能分区，采取对应的生态保护、恢复与建设措施。

▶ 建议联合开展基础生态学调研工作，确定本地区物种资源、群落特征及其空间分异，共同研究消除外来入侵物种对原生物种危害的方法和途径，为今后制定合理的管理方案提供依据，保护原生植被生态系统。

▶ 建议增加对区内的高度濒危物种进行深入的生态研究和保育行动计划。

▶ 在充分论证的基础上，建议深港各自建立永久性综合观测点，作为研究快速城市化地区城市近郊地带性陆域植被及其生态功能演化的永久样地，进一步强化该地区的生态保护价值。

▶ 建议开展深圳至香港的跨界绿道联系的研究，以更好地推进粤港绿道的联系和连接。

▶ 建议展开将香港红花岭指定为郊野公园的可行性研究及咨询工作；并可借保育梧桐山—红花岭得到的经验，将类似工作延伸至广东省其他森林、山区地带。

▶ 建议探索建立三方优势互补的生态环境教育科普基地的可行性，借科普基地向市民提供生态和环境保护科普知识。

②深圳福田国家级自然保护区—香港米埔内后海湾拉姆萨尔湿地：

▶ 建议设立深港湿地自然保护管理定期联络及管理业务协调机制，整合相应的管理政策与措施，协商能够显著改善两块湿地结构和功能的管理计划并共同执行。

▶ 加强两块湿地保护区的基础设施和保护能力建设，在管理机制、人员培训、经验交流等领域开展积极合作。

▶ 围绕改善深圳湾水环境质量的目标，建议联合制订流域性管理减排方案和计划，以期达到维护河口湿地系统安全的目的。

▶ 深港双方湿地管理部门应会同科研部门，共同开展湿地系统结构与功能长期演化的监测与基础研究工作，并制定更为科学的管理及调控策略。

▶ 建议在深港两地各建立一个综合性红树林生态系统观测点位，并争取将其纳入未来广东省规划筹建的珠三角红树林资源监测网络体系中。

▶ 积极申请将深圳福田自然保护区列入国际重要湿地名录，并适度扩大湿地保护区范围，联合研讨深圳河口乃至全流域生态系统的整体保护策略。

③澳门路凼城生态保护区—横琴岛：

▶ 建议将横琴岛二井湾红树林及其周边湿地全部或部分划建为一处海洋湿地公园，确保候鸟在这一区域生境的整体性和稳定性，并为路凼城内候鸟可能面临的暂时性影响提供替代生境。

▶ 建议对本区的发展和工程项目进行环境影响评价，采取可靠措施将项目及其建设过程对环境和生态的影响降至最低，在发展中尽量维持该区域的生态环境。

▶ 建议珠澳两地联合开展针对本区红树林及黑脸琵鹭等候鸟保育为主题的联合监测与研究项目，明确本地湿地生态系统在候鸟物种保护方面的地位与作用，为保护工作提供理论基础。

④珠江口中华白海豚自然保护区：

▶ 建议粤港澳共同研究并制订伶仃洋海域（包括珠江口）中华白海豚保护工作联合管理计划，合理管控可能影响中华白海豚生存安全的渔业活动、航运、陆域开发和污水排放等行为。

▶ 建议尽快研究制定《珠江口中华白海豚国家级自然保护区管理条例》，并考虑将万山群岛北部海域划入珠江口中华白海豚国家级自然保护区范围，争取将江门中华白海豚省级自然保护区晋级为国家级自然保护区，以提升中华白海豚种群的整体安全水平。

▶ 香港考虑在条件成熟时争取将其境内的海岸公园范围适当向大、小磨刀门一带海域延伸。

▶ 探索粤港澳政府联合建立粤港澳中华白海豚研究中心的可行性，加强该种群的基础生态学研究工作。

▶ 合理评估伶仃洋海域内所有发展项目和生产活动可能对中华白海豚带来的不利影响，并制定科学可靠的纾缓措施，有效降低中华白海豚的生存风险。

（3）开展生态建设合作深化研究

根据大珠三角区域未来生态环境保护的现实和潜在需求，充分考虑粤港澳三地现状诉求的差异，建议争取就以下课题开展生态建设合作深化研究：

▶ 区域生物多样性基线调查、资料搜集及保护策略研究。

▶ 高密度城市聚集区生态环境调控策略研究。

▶ 区域性生态公益林建设方略研究。

▶ 区域生态旅游资源调查及生态旅游开发管理研究。

▶ 区域自然保护区宣传教育研究。

▶ 开展珠江口海洋生态系统调查，科学评估生态系统的受损度和胁迫因子。根据海域的生态环境特征，利用物化和生化技术，开展海洋生态系统修复工程、海洋牧场、岸线整治、污染源控制、海上固体废物治理和生态景观恢复工程等建设。

2. 联合开展珠江流域水环境综合治理

基于切实保护自然资源和环境的合作方向，针对大珠三角区域水环境保护所共同面临的严峻挑战，结合各方已有的相关工作基础，三地宜共同开展珠江流域水环境综合治理，力争解决区域性水污染突出问题，逐步恢复清洁的水环境，为跨行政界限的水环境长效管理机制积累经验。合作范畴包括：

①推进水环境质量和水污染控制目标联合管理。

②开展区域水环境污染控制合作。

③深化邻接水域环境质量合作。

④完善流域水环境合作机制。

（1）推进水环境质量和水污染控制目标联合管理

①结合粤港澳三地各自的水环境管理制度和标准，参考各方已经开展的相关工作基础，建议制定珠三角、香港和澳门三地分阶段水环境管理目标。

②结合粤港两地各自的水污染控制制度和标准，参考各方已经开展的相关工作基础，建议分别制定珠三角和香港两地分阶段水污染控制目标。

（2）开展区域水环境污染控制合作

①强化工业污染源管理工作。共同加强本地区各类工业污染源的管理工作，采取有效的工业废水达标排放措施，确保各地区工业废水处理达标排放目标的顺利实施。推进清洁生产，加快落后产能技术淘汰，落实减排目标责任制，督促工业企业降低水资源消耗，减少工业废水排放，加强工业废水处理技术科研合作，降低工业生产的水环境压力。规划饮用水水源取水口一定范围内应严格禁止工业废水排放，以确保供水水质的安全。

②大力推进珠三角地区城市污水集中处置工程建设。积极采取有效措施，大力推进城市集中污水处置设施选址论证、规划设计、工程实施等工作，最大限度减少城市综合废水排放的水污染贡献比例。

③加强水环境治理的配套工程建设。珠三角地区应结合新区建设和旧

城改造工作，加强污水管网系统建设，提高城市废水收集率，充分发挥城市污水集中处置功能的能力和效率。

④重视水环境保护技术进步工作。建议在珠三角地区筛选、开发一批运营方便、成本适中、适应性强、出水效果较好的中小型污水集中处置技术并加大示范推广力度，加强村镇污水处理技术科研合作，满足村镇地区污水集中处置需求。

⑤提升水资源利用效率。将提升水资源效率作为缓解水环境保护压力的关键选项，争取降低单位产出的水资源消耗量和污水排放量，大力推动工业污水循环再用，提高污水资源化比率及资源化应用范围，降低局部地区的水资源消耗和污染排放。

⑥珠三角地区坚持“总量控制、合理分配、保护水源、节约用水”的原则，与港澳合作从源头减少水资源浪费和水环境污染，提高水资源利用效率，共同建设节水型社会。

⑦考虑研究扩大水资源的科研及试点方案，如海水淡化、中水回用等。

⑧继续推进珠三角地区水污染治理的监控和保障工作。

（3）深化邻接水域环境质量合作

①深圳湾水环境保护合作。合作建议包括：

▶ 深化实施《深圳湾水污染控制联合实施方案（2007年修订本）》，完善城市污水截排和集中处置设施，加强深圳河受污染的沉积物治理，加大对工业废水排放的监管力度，提高污水资源化规模，进一步研究实施深圳河景观生态补水，提升河海环境容量的途径。

▶ 建议深港联合开展深圳河湾地区环境质量监测并定期交换数据，完善深圳河湾地区环境质量联合监测和信息共享机制。

▶ 重视生态保育建设，建议合理修订后海湾水环境功能保护分区方案，开展“深圳湾水域生态系统管理合作研究”，为管理及改善深圳湾水环境的远期目标提供理论基础及科学依据。

②大鹏湾水环境保护合作。合作建议包括：

▶ 强化水环境管理工作，深港应就大鹏湾水环境保护确定较为严格的目标和标准，可考虑联合调整海域水环境功能分区，提高大鹏湾水质保护级别。

▶ 考虑联合构建一个水环境质量监测网络，严密监控大鹏湾海域水环境质量变化情况。

▶ 考虑联合确定适宜的湾区经济开发策略，确保不会对该邻接水域水环境质量产生显著不利影响。

▶ 建议深圳保持以旅游业和港口运输业为主的综合性发展策略，保证经济建设与环境保护协调发展。

▶ 建议香港大鹏湾集水区尽可能维持现状，以维护大鹏湾水域环境质量安全。

▶ 建议对《大鹏湾水质区域控制策略及实施方案》进行修正补充。

③珠江口海域水环境保护合作。合作建议包括：

▶ 开展珠江口水域纳污能力研究，为制定区域水质管理策略提供坚实科学基础。

▶ 建议制订实施珠江口水环境综合整治计划，对工农业污染物及城市污水排放实行总量控制。

▶ 三地政府按需要建立大型港口废水、废油、废渣回收处理系统，严格控制填海造地规模及选址，避免对水环境造成显著负面影响。

▶ 进一步健全珠江口水域环境监测网，建立珠江口污染事故应急预案、信息通报机制、海区污染损害应急机制，严格遵循《珠江口区域海上船舶溢油应急合作安排》，以减少因船舶漏油事故对环境所造成的破坏。建立珠江口海域造、修船基地水环境监测系统，杜绝有毒废液的排放。

▶ 建议在珠三角主要的原水取水地点建立水质在线监测系统，及时监控饮用水水质情况。

（4）完善流域水环境合作机制

①建议加强与西江流域各省的协调，探讨对西江水资源进行统筹规划控制，提高水资源利用效率，以根本性解决珠江口咸潮问题。合作建议包括：

▶ 争取在国家层面启动合作计划，就西江流域水环境保护的总体目标、地域职责分配、整治工程方案编制与落实、投入安排和跨界协调机制建设等做出全面安排，并通过国家层面政策和投入的主导和推动，落实合作计划中的各种工程和管控措施，力求扭转西江流域水环境质量不断恶化的发展态势。

▶ 探索在西江乃至整个珠江流域 6 省（区）及港、澳间建立长效的流域水资源和水环境协调管理机制的可能性及具体方案。

▶ 加强珠江流域水资源管理，建议在枯水期实施流域水量统一调度，保障大珠三角城市供水安全。

②逐步探索实施流域生态补偿制度。合作建议包括：

▶ 探索广东省内流域生态补偿试点机制。开展东江、西江流域生态补偿试点机制课题研究，探索流域生态补偿的政策体系、标准体系、技术方法、响应模式、监督机制等。选择适宜地段开展生态补偿机制的试点工作，探索并继续完善流域生态补偿的资金来源、补偿渠道、补偿方式和保障体系等，为推广流域生态补偿机制提供方法和经验。

▶ 将实施流域生态补偿制度作为三地日后考虑的环保合作选项。在广东省试点的基础上，在条件成熟时，研究建立区域性生态补偿机制的可能性，为将这一政策推广至整个大珠三角区域创造条件。

③继续通过广东省应急管理办公室推进区域水环境保障和应急处理工作。

④从根本上解决大珠江三角洲城市的咸潮威胁，并积极应对珠江下游地区可能发生的突发性水污染事件。

3. 加强大珠三角区域大气环境综合治理

基于切实保护自然资源和环境的合作方向，针对大珠三角区域大气环境保护所共同面临的严峻挑战，结合各方已有的相关工作基础，建议粤港澳三方共同合作，加强区域大气环境综合治理，力争解决区域性大气污染突出问题，促进区域大气环境稳步好转，为我国快速城市化、工业化条件下复合型大气污染问题治理和大气环境长效管理机制积累经验。合作范畴包括：

①推进大气环境质量和大气污染控制目标联合管理。

②开展区域大气污染物减排控制合作。

③优化区域大气污染监测网络。

④合作研究控制大珠三角海域大气污染。

⑤开展区域大气污染机理及联防联治对策研究。

（1）推进大气环境质量和大气污染控制目标联合管理

①粤港在落实《珠江三角洲地区空气质素管理计划（2002～2010）》的基础上，共同研究2011～2020年香港及珠三角地区空气污染物的减排

计划，逐步削减香港及珠三角地区内的污染物排放总量至低于2010年的排放水平。

②建议澳门在粤港订立的计划的基础上，促进建立粤港澳三方区域大气污染减排方案，以进一步强化区域空气质量管理。

③进一步优化区域大气环境管理指标体系，推动现状空气质量管理更为全方位精细化，建议在现行空气污染管理指标体系的基础上，三地考虑逐步增加 $PM_{2.5}$、O_3 的大气环境管理目标。

④继续更新香港和澳门的大气管理目标规划建议。

⑤建议珠三角地区在粤港即将完成的下一阶段大气污染控制问题研究以及《珠江三角洲地区空气质素管理计划（2011～2020）》的基础上，制定明确的大气环境管理质量目标。

⑥建议定期更新区域空气排放清单。长远而言，研究建立 $PM_{2.5}$ 排放清单的可行性。

（2）开展区域大气污染物减排控制合作

通过各自的和联合的大气污染防治工作，建议粤港澳采取积极措施从控制污染源数量和排放量两个层面推动减排工作不断深化，确保取得实效。

①建议粤港澳三方各自的减排工作重点应包括如下方面：

▶ 珠三角地区应按照《广东省珠江三角洲大气污染防治办法》和国家有关污染物减排的要求，制定落实主要大气污染物总量控制的减排政策。

▶ 香港地区应按计划修订《空气污染管制条例》，以落实于2012年1月公布的新空气质素指标及相关的过渡安排及参照《检讨本港空气质素指标及制定长远空气质素管理策略可行性研究——最终报告》中的相关分阶段减排措施，优化发电燃料组合，发展及拓展可再生能源，减少车辆废气排放，加强绿化保育，并强制实施及进一步收紧《建筑物能源效益守则》标准。

▶ 澳门地区积极配合区域大气污染控制工作，制定本地区大气污染防治规划及分阶段减排方案，开展城市污染源普查并优化现有之排放源清单。重点从电力生产、工商业及交通运输方面实施污染物减排。

②粤港澳三方联合进行的减排工作重点合作建议包括如下方面：

▶ 逐步实现优于全国其他地区的机动车、船舶燃料与排放标准[①]，并密切关注生化燃料的发展。

▶ 制定污染物排放源的解析清单，构建污染源信息系统。强化区域大气管理协调机制建设，建立大气污染事故预报预警系统和应急预案。

▶ 以《珠三角规划纲要》中提出要加快发展先进制造业及改造提升优势传统产业为契机，参考国内外处理 VOC 排放的先进技术及管理办法，为区内高 VOC 排放的工业制定减少其生产过程中排放 VOC（包括烟道及无组织的排放）的清洁生产技术规范及要求，强制执行相关工业的清洁生产技术规范及要求。此外，着力研究产品（包括消费品）中 VOC 含量的管制措施，有序地限制其 VOC 含量上限，并逐步淘汰 VOC 含量高的油漆、涂料产品。

(3) 优化区域大气污染监测网络

①有关优化区域大气监测网络站点方面的合作建议如下：

▶ 粤港分别选址建设大气超级监测站，在粤方建立珠江三角洲区域空气质量监测网络管理中心，成立开放式研究基地，用于分析和研究大珠三角区域空气污染机理，为制定有效的、成本合理的区域性污染减排策略提供研究基础和技术手段。

▶ 在惠州、肇庆、江门以及广佛重污染区下风向新增建 4 个区域空气质量监测站点及清洁背景站，反映不同污染源对区域空气的影响程度。

▶ 在澳门增设一个城市级区域空气质量监测站，并纳入区域监测网络。

▶ 在交通较繁华的商业区、机动车尾气排放严重的区域建立若干空气质量路边监测站。

② 完善大气监测网络监测因子方面的合作建议如下：

▶ 在各城市站增加 $PM_{2.5}$、CO 等监测指标，从而更加全面地反映该地的空气质量状况。

---

① 目前，全国实施国三的机动车排放标准，相当于欧盟三期的标准。香港现行的车辆废气排放标准为欧盟四期，计划于 2012 年 6 月开始实施欧盟五期标准。广东省早在 2010 年开始提前实施国四标准，是继北京市之后第二个实施国四标准的地区。在机动车燃料方面，广州、深圳已经从 2010 年开始提前采用国四标准燃油，而东莞亦从 2011 年开始采用国四标准燃油。国家环保部 2012 年 1 月 10 日发布公告，要求自 2013 年 7 月 1 日起，所有生产、进口、销售和注册登记的车用压燃式发动机与汽车必须符合国四标准。香港方面，已于 2011 年 7 月 1 日将汽车柴油及无铅汽油的法定规格收紧至欧盟五期标准。

▶ 区域站在原来6个指标（SO_2、NO_2、PM_{10}、O_3、$PM_{2.5}$、CO）的基础上增加NOy、NMHC、VOCs、$PM_{2.5}$滤膜采样及化学分析（包括水溶性离子、有机碳和元素碳）、激光雷达、能见度、炭黑和毒性空气污染物等监测因子。

▶ 超级站在一般区域站指标基础上增加监测因子H2O2、HNO3、VOCs、OVOC、辐射、光解常数、$PM_{2.5}$/PM_{10}采样及化学分析、$PM_{2.5}$化学组成在线测量、PAN等。

▶ 路边站除进行常规的空气质量监测外，再增加具有代表性、能反映交通对区域空气污染的影响的相关指标，如VOCs、OVOC和Pb。

③ 有关完善三地大气监测信息共享机制方面的合作建议如下：

▶ 在区域空气质量监测网络管理中心设置的基础上，建立区域大气污染物数据共享平台，包括区域内各城市大气污染物动态监测信息管理、数据库及发布平台。

▶ 完善信息通报机制，定期向公众发布各类大气监测信息、报告，逐步实现大珠三角地区区域环境空气监测信息联合发布，建立具有综合功能的区域大气环境信息社会发布系统。

▶ 建立三地有效的大气污染预警体系。

（4）合作研究控制大珠三角海域大气污染

① 建议三地共同开展控制大珠三角海域大气污染的基础研究，研究编制海域范围内的船舶大气污染物的排放清单，以推算2012年至2020年的船舶大气污染物排放量。

② 研究制订减排合作行动计划。合作建议包括：

▶ 参考《国际防止船舶造成污染公约》（简称《防污公约》）附件Ⅵ的规定处理船舶污染的问题，综合考虑技术可行性、减排效益和成本效益，共同制定船舶有害污染物排放的减排目标以及船只油品标准，亦积极鼓励其他能达到相若减排效益的方案，从而进一步加强管制船只的排放量。

▶ 限制船舶废气污染物的排放，包括新建成船舶柴油机引擎NOX的排放必须与造机、造船、航运的发展保持同步。

▶ 研究鼓励进入港口的车辆需使用更洁净的燃料，对非道路移动机械（NRMMs）如起重机、履带车和移动发电机等污染源实施管制，优化运输模式，以减少港口周边的废气。

▶ 研究采用更清洁的能源，让停泊在大珠三角港口的邮轮及远洋船舶获得电能。

▶ 研究要求在大珠三角港口停泊的远洋船舶，使用岸上供电系统供电或用低硫燃料。

▶ 提供诱因，鼓励更多远洋船在停泊香港水域时改用清洁燃料。

▶ 探讨研究在大珠三角海域建立“排放控制区”。

（5）开展区域大气污染机理及联防联治对策研究

根据大珠三角区域未来大气环境保护的现实和潜在需求，考虑粤港澳三地现状诉求的差异，建议就以下课题开展大气污染机理及联防联控对策研究：

▶ 大珠三角区域大气污染源排放清单研究。

▶ 大珠三角区域大气污染机理研究。

▶ 大珠三角区域大气污染监测技术研究。

▶ 大珠三角区域大气污染预测系统研究。

▶ 大珠三角区域大气污染控制技术应用示范研究。

▶ 制定减少高 VOC 行业排放的技术指引及清洁生产程序研究。

（二）推进低碳发展

基于加快转变经济发展方式的合作方向，围绕促进大珠三角区域经济、社会与环境协调发展的目标，结合区域内经济发展的基础条件及相关各方对合作的主要诉求，粤港澳三方有必要通过合作推进区域低碳发展，在本区域创建低碳发展示范区，并利用粤港澳合作的独特优势，率先建立低碳型、循环型产业体系，成为国家加快转变经济发展方式的先行区，全球快速城市化地区应对气候变化的典范。合作范畴包括：

①建立区域低碳发展合作机制。

②深入开展区域清洁生产合作。

③加强区域环保产业合作。

④新能源与可再生能源研发及应用合作。

⑤清洁能源供应与基建合作。

1. 建立区域低碳发展合作机制

（1）共同推进低碳发展建设

① 建议将大珠三角地区作为全国乃至全球在快速城市化地区积极应对气候变化的“低碳发展示范区域”，推动粤港澳三地在科学研究、技术开发、规划计划、政策制定等方面的合作交流。以重点城市和地区的低碳发展试点推进低碳发展示范区域建设。

合作建议包括：

▶ 将环珠江口低碳湾区建设作为大珠三角低碳发展示范区域的核心工程，在此基础上进一步启动区域范围内的低碳城市、低碳社区等示范工程，积累实践经验并向外围地区推广。

▶ 选择大珠三角区域有代表性的城市（例如香港、[①] 澳门、深圳、珠海、广州、江门）作为试点，推进大珠三角低碳城市建设示范工程。

② 建议将低碳发展合作纳入现有的合作框架内，包括通过粤港应对气候变化联络协调小组，推进区域应对气候变化的合作。

（2）建立低碳经济体系

提供政策诱因和资源扶持，促进产业结构优化升级，加快区域节能减排，逐步建立低碳型经济体系。合作建议包括：

① 加强产业政策引导力度，严格控制高能耗、高排放产业扩张，大力鼓励低消耗、低排放的产业，尤其是现代服务业、高新技术产业、新能源产业等发展。考虑在资源许可情况下，加强对中小企业融资扶持，例如提供信贷担保，并支持企业升级转型发展。

② 推进清洁生产。严格实施节能减排监控制度，并鼓励多种形式的清洁生产合作，迅速提高区域清洁生产水平。三地政府部门共同推行绿色采购政策，优先选购低碳排放产品。

③ 实施能源需求管理，大力节约能源，提高能源利用效率，优化能源结构，发展新能源、可再生能源、生化燃料、加强废物管理，发展转废为能设施及适合边远乡村地区的分布式可再生能源技术，大力推进区域清洁能源基础建设，以及广东省针对高耗能行业制定行业能耗限额标准。

④ 充分发挥香港在管理、认证、金融、审计等方面的优势，积极探讨

---

① 香港特区政府建议为香港订立碳强度下降目标，在 2020 年把香港的碳强度由 2005 年水平降低 50% 至 60%，并订立应对气候变化的策略，包括提高能源效率、增加使用清洁和低碳燃料等，以减少温室气体的排放，就已确定香港较易受气候变化影响的范畴提高适应及应变能力。

并推进珠三角区域碳交易市场、标准、技术流程及相关机制的建立。条件成熟时，在珠三角地区推广碳审计、能源审计，评估企业在减碳及节能方面的表现。完善服务手段，构筑服务平台提供信息咨询、检测分析、认证认可、人才培训等服务。

⑤ 广东省开展海洋生物固碳技术的研究与应用，培育和发展海洋碳汇渔业。

（3）促进低碳社区

大力倡导低碳型消费和生活方式，逐步建设低碳型社会。合作建议包括：

① 研究制定长远的应对气候变化的政策，规划应对气候变化的减缓及调适措施。

② 进行应对气候变化脆弱性及适应评估，并投放足够的资源，落实适应措施。

③ 加大宣传力度，普及气候变化科学知识，倡导应用才用、物尽其用、废物利用、循环再用的消费方式，身体力行减少温室气体的排放。

④ 积极推进低碳区域空间规划，从低碳区域、低碳城市、低碳社区三个尺度以及减少、控制温室气体排放和增加绿地、增强适应气候变化能力两个方面，制定相应的策略，以香港为试点，探讨制定“城市气候图”的可行性。

⑤ 以区域绿地为依托，加强对森林和湿地的保护工作以及植树造林、退耕还林还草和湿地恢复工作，实施广东省森林碳汇重点生态工程建设，增加区域碳汇，增强适应气候变化能力，开展广东省森林碳汇交易试点。

⑥ 香港、澳门继续做好防洪规划，并加强与珠三角地区防洪规划协调，以应对预期气候变化所带来的洪水影响。

⑦ 继续监察及维持湿地系统的保育价值、为维护珊瑚等海洋的生物多样性提供支持，推广良好的水产养殖方法，以助适应气候变化。

⑧ 提高建筑物能源效益。制定和推广绿色建筑标准，鼓励现有建筑开展绿色节能改造和能源审核，逐步要求财政投资的建设项目实施强制性节能措施；推行建筑能耗标识制度，探索大型公共建筑能源审计，推动大型建筑节能减排；推进建筑物能源效益守则及低碳建筑技术的广泛应用，推进绿色建筑产业化，提高低碳建筑的生产能力，以及收紧能源效益标准。

⑨ 优化交通结构，发展绿色交通。在适当情况下提供政策诱因，提高公共交通和慢行交通比例。优化交通系统间衔接，提高交通效率。逐步提高交通工具的燃料和排放控制标准，推广新能源汽车，促进交通工具节能减排。

⑩ 加强低碳发展科学技术研究。例如，区域温室气体排放规律、驱动因素及其对气候变化影响的科学研究，开发减缓和适应气候变化的先进适用技术，以及对低碳发展的空间支撑研究，比如，土地利用变化对区域碳汇影响的研究，探索适合本区域特点的区域空间规划设计适用技术等。

（4）促进清洁发展机制项目

全面推广清洁发展机制（CDM），促进大珠三角区域清洁发展机制项目进一步发展，推进温室气体减排。鼓励港澳企业通过开展清洁发展机制项目，在内地投资合适的提高能源效率、开发新能源或可再生能源等领域，开拓绿色商机，协助减少温室气体排放。

2. 深入开展区域清洁生产合作

（1）促进合作鼓励清洁生产

推广清洁生产伙伴计划，完善区域清洁生产项目合作机制。合作建议包括：

① 建议持续推进粤港"清洁生产伙伴计划"，如定期统计和更新环境技术服务供应商名录，为参与计划并积极开展清洁生产的企业颁授"粤港清洁生产伙伴"标志，并通过示范项目及编制清洁生产实用指南，向业界推广成功经验等。在总结经验的基础上，与业界及相关持份者积极联系，研究进一步推动企业实行清洁生产的方向。

② 探索建立粤澳清洁生产合作机制，鼓励大珠三角区域内港澳企业实施清洁生产。扩大粤港澳清洁生产合作范围和资源安排，发挥区域优势，鼓励在粤港资、澳资企业实施清洁生产，同时将珠三角各市重点工业园区都纳入进来。鼓励并逐步强制对高能耗、高污染的企业进行清洁生产审核，帮助企业成功实现节能减排和经济效益的有机统一。加强推动企业之间就清洁生产建立机遇联系、资讯共享的互动机制。

③ 深化推动清洁生产机制研究。

（2）建立和完善粤港澳清洁生产公共服务平台

建议向港澳开放珠三角清洁生产技术、咨询服务市场，研究建立粤港澳清洁生产技术服务单位的互认机制，研究扩大“粤港科技合作资助计划”的领域，以鼓励粤港两地科研机构跨境联合申请资助项目。

3. 加强区域环保产业合作

（1）促进环保产业发展

完善大珠三角区域环保产业合作机制，共同开拓环保产业市场。合作建议包括：

① 探讨成立大珠三角环保产业合作委员会的可行性，发挥广东省先行先试政策优势，加强粤港澳三地有关环保产业发展政策、法规的对话与交流，进一步开放广东省环境服务市场，简化环保服务审批程序，支持环保服务现场管理和操作人员的培训，为推进环保产业合作发展创造良好的政策环境。

② 粤港澳三地以互利共赢的原则，从多方位、多角度共同研究推进区域环保会展业的发展，联合推荐优秀环保技术和产品。透过环保博览会及贸易考察活动，为区内环保产业确立优越的品牌。

③ 尝试召开区域环保项目招商洽谈会，推动区域内相关企业间的技术合作、合资合作经营、合作投标、合作开发，共同开拓环保产业市场。

④ 设立区域环保产业网站，推动建设大珠三角区域环保产业电子商务平台，增进区域环保产业交流合作。

⑤ 香港利用完善的法律制度及专业服务等优势，促进环保产业发展。

⑥ 继续加强商界及院校的科技创新能力，培育本地科研人才，推动区域环保产业的建立和提升。

（2）促进跨界循环再利用合作

在符合国家法律和环保标准的前提下，探索一些可重用物料的跨界循环再利用合作新模式。合作建议包括：

① 粤港澳三地政府基于现行的环保及质检方面的法律法规，可就可重用物料的资源化技术标准、跨界合作流程及监管办法等展开商讨，并建立相关制度。

② 建议通过试点计划，在国家相关部门、粤港或粤澳环保部门的共同监督下，选择符合环保要求的循环再造企业进行相关步骤的处理、加工和再利用，借以探讨“可重用物料”跨境利用新合作模式的可行性。

③ 港澳可加强可重用物料出口前期的无害化、资源化加工处理，使其

达到成为可循环再利用资源的条件，以满足相关政策的要求。

④ 在引进先进技术的同时，三地合作推进可重用物料资源化处理及循环再利用技术的研发和应用，提高大珠三角区域循环经济技术的自主研发能力。

4. 新能源与可再生能源研发及应用合作

（1）促进新能源产业发展合作

建议粤港澳三方联合进行大珠三角区域新能源产业的发展潜力评估，在此基础上明确区域分工、合作和协调的重点，并探讨建立相应合作机制的可能性，拟订未来的合作项目和计划。

（2）采取措施促进新能源产业

加强与不同持份者紧密合作，探讨制定有利于新能源和可再生能源发展的相关措施，促进新能源与可再生能源产业健康发展。合作建议包括：

① 建议广东省深化贯彻落实《可再生能源法》《节约能源法》及《广东省节约能源条例》，加快对《广东省电力建设若干规定》等地方法律法规进行修订，强化有利于可再生能源开发利用的政策。

② 建议港澳根据自身已有的能源产业政策，结合大珠三角区域未来的能源发展方向，保障港澳的新能源和可再生能源产业健康发展，促进相关产品和服务的市场化应用。

③ 三地尽早就新能源与可再生能源领域的产品、技术和服务等方面的行业标准开展前期研究，在有条件的领域尽快制定出台相关标准，逐步建立相关产品和服务的认证及标识机制，并争取参与更大范围内的行业标准制定。

（3）支持新能源及再生能源产业

加大对新能源与可再生能源产业的扶持力度，提高产业竞争力。合作建议包括：

① 三地结合自身新能源产业发展方向，明确优先发展的产业重点，研究制定扶持新能源及相关产业发展的税收优惠政策。

② 鼓励金融机构加大对新能源企业和项目的信贷投入，增加出口信贷额度，发展买方信贷，支持新能源产品出口。

③ 珠三角地区可以鼓励地方政府加大对信用担保公司的支持，并优先支持新能源企业扩大融资规模。

（4）促进使用低碳车辆

以新能源汽车为重点，合作促进新能源与可再生能源产品的推广和应用。合作建议包括：

① 通过提供资助或税率优惠鼓励购买符合更高排放控制标准的车辆，完善与新能源汽车使用有关的基础设施建设，规划和建设公共充电充能设施网络，在公共停车场地设置新能源汽车优先停放的停车位。

② 三地共同鼓励汽车生产业界与各地政府开展新能源汽车方面的合作，鼓励公共交通网络引入电动车等环保车辆。

③ 选择深圳、广州、香港、澳门等城市作为试点，通过粤港澳三地政府的积极合作，结合市场运作，推动新能源汽车的生产和使用。

④ 争取在广东有条件的地区建设国家新能源汽车产业基地，争取国家有关部门对新能源汽车的研发、生产和消费实施税收优惠。

5. 清洁能源供应与基建合作

（1）改善区域能源结构

建议粤港澳三地联合开展大珠三角区域清洁能源生产和供应的近期、中长期规划，以促进区域能源结构改善。合作建议包括：

① 近期规划以保证对港澳的能源供应为主线，对目前迫切需要三方共同开展的规划建设项目、议题和管理合作进行磋商，并按共识确保对港澳的天然气、核电等清洁能源的供应量。

② 中长期规划应共同研究大珠三角区域对清洁能源的总体需求与发展潜力，制定区域清洁能源基建与供应规划，共同实现区域清洁能源生产和供应可持续发展的长远目标。

（2）建设清洁能源基础设施

加大区域清洁能源基础设施建设的投入，完善基础设施网络，提高建设标准和服务水平。争取中央对供港澳的清洁能源基建提供支持，并维持对港澳天然气供应的税收优惠政策。

（3）促进清洁能源基础设施的管理

粤港澳三地以相关国际标准为基础，建立清洁能源设施和设备，以方便清洁能源基础设施的共享和共同管理。

后　记

《粤港区域环境合作与低碳发展》是清华大学港澳研究中心资助项目，是“清华大学港澳研究丛书”的首部研究报告。

本书深入论述粤港区域环境合作和低碳发展的重要作用，总结和分析粤港区域环境合作与低碳发展的历程和现状，分析在新形势下粤港区域环境合作与低碳发展面临的机遇和挑战，提出全面加快粤港区域环境合作与低碳发展的思路和建议。

本书分为五大专题，分别从总论、区域环境合作、区域低碳发展、生态环境保护、借鉴与启示等方面，系统深入分析和梳理近年来粤港区域环境合作和低碳发展的状况和经验，为今后粤港区域环境合作与低碳发展提供理论依据和发展思路以及发展步骤和措施。

在本书的编撰过程中，清华大学深圳研究生院康飞宇教授、赵庆刚研究员给予了大力支持和学术指导，陈誉之和周修琦二位女士参与了文稿整理和编辑，社会科学文献出版社编辑对本书的出版付出了辛勤工作和努力，在此一并谨致谢忱。

主　编

2014 年 11 月

图书在版编目(CIP)数据

粤港区域环境合作与低碳发展 / 乌兰察夫主编 . —北京：社会科学文献出版社，2015. 5
（清华大学港澳研究丛书）
ISBN 978 - 7 - 5097 - 7224 - 9

Ⅰ. ①粤… Ⅱ. ①乌… Ⅲ. ①区域环境 - 污染防治 - 经济技术合作 - 研究 - 广东省、香港②节能 - 区域经济发展 - 经济技术合作 - 研究 - 广东省、香港 Ⅳ. ①X321. 65②F127. 65

中国版本图书馆 CIP 数据核字（2015）第 048485 号

·清华大学港澳研究丛书·
粤港区域环境合作与低碳发展

主　　编 / 乌兰察夫

出 版 人 / 谢寿光
项目统筹 / 陈　颖
责任编辑 / 王　颉

出　　版 / 社会科学文献出版社 · 皮书出版分社（010）59367127
地址：北京市北三环中路甲 29 号院华龙大厦　邮编：100029
网址：www. ssap. com. cn
发　　行 / 市场营销中心（010）59367081　59367090
读者服务中心（010）59367028
印　　装 / 三河市尚艺印装有限公司

规　　格 / 开 本：787mm × 1092mm　1/16
印 张：21. 5　字 数：342 千字
版　　次 / 2015 年 5 月第 1 版　2015 年 5 月第 1 次印刷
书　　号 / ISBN 978 - 7 - 5097 - 7224 - 9
定　　价 / 79. 00 元
